U0280443

建筑工程
项目经理工作手册

郭荣玲 编著

机械工业出版社
CHINA MACHINE PRESS

本书为工程项目施工现场管理类用书，涵盖了项目整个实施过程的全部工作内容，并严格依据新标准规范进行编写，其内容丰富全面，实用性强。

全书共分十二章，主要包含以下内容：概述、建筑工程招标投标、项目合同管理、项目采购管理、项目进度管理、项目质量管理、项目成本管理、项目安全管理、项目现场管理、项目信息管理、项目风险管理、项目沟通与收尾管理。

本书图文并茂，通俗易懂，是提高工程施工现场管理人员管理能力和专业技术能力的得力帮手。本书既可作为施工企业项目经理及现场管理人员的便携手册，也可作为施工企业项目管理、技术、质量及相关内容方面的培训教材。

图书在版编目（CIP）数据

建筑工程项目经理工作手册 / 郭荣玲编著 . — 北京：
机械工业出版社，2019.10（2025.5 重印）
ISBN 978-7-111-62916-0

Ⅰ.①建…　Ⅱ.①郭…　Ⅲ.①建筑工程—工程项目管理—手册
Ⅳ.① TU712.1-62

中国版本图书馆 CIP 数据核字 (2019) 第 110830 号

机械工业出版社（北京市百万庄大街 22 号邮政编码 100037）
策划编辑：薛俊高　责任编辑：薛俊高　高凤春
责任校对：刘时光　封面设计：张　静
责任印制：邓　博
北京盛通数码印刷有限公司印刷
2025 年 5 月第 1 版第 6 次印刷
148mm×210mm・13.875 印张・2 插页・424 千字
标准书号：ISBN 978-7-111-62916-0
定价：59.00 元

前 言

随着我国建筑行业的迅速发展，建筑工地随处可见，为了适应建筑业发展的需求，保证建筑工程能够有序、高效率、高质量地完成，需要有一批高素质的项目经理来担负施工现场的全面管理工作，施工现场的施工员、质量员、安全员、造价员、资料员作为工程项目经理进行工程项目管理的执行者，担负起建筑施工工人领导者的责任。

项目经理作为建筑施工现场全面管理的第一责任人，必须对施工现场进行科学动态的管理，严格按照国家一系列现行的标准规范和施工质量验收标准来进行施工管理，根据施工现场的实际进展情况进行动态管理，这就需要项目经理具备一定的专业技术知识和管理水平，并在其管理下不断提高工程建设队伍自身业务素质。建筑行业中新技术、新材料、新工艺、新设备、新标准的不断涌现，要求建筑施工现场的项目经理以及项目管理班子各级管理人员必须不断地学习，才能适应建筑行业发展的需要。为此，特编写《建筑工程项目经理工作手册》一书，一方面为项目经理的管理工作提供方便，另一方面为项目经理及相关人员提供一套实用性强且较为系统的参考学习资料。

本书内容从项目经理的工作职责范围开始介绍，着重介绍了每项工作的管理控制方法，内容全面，浅显易懂，实用性强，是建筑工程项目经理工作时的得力帮手。

由于水平有限，书中难免有不足之处，敬请广大读者及业内专家给予批评指正。

目录

第一章

概　述

第一节　项目经理部的建立、作用、运作及解体

一、项目经理部的建立

1. 建立项目经理部的基本原则

1）要根据设计的项目组织形式设置项目经理部。因为项目组织形式与企业对施工项目的管理方式有关，与企业对项目经理部的授权有关。不同的组织形式对项目经理部的管理力量和管理职责提出了不同的要求，提供了不同的管理环境。

2）要根据工程项目的规模、复杂程度和专业特点设置项目经理部。例如大型项目经理部可以设职能部、处；中型项目经理部可以设处、科；小型项目经理部一般只需设职能人员即可。如果项目的专业性强，便可设置专业性强的职能部门。

3）项目经理部是一个具有弹性的一次性施工生产组织，随工程任务的变化而进行调整，不应搞成一级固定性组织。在工程项目施工开始前建立，工程竣工交付使用后，项目管理任务完成，项目经理部应解体。项目经理部不应有固定的作业队伍，而应根据施工的需要，在企业内部或社会上吸收人员，进行优化组合和动态管理。

4）项目经理部的人员配置应面向施工项目现场，满足现场的计划与调度、技术与质量、成本与核算、劳务与物资、职业健康安全与文明施工的需要。不应设置专管经营与咨询、研究与开展、政工与人事等非生产性部门。

5）在项目管理机构建成后，应建立有益于组织运转的工作制度。

2. 建立项目经理部的步骤

1）根据企业批准的项目管理规划大纲，确定项目经理部的管理任务和组织形式。

2）确定项目经理部的层次，设立职能部门和工作岗位。

3）确定人员、职责、权限。

4）由项目经理根据项目管理目标责任书进行目标分解。

5）组织人员制定规章制度和目标责任考核、奖惩制度。

3. 项目经理部的规模

目前，国家对项目经理部的规模设置尚无具体规定。结合有关企业推行施工项目管理的实际，一般按项目的使用性质和规模分类。只有当施工项目的规模达到以下要求时才实行施工项目管理：$1 \times 10^4 m^2$以上的公共建筑、工业建筑，住宅建设小区及其他工程项目投资在500万以上的，均实行项目管理。有些试点单位把项目经理部分为三个等级：

1）一级施工项目经理部：建设面积在$15 \times 10^4 m^2$以上的群体工程；面积在$10 \times 10^4 m^2$以上（含$10 \times 10^4 m^2$）的单体工程；投资在8000万元以上（含8000万元）的各类工程项目。

2）二级施工项目经理部：建设面积在$15 \times 10^4 m^2$以下，$10 \times 10^4 m^2$以上（含$10 \times 10^4 m^2$）的群体工程；面积在$10 \times 10^4 m^2$以下，$5 \times 10^4 m^2$以上（含$5 \times 10^4 m^2$）的单体工程；投资在8000万元以下3000万元以上（含3000万元）的各类工程项目。

3）三级施工项目经理部：建设面积在$10 \times 10^4 m^2$以下，$2 \times 10^4 m^2$以上（含$2 \times 10^4 m^2$）的群体工程；面积在$5 \times 10^4 m^2$以下，$1 \times 10^4 m^2$以上（含$1 \times 10^4 m^2$）的单体工程；投资在3000万元以下500万元以上（含500万元）的各类工程项目。

建设总面积在$2 \times 10^4 m^2$以下的群体工程，面积在$1 \times 10^4 m^2$以下的单体工程，按照项目管理经理负责制有关规定，实行栋号承包。以栋号长为承包人，直接与公司（工程部）经理签订承包合同。

4. 项目经理部的部门设置及人员配备

项目经理部的部门设置和人员配备的指导思想是把项目建成企业管理的重心、成本核算的中心、代表企业履行合同的主体。

（1）**部门设置** 小型施工项目，在项目经理的领导下，可设立管理人员，包括工程师、经济员、技术员、料具员、总务员，不设专业部门。大中型施工的项目经理部，可设立专业部门，一般有以下五类部门：

1）经营核算部门，主要负责预算、合同索赔、资金收支、成本核算、劳动配置及劳动分配等工作。

2）工程技术部门，主要负责生产调度、文明施工、技术管理、施工组织设计、计划统计等工作。

3）物资设备部门，主要负责材料的询价、采购、计划供应、管理、运作、工具管理、机械设备的租赁配套使用等工作。

4）监控管理部门，主要负责工作质量、安全质量、消防保卫、环境保护等工作。

5）测试计量部门，主要负责计量、测量、试验等工作。

（2）**人员配备** 人员规模可按下述岗位及比例配备：由项目经理、总工程师、总经济师、总会计师、政工师和技术、预算、劳资、定额、计划、质量、保卫、测试、计量以及辅助生产人员 15～45 人组成。一级项目经理部 30～45 人，二级项目经理部 20～30 人，三级项目经理部 15～20 人。其中，专业职称设岗为：高级 3%～8%、中级 30%～40%、初级 37%～42%，其他 10%，实行一职多岗，全部岗位职责覆盖项目施工全过程的全面管理。

（3）**项目管理委员会在项目中的地位** 为了充分发挥全体职工的主人翁责任感，项目经理部可设立项目管理委员会，由 7～11 人组成，由参与任务承包的劳务作业队全体职工选举产生。但项目经理、各劳务输入单位领导或各作业承包队长应为法定委员。项目管理委员会的主要职责是听取项目经理的工作汇报，参与有关生产分配会议，及时反映职工的建议和要求，帮助项目经理解决施工中出现的问题，定期评议项目经理的工作等。

◇ 二、项目经理部的作用

项目经理部是施工项目管理班子，隶属项目经理的领导。为了充分发挥项目经理部在项目管理中的主体作用，必须对项目经理部的机构设置加以特别的重视，设计好，组建好，从而发挥其应有的功能。

1）项目经理部在项目经理领导下，作为项目管理的组织机构，负责施工项目从开始到竣工的全过程施工生产经营管理，是企业在某一工程项目上的管理层，同时对作业层负有管理与服务双重职能。作业层工作的质量取决于项目经理部的工作质量。

2）项目经理部是项目经理的办事机构，为项目经理决策提供信息依据，当好参谋，同时又要执行项目经理的决策意图，向项目经理全面负责。

3）项目经理部是一个组织体，其作用包括完成企业所赋予的基本任务——项目管理和专业管理任务等；凝聚管理人员的力量，调动其积极性，促进管理人员的合作，建立为事业的献身精神；协调部门之间、管理人员之间的关系，发挥每个人的岗位作用，为共同目标进行工作；影响和改变管理人员的观念和行为，使个人的思想、行为变为组织文化的积极因素；贯彻组织责任制，搞好管理；沟通部门之间、项目经理部与作业队之间、公司之间、环境之间的信息。

4）项目经理部是代表企业履行工程承包合同的主体，也是对最终建筑产品和业主全面、全过程负责的管理主体；通过履行主体与管理主体地位的体现，使工程项目经理部成为企业进行市场竞争的主体成员。

三、项目经理部的运作

1. 项目经理部的运作原则

项目经理部的运作是公司整体运行的一部分，它应处理好与企业、主管部门、外部及其他各种关系。

（1）项目经理部与企业及其他主管部门的关系 一是在行政管理上，二者是上下级行政关系，也是服从与服务、监督与执行的关系；二是在经济往来上，根据企业法人与项目经理签订的"项目管理目标责任状"，严格履约，以实计算，建立双方平等的经济责任关系；三是在业务管理上，项目经理部作为企业内部项目的管理层，接受企业职能部门的业务指导和服务。

（2）处理好与外部的关系

1）协调总分包之间的关系。项目管理中总包单位与分包单位在施工配合中，处理经济利益关系的原则是严格按照国家有关政策和双方签订的总分包合同及企业的规章制度办理，实事求是。

2）协调处理好与劳务作业层之间的关系。项目经理部与作业层队伍或劳务公司是甲乙双方平等的劳务合同关系。劳务公司提供的劳务要符合项目经理部为完成施工需要而提出的要求，并接受项目经理部的监督与控制。同时，坚持相互尊重、支持、协商解决问题，坚持为作业层创造条件，特别是不损害作业层的利益。

3）协调土建与安装分包的关系。本着"有主有次，确保重点"的原则，统一安排好土建、安装施工。服从总进度的需要，定期召开现场协调会，及时解决施工中交叉矛盾。

4）重视公共关系。施工过程中要经常和建设单位、设计单位、监理单位以及政府主管行业部门取得联系，主动争取他们的支持和帮助，充分利用他们各自的优势为工程项目服务。

（3）取得公司的支持和指导 项目经理部的运作只有得到公司强有力的支持和指导，才会高水平的发挥。两者的关系应本着"大公司、小项目"的原则来建设。所谓大公司不是简单的人数多少，而是要把公司建设成管理中心、技术中心、信息中心、资金和资源供应及调配中心。公司有现代的管理理念、管理体系、管理办法和系统的管理制度，规范了项目经理部的管理行为和操作；公司拥有高水平的技术专业人才，掌握超前的施工技术，形成公司的技术优势。对项目施工中遇到的技术难题能迅速地解决并能提供优选的施工方案，使项目施工的技术水平有了保障；公司有多渠道采集信息资源网络，有强大的信息管理体系，能及时为领导决策及项目施工服务；公司拥有强大的资金及资源的供应及调控能力，能保证项目优化配置资源。总之，公司应是项目运行的强大后盾，由于公司的强大使项目运行不会因项目经理的水平稍低而降低水平，从而保证公司各个项目都能代表公司的整体水平。

2. 项目经理部的运作程序

建设有效的管理组织是项目经理的首要职责，它是一个持续的过程。项目经理部的运作需要按照以下程序进行：

1）成立项目经理部。它应结构健全，包含项目管理的所有工作。选择合适的成员，他们的能力和专业知识应是互补的，形成一个工作群体。项目经理部要保持最小规模，最大可能地使用现有部门中的职能人员。

2）项目经理的目标是要把人们的思想和力量集中起来，真正地形成一个组织，使他们了解项目目标和项目组织规则，公布项目的工作范围、质量标准、预算及进度计划的标准和限制。

3）明确和磋商项目经理部中的人员安排，宣布对成员的授权，指出职权使用的限制和注意问题。对每个成员的职责及相互间的活动进行明确定义和分工，使各人知道，各岗位有什么责任，该做什么，如何做，什么结果，需要什么，制订或宣布项目管理规范、各种管理活动的优先级关系、沟通渠道。

4）随着项目目标和工作逐步明确，成员们开始执行分配到的任务，开始缓慢推进工作。项目管理者应有有效的符合计划要求的、上层领导能积极支持的项目。由于任务比预计的更繁重、更困难，成本或进度计划的限制可能比预计更紧张，会产生许多矛盾。项目经理要与成员们一起参与解决问题，共同做出决策，应能接受和容忍成员的任何不满，做导向工作，积极解决矛盾，决不能通过压制来使矛盾自行消失。项目经理应创造并保持一种有利的工作环境，激励成员朝预定的目标共同努力，鼓励每个人都把工作做得很出色。

5）随着项目工作的深入，各方应互相信任，进行很好的沟通和公开的交流，形成和谐的相互依赖的关系。

6）项目经理部成员经常变动，过于频繁的流动不利于组织的稳定，没有凝聚力，造成组织摩擦大，效率低。项目管理任务经常出现，尽管它们时间、形式不同，也应设置相对稳定的项目管理组织机构，这样才能较好地解决人力资源的分配问题，不断地积累项目工作经验，使项目管理工作专业化，而且项目组成都为老搭档，彼此适应，协调方便，容易形成良好的项目文化。

7）为了确保项目管理的需求，对管理人员应有一整套招聘、安置、报酬、培训、提升、考评计划。应按照管理工作职责确定应做的工作内容，所需要的才能和背景知识，以此确定对人员的教育程度、知识和经验等方面的要求。如果预计到由于这种能力要求在招聘新人时会遇到困难，则应给予充分的准备时间进行培训。

3. 项目经理部的结构关系

项目经理部的结构关系可以矩阵式组织结构为例来讲述。

1）项目经理在公司经理或工程部经理的直接领导下工作，项目经理对公司经理（或工程部经理）负责。同时项目经理直接领导项目经理部各职能部门及各承包和作业队，即对项目组织全体人员负责。

2）项目经理部各职能部门由公司（或工程部）各职能部门派遣人员组成非固定化组织，既受业务部门领导，又受项目经理领导。从整体上来讲职能人员组织关系仍归属公司（或工程部）各职能部门，因此他们对职能部门的关系比项目经理的关系紧密。项目经理必须有很强的领导能力，才能团结和调动职能人员，且应善于协调职能人员的工作。职能人员对项目经理负责，更对职能部门负责。

3）项目中所涉及的作业队伍，通常是与企业签订合同的劳务分包企业，它们按合同接受项目经理的领导和各职能部门的专业指导，并完成作业任务。

4）项目经理部的对外关系有：政府部门、设计单位、建设单位、供应单位、市政与公用单位以及与施工现场有关的其他单位。其中合同关系，如与建设单位、供应单位的关系；项目管理的协作关系，如与设计单位、市政与公用单位的关系；社会协作和制约关系，如与银行、税收单位、规划部门、审计部门、环保部门、交通部门、政府部门等的关系。若为合同关系，需严格履约；若为项目协作关系，便主动协调和接受协调；若为社会协作和制约关系，则应遵守有关规定，依法办事，重信誉，讲社会公德。

5）处理项目组织与监理单位的关系很重要。监理单位监督的主要内容为是否按合同办事。因此项目经理部必须严格履行合同，还要在建设单位向监理单位授权的范围内，在监理法规限定的条件下，与监理单位处理好例行性关系，如接受验收检查，按章签证，提供信息，接受建议，服从协调，尊重其确认权和否决权等。

6）理想的工作关系应是直线职能制或矩阵制的，在业务关系上，虽然可以分为许多业务部门，但归纳起来只有三类：生产系统、技术系统、经济系统。其中，生产系统包括计划、统计、调度、劳动、材料、设备部门（人员），他们主要控制工期和施工现场；技术系统包括质量、技术、安全、消防、试验、计量等部门（人员），他们主要控制造价（或成本）和节约。这三个系统相互关联，存在着信息关系、协作关系，共同完成项目管理任务。

✅ 四、项目经理部的解体

项目经理部临近工程结尾时，业务管理人员及项目经理要陆续撤走，因此必须重视项目经理部的解体和善后工作。

1. 项目经理部的解体程序与善后工作

1）企业工程管理部门是施工项目经理部组建和解体善后工作的主管部门，主要负责项目经理部的组建及解体后工程项目在保修期间的善后问题处理，包括因质量问题造成的返（维）修、工程剩余价款的结算以及回收等。

2）施工项目在全部竣工交付验收签字之日起 15d 内，项目经理部要根据工作需要向企业工程管理部提交项目经理部解体申请报告。

3）项目经理部在解聘工作业务人员时，为使其在人才劳务市场有一个回旋的余地，要提前发给解聘人员两个月的岗位效益工资，并给予有关待遇。从解聘第三个月（含解聘合同当月）其工资福利待遇在新的被聘单位领取。

4）项目经理部解体前，应成立以项目经理为首的善后工作小组，其留守人员由主任工程师、技术、预算、财务、材料各一人组成，主要负责剩余材料的处理，工程价款的回收，财务账目的结算移交，以及解决与甲方的有关遗留事宜。善后工作一般规定为三个月，从工程管理部门批准项目经理部解散之日起计算。

5）施工项目完成后，建筑企业还要考虑该项目的保修问题，因此在项目经理部解体与工程结算前，凡是未满一年保修期的竣工工程，要由经营和工程部门根据竣工时间和质量等级确定工程保修费的预留比例。保修费一般占工程造价（不含利润、劳保支出费）的比例是：室外工程 2%；住宅工程 2%～5%（砖混 3%～5%、滑模 3%、框架 2%）；公共建筑 1.5%～3%（砖混 3%、滑模 2%、框架 1.5%）；市政工程 2%～5%。保修费分别交公司工程管理部门统一包干使用，已经制定出了工程保修基金的预留比例的地区应按当时规定执行。

2. 项目经理部效益审计评估和债权债务处理

1）项目经理部剩余材料原则上处理给公司物资设备部，材料价格新旧情况就质论价，由双方商定。如双方发生争议，可由经营管理部门协调裁决；对外出售必须经公司主管领导批准。

2）由于现场管理工作需要，项目经理部自购的通信、办公等小型固定资产，必须如实建立台账、按质论价，移交企业。

3）项目经理部的工程成本盈亏审计以该项目工程实际发生成本与价款结算回收数为依据，由审计牵头，预算财务、工程部门参加，于项目经理部解体后第四个月精心出审计评价报告，交经理审批。

4）项目经理部的工程结算、价款回收及加工订货等债权债务的处理，由留守小组在三个月内全部完成。如第三个月月未能全部收回又未办理任何符合法规手续的，其差额部分作为项目经理部成本亏损额计算。

5）整个工程项目综合效益审计评估为完成承包合同规定指标以外仍有盈余者，按规定比例分成留经理部的，可作为项目经理部的管理奖。整个经济效益审计为亏损者，其亏损部分一律由项目经理负责，按相应奖励比例从管理人员风险（责任）抵押金和工资中补扣。亏损额超过 5 万元以上者，经公司党委或经理办公室研究，视情况给予项目经理个人行政与经济处分，亏损数额较大、性质严重者，公司有权起诉追究其刑事责任。

6）项目经理部解体善后工作结束后，项目经理离任重新投标或聘用前，必须按上述规定做到人走账清、物净，不留任何尾巴。

3. 项目经理部解体时的有关纠纷裁决

1）项目经理部与企业有关职能部门发生矛盾时，由企业经理办公室裁决。

2）项目经理部与劳务、专业分公司及栋号作业队发生矛盾时，按业务分工由企业劳动人事管理部、经营部和工程管理部裁决。所有仲裁的依据，原则上是双方签订合同和有关的签证。

第二节　项目经理的选择与培养

一、项目经理的选择

　　项目经理是决定项目施工的关键，项目管理只有选好项目经理才能成功，而管理层面临的最困难的决策可能就是怎样挑选一名合格的项目经理。

　　施工项目经理的选择主要有两个方面的内容：一是选择什么素质的人担任项目经理；二是通过什么样的方式与程序选出项目经理。

　　选择什么样的人担任项目经理，取决于两个方面。一方面看具体的施工项目需要什么素质的人员，这当然取决于施工任务的内容、特点、性质、技术复杂程度等。譬如有些项目经理可能适合历时较长、决策较慢的项目，而另一些项目经理则可能适合那些处于持续压力环境下的短时项目。因此，管理层必须充分了解他们的项目经理具有哪些能力和不足。另一方面要看施工企业自身能够提供或聘请到什么样素质的人员，还要看承包的施工项目在施工企业计划中所占的地位。必须明确施工企业追求的是最大效益，不是一个项目的最大效益。在选择施工项目经理时应该做这种"供需平衡"。对项目经理的素质不可能提出非常具体的要求，但必须注意以下几点：

　　1）必须把施工企业的工程任务作为一个有机的完整系统、一个项目来管理，实行项目经理个人全面负责制。所以项目经理的素质必须较为全面，能够独当一面，具有独立决策的工作能力。如果某一方面能力弱一些，必须在项目经理小组配备能力较强的人员。

　　2）施工项目经理工作的特点是任务繁重、紧张，工作具有挑战性和创新开拓性。一般项目经理应该具有较好的体质、充沛的精力和开拓进取的精神，而且这方面的素质难以靠聘请其他组织或个人去完成。

　　3）由于项目经理要对项目的全部工作负责，处理众多的企业内外部人际关系，所以必须具有较强的组织管理、协调人际关系的能力，这方面的能力比技术能力更重要。

4）由于项目经理遇到的许多问题都具有"非程序性"、"例外性"，难以直接用从书本上学习到的现成的理论知识去套用，必须靠实践经验，所以施工项目经理一般应有一定年限的工作经验。

项目经理的选择应坚持以下三个基本点：

1）选择的方式必须有利于选聘适合项目管理的人担任项目经理。

2）产生的程序必须具有一定的资质审查和监督机制。

3）最后决定的人选必须按照"党委把关、经理聘任、合同约定"的原则由企业经理任命。

一个合格的项目经理不仅仅是对于工作的描述上，更是注重个人的品质，这包括：

1）应变能力和适应能力。

2）出色的创新能力和领导才能。

3）有进取心、自信，有说服力，口头表达能力强。

4）有抱负，积极主动，有威信。

5）具有同时作为一个沟通者和统筹者的影响力。

6）广泛的兴趣爱好。

7）沉着，具有同情心、想象力和自觉性。

8）能够权衡时间、成本和人类因素等技术问题。

9）高度的组织性和纪律性。

10）通才而非专才。

11）愿意在计划编制和控制上投入大量精力。

12）能够及时发现问题。

13）善于决策。

14）能够平衡时间。

项目经理的选择可采取以下三种方式：

1）竞争招聘制。招聘的范围可面向社会，但要本着先内后外的原则，其程序是：个人自荐，组织审查，答辩讲演，择优选聘。这种方法既可选优，又可增强项目经理的竞争意识和责任心。

2）经理委任制。委任的范围一般限于企业内部在聘干部，其程序是经过经理提名，组织人事部门考察，党政联席办公会议决定。这种方式要求组织人事部门严格考核，公司经理知人善任。

3）基层推荐、内部协调制。这种方式一般是企业各基层施工队或劳务作业队向公司推荐若干人选，然后由人事组织部门集中各方面意见，进行严格考核后，提出拟聘用人选，报企业党政联席会议研究决定。

项目经理选拔程序、方法、对象可参考图 1-1。

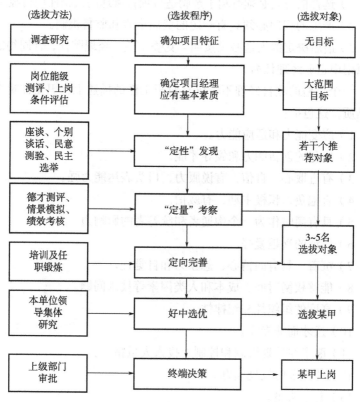

图 1-1　项目经理选拔程序、方法、对象关系图

✓ 二、项目经理的培养

针对目前项目经理人才资源匮乏的现状，管理层应该注重项目经理的培养。

当前，施工企业可以从工程师、经济师以及有专业专长的工程管理技术人员中，注意发现那些熟悉专业技术，懂得管理知识，表现出较强组织能力、社会活动能力和兴趣比较广泛的人，经过基本素质考察后，作为项目经理预备人才加以有目的地培养，主要是在取得专业工作经验以后，给予从事项目管理的锻炼机会，既挑担子，又接受考察，使之逐步具备项目经理条件，然后上岗。在锻炼中，重点内容是项目的设计、施工、采购和管理知识及技能，对项目计划安排、网络计划编排、工程概预算和估算、招标投标工作、合同业务、质量检验、技术措施制订及财务结算等工作，均要给予学习和锻炼机会。

大中型工程的项目经理，在上岗前要在别的项目经理的带领下，接受担任项目副经理、助理或见习项目经理的锻炼，或独立承担过小型项目经理工作。经过锻炼，有了经验，并证明确实有担任大中型工程项目经理的能力后，才能委以大中型项目经理的重任。但在初期，还应给予指导、培养与考核，使其眼界进一步开阔，经验逐步丰富，成长为德才兼备、理论和实践兼通、技术和经济兼通、管理与组织兼行的项目经理。

总之，经过培养和锻炼，建筑工程项目经理的工程专业知识和项目管理能力才能提高，才能承担重大工程项目经理的重任。

第三节　担任项目经理的各项要求

一、项目经理的资质要求

建筑工程项目施工的项目经理，须由注册受聘的建造师担任。建造师分为一级建造师和二级建造师。一级建造师具有较高的标准、素质和管理水平，有利于开展国际互认。同时考虑我国建筑工程项目量大面广，工程项目的规模悬殊，各地经济、文化和社会发展水平有较大的差异，不同工程项目对管理人员的要求也不尽相同，设立二级建造师可以适应施工管理的实际需求。

建造师的执业要求见表 1-1。

表 1-1　建造师的执业要求

级别	一级	二级
基本要求	必须严格遵守法律、法规和行业管理的各项规定，恪守职业道德	
执业范围	1. 担任特级、一级建筑业企业资质的建筑工程项目经理 2. 从事其他施工活动的管理工作 3. 法律、行政法规或国务院建设行政主管部门规定的其他业务	1. 担任二级及以下建筑业企业资质的建筑工程项目经理 2. 从事其他施工活动的管理工作 3. 法律、行政法规或国务院建设行政主管部门规定的其他业务
执业技术能力要求	1. 具有一定的工程技术、工程管理理论和相关经济理论水平，并具有丰富的施工管理专业知识 2. 能够熟练掌握和运用与施工管理业务相关的法律、法规、工程建设强制性标准和行业管理的各项规定 3. 具有丰富的施工管理实践经验和资历，有较强的施工组织能力，能保证工程质量和安全生产 4. 有一定的外语水平	1. 了解工程建设的法律、法规、工程建设强制性标准及有关行业管理的规定 2. 具有一定的施工管理专业知识 3. 具有一定的施工管理实践经验和资历，有一定的施工组织能力，能保证工程质量和安全生产

二、项目经理的素质要求

1. 政治素质

施工项目经理是建筑施工企业的重要管理者，应具备较高的政治素质，必须具有思想觉悟高、政策观念强的道德品质，在施工项目管理中能认真执行党和国家的方针、政策，遵守国家的法律和地方法规，执行上级主管部门的有关决定，自觉维护国家利益，保护国家财产，正确处理国家、企业和职工三者的利益关系。

2. 领导素质

施工项目经理是一名领导者，应具有较高的组织领导能力，具体应满足下列要求：

1）博学多识，通情明理。即具有现代管理、科学技术、心理学等基础知识，见多识广，眼界开阔，通人情，达事理。

2）多谋善断，灵活机变。即具有独立解决问题和与外界洽谈业务的能力，点子多，办法多，善于选择最佳的主意和办法，能当机立断地去实行。当情况发生变化时,能够随机应变地追踪决策,见机处理。

3)知人善任,善与人同。即要知人所长,知人所短,用其所长,避其所短,尊贤爱才,大公无私,不任人唯亲,不任人唯资,不任人唯顺,不任人唯全。宽容大度,有容人之量,善于与人求同存异,与大家同心同德。与下属共享荣誉与利益,劳苦在先,享受在后,关心别人胜于关心自己。

4)公道正直,以身作则。即要求下属完成的,自己首先做到,定下的制度、纪律,自己率先遵守。

5)铁面无私,赏罚严明。即对被领导者赏功罚过,不讲情面,以此建立管理权威,提高管理效率。赏要从严,罚要谨慎。

6)在哲学素养方面,项目经理必须有讲求效率的"时间观",能取得人际关系主动权的"思维观",有处理问题时注意目标和方向、构成因素、相互关系的"系统观"。

3. 知识素养

施工项目经理应具有大中专以上相应学历和文凭,懂得建筑施工技术知识、经营管理知识和法律知识,了解项目管理的基本知识,懂得施工项目管理的规律;具有较强的决策能力、组织能力、指挥能力、应变能力;能够带领项目经理班子成员,团结广大群众一起工作。项目经理还应在住房和城乡建设部认定的项目经理培训单位进行过专门的学习,并取得培训合格证书。

4. 实践经验

每个项目经理,必须具有一定的施工实践经历和按规定经过一段实际锻炼。只有具备了实践经验,他才会处理各种可能遇到的实际问题。

5. 身体素质

由于施工项目经理不但要承担繁重的工作,而且工作条件和生活条件都因现场性强而相当艰苦。因此,必须年富力强,具有健康的身体,以便保持旺盛的精力和坚定的意志。

✅ 三、项目经理的能力要求

高素质的项目经理是施工企业立足市场谋求发展之本,是施工企业竞争取胜的重要砝码。项目经理的个性不同，爱好也不一样，但在项目管理中，对项目经理的基本要求则是相同的。这不仅要求项目经理要取得某个级别的资质证书，而且要求项目经理应具备一定的基本能力。

1. 合同履约能力

从计划经济的项目管理转变为市场经济的项目管理，最大的变化就是项目管理的方式，从行政管理转变为合同管理，从行政关系转变为合同关系。因此，现代企业的项目经理应该是履行合同的专家。如善谈判，会签合同，更会履行合同并在合同履行过程中依法索赔。项目经理一定要清楚，只要不是承包商的原因造成的损失，就要提出索赔。现在项目经理索赔意识不强，不会索赔，不想索赔，甚至不敢索赔。其实这是一种错误的观念。现在企业都是为了自己的生存去找任务、签合同，签了合同就要履行合同，既要本着对顾客负责的态度去认真履行合同，又要注意维护自己企业的利益。因此，项目经理必须要有合同履约的能力。

2. 风险控制能力

做项目经理是要担风险的。一项工程的完成不是凭口号决心就能建成的。建设过程本身就存在风险，取费中还有一项叫不可预见费，就是不可能预先知道的费用，也就是风险费。施工过程中处理风险有几种手段：

1）承认风险，风险自留，愿意承担这个风险。

2）不想承担这个风险。通过一定的方法转移风险，交给别人去承担。如通过投保交保险公司去承担风险。

3）减少风险。本来风险很大，通过种种技术措施将风险减到最小。现在有保险和担保，保险是风险转移，担保是风险减少。

3. 科学的组织领导能力

要管理一个项目，不是项目经理一个人就行的，而是要领导和组织项目班子一批人。项目上虽有人、财、物等多种因素，但项目经理最主要的还是和人打交道，所以项目经理要发挥自己的人格魅力，用爱构筑起一个团结、和谐的战斗群体。

4. 程序优化能力

一个合格的项目经理在组织好项目队伍的前提下，还要科学组织施工程序，即项目经理还应具有程序优化能力。有程序优化能力的项目经理管理的项目就会井井有条。任何工作都有先后程序，要按科学的程序进行安排，学习统筹法，流水作业，运筹施工，工期自然就快。从优化程序上下功夫，要学会应用统筹技术等现代化的科学管理方法和手段，找出主要矛盾点，找准影响工期、质量的关键工序，制订相应措施，就一定能确保项目的工期和质量。

5. 环境协调能力

环境分为内部环境和外部环境。内部环境是指项目经理和其他成员的关系，外部环境的关系就更多了。现在的工地是企业面向社会的窗口，和顾客的关系，和竞争对手、合作伙伴的关系，和周围百姓的关系，和当地政府管理部门的关系等都要协调处理好，这也是市场经济竞争的一方面。

6. 以法维权的能力

项目经理要学法、懂法、懂制度、懂规章。在项目管理中出现违法经营、违章指挥、违规作业的"三违"现象，会造成安全质量事故，甚至触犯法律。所以，项目经理一定要学法、用法，一方面避免自己犯法，另一方面也学会正确运用法律维护自己的权益和利益。

7. 提炼总结能力

一个项目经理要会总结，善于总结。一个项目完成了，要把经验教训都总结出来，要经过认真思考，提炼总结出有价值的东西，以指导今后的工作。项目上的人、机、料、法、环诸因素都要有一个总结，一个工程完工起码要有三个方面的成果。

1）是一个优质的工程。

2）总结出一套施工管理的经验。

3）造就一批人才。

所以项目经理必须具有提炼、总结的意识和能力。

8. 提升价值的能力

企业的生存发展需要人才，一个企业只有占有丰富的人才资源，企业的综合实力才会增强，才能在市场竞争中永远立于不败之地。项目经理作为企业人才资源的重要组成部分，他的作用是不可忽视的。一个优秀的项目经理，可以给企业带来良好的信誉和无限的商机，给他所在的企业带来巨大的利润。项目经理要不断丰富自己的内涵，要善于包装自己，人才也一样，要用知识、用良好的业绩来包装自己以达到不断提升自身价值的目的。

| 第四节 项目经理责任制 |

✅ 一、项目经理责任制的概念

项目经理责任制是以施工项目为对象，以项目经理全面负责为前提，以项目目标责任书为依据，以创优质工程为目标，以求得项目成果的最佳经济效益为目的，实行一次性的全过程管理。也就是指以项目经理为责任主体的施工项目管理目标责任制度，用以确保项目履约，用以确定项目经理部与企业、职工三者之间的责、权、利关系。

✅ 二、项目经理责任制的特征

项目经理责任制与其他承包经营制比较，具有以下特征：

（1）**主体直接性** 它是经理负责、全员管理、指标考核，标价分离、项目核算，确保上缴集约增效、超额奖励的复合型指标责任制，重点突出了项目经理个人的主要责任。

（2）**对象终一性** 它以施工项目为对象，实行建筑产品形成过程的一次性全面负责，不同于过去企业的年度或阶段性承包。

（3）**内容全面性** 它是以保证工程质量、缩短工期、降低成本、保证安全和文明施工等各项目标为内容的全过程的目标责任制。它明显地区别于单项或利润指标承包。

（4）**责任风险性** 项目经理责任制充分体现了"指标突出、责任明确、利益直接、考核严格"的基本要求。其最终结果与项目经理部成员，特别是与项目经理的行政晋升、奖、罚等个人利益直接挂钩，经济利益与责任风险同在。

✅ 三、项目经理责任制涉及的主要内容

项目经理责任制的主要内容见表 1-2。

表 1-2 项目经理责任制的主要内容

类别	内容
项目经理与企业经理的承包责任制	项目经理产生后，项目经理作为工程项目全面负责人，须同企业经理（法人代表）签订以下两项承包责任文件 1.《工程项目承包合同》。其内容包括项目经理在工程项目从开工到竣工交付使用全过程中的责任及其责权利的规定。合同的签订，须经双方同意，并具有约束力 2.《年度项目经理承包经营责任状》。大部分工程项目往往要跨年度甚至几年才能完成，项目经理应按企业年度综合计划的要求，在《工程项目承包合同》的范围内，与企业经理签订《年度项目经理承包经营责任状》，制度内容应以公司当年统一下达给各项目经理部的各项生产经济技术指标及要求为依据，此制度也可以作为企业对项目经理部年度检查的标准
项目经理与本部其他人员的责任制	这是项目经理部内部的以项目经理为中心的群体责任制，它规定项目经理全面负责，各类人员按照各自的目标各负其责，内容有 1. 确定每一业务岗位的工作目标和职责。主要是指在各个业务系统的工作目标和基础上，进一步把每一个岗位的工作目标和责任具体化、规范化。也可采取《业务人员上岗合同书》的形式规定清楚 2. 确定各业务岗位之间的协作职责。主要明确各个业务人员之间的横向分工协作关系、协作内容，实行分工合作。也可采取《业务协作合同书》的形式规定清楚

✅ 四、项目经理责任制的作用

1）明确项目经理与企业和职工三者之间的责、权、利、效关系。

2）有利于运用经济手段强化对施工项目的法制管理。

3）有利于项目规范化、科学化管理和提高产品质量。

4）有利于提高企业项目管理的经济效益和社会效益。

✅ 五、项目经理责任制的主体

项目管理的主体是项目经理个人全面负责，项目管理班子集体全员管理。施工项目管理的成功，必然是整个项目班子分工负责团结协

作的结果。但是由于责任不同，承担的风险也不同，项目经理承担责任最大。所以，项目经理责任制的主体必然是项目经理。项目经理责任制的重点在于管理，管理是科学，是规律性活动。施工项目经理责任的重点必须放在管理上。企业经理决定打不打这一仗，是决策者的责任；项目经理研究如何打好这一仗，是管理者的责任。

六、项目经理责任制的实施

1. 项目经理责任制的实施条件

项目经理责任制的实施需要具备以下条件：

1）项目任务落实、开工手续齐全、具有切实可行的项目管理规划大纲或施工组织设计。

2）组织一个高效、精干的项目管理班子。

3）各种工程技术资料、施工图、劳动力配备、施工机械设备、各种主要材料等能按计划供应。

4）建立企业业务工作系统化管理，使企业具有为项目经理部提供人力资源、材料、资金、设备及生活设施等各项服务的功能。

2. 项目经理责任制实施重点

施工企业项目经理责任制的实施，应着重抓好以下几点：

1）按照有关规定，明确项目经理的职责，并对其职责具体化、制度化。

2）按照有关规定，明确项目经理的管理权力，并在企业中进行具体落实，形成制度，确保责权一致。

3）必须明确项目经理与企业法定代表人是代理与被代理的关系。项目经理必须在企业法定代表人授权范围、内容和时间内行使职权，不得越权。为了确保项目管理目标的实现，项目经理应有权组织指挥本工程项目的生产经营活动，调配并管理进入工程项目的人力、资金、物质、设备等生产要素；有权决定项目内部的具体分配方案和分配形式；受企业法定代表人委托，有权处理与本项目有关的外部关系，并签署有关合同。

4）项目经理承包责任制，应是项目经理责任制的一种主要形式。它是指在工程项目建设过程中，用以确立项目承包者与企业、职工三者之间责、权、利关系的一种管理手段和方法。这以创优质工程为目标，以承包合同为纽带，以求得最终产品的最佳经济效益为目的，实行从工程项目开工到竣工交付使用的一次性、全过程施工承包管理。

第五节 项目经理的地位、作用、工作内容及方法

✧ 一、项目经理的地位

一个施工项目是一项整体任务，有统一的最高目标，按照管理学的基本原则，需要设有专人负责才能保证其目标的实现。这个负责人就是施工项目经理。

总之，施工项目经理是施工项目目标的全面实现者，既要对建设单位的成果性目标负责，又要对施工企业的效率性目标负责，必须具备以下四个方面的条件：

1）项目经理是施工承包企业法人代表在项目全过程所有工作的总负责人。从企业内部看，项目经理是施工项目全过程所有工作的总负责人，是项目的总责任者，是项目动态管理的体现者，是项目生产要素合理投入和优化组合的组织者。从对外方面看，作为企业法人代表的企业经理，不直接对每个建设单位负责，而是由项目经理在授权范围内对建设单位直接负责。

2）项目经理是协调各方面关系，使之相互紧密协作、配合的桥梁和纽带。他对项目管理目标的实现承担着全部责任，即承担合同责任、履行合同义务、执行合同条款、处理合同纠纷、受法律的约束和保护。

3）项目经理对项目实施进行控制，是各种信息的集散中心。所有信息通过各种渠道汇集到项目经理的手中；项目经理又通过指令、计划和"办法"，对下、对外发布信息，通过信息的集散达到控制的目的，使项目管理取得成功。

4）项目经理是施工项目责、权、利的主体。项目经理是项目总体的组织管理者，即他是项目中人、财、物、技术、信息和管理等所有生产要素的组织管理人。他不同于技术、财务等专业的总负责人。项目经理必须把组织管理职责放在首位。项目经理必须是项目的责任主体，是实现项目目标的最高责任者，而且目标的实现还应该不超出限定的资源条件。责任是实现项目经理责任制的核心，它构成了项目经理工作的压力和动力，是确定项目经理权力和利益的依据。对项目经理的上级管理部门来说，最重要的工作之一就是把项目经理的这种压力转化为动力。其次项目经理必须是项目的权力主体。权力是确保项目经理能够承担起责任的条件与手段，所以权力的范围必须视项目经理责任的要求而定。如果没有必要的权力，项目经理就无法对工作负责。项目经理还必须是项目的利益主体。利益是项目经理工作的动力，是由于项目经理负有相应的责任而得到的报酬，所以利益的形式及利益的多少也应该视项目经理的责任而定。如果没有一定的利益，项目经理就不愿负有相应的责任，也不会认真行使相应的权力，项目经理也难以处理好国家、企业和职工的利益关系。

二、项目经理的作用

项目经理在施工企业中的中心地位，决定了他对企业的盛衰具有关键作用。所谓"千军易得，一将难求"。项目经理是将帅之才，他在企业中的作用主要表现在以下几个方面：

1）确定企业发展方向与目标，并组织实施。

2）建立精干高效的经营管理机构，并适应形势与环境的变化及时做出调整。

3）制定科学的企业管理制度并严格执行。

4）合理配置资源，将企业资金同其他生产要素有效地结合起来，使各种资源都充分发挥作用，创造更多利润。

5）协调各方面的利害关系，包括投资者、劳动者和社会各方面的利益关系，使各得其所，协调各方面的积极性，实现企业总体目标。

6）造就人才，培训职工，公平、合理地选拔人才、使用人才，使其各尽所能，心情舒畅地为企业献身。

7）不断创新，采取多种措施鼓励和支持不断更新企业的机构、技术、管理和产品（服务），使企业永葆青春。

三、项目经理的工作内容及方法

（一）项目经理的工作内容

项目经理的主要工作及日常工作内容见表 1-3。

表 1-3　项目经理的主要工作及日常工作内容

项目		内容
主要工作	规划管理	建设单位项目经理所要规划的是该项目建设的最终目标，即增加或提供一定的生产能力或使用价值，形成固定资产。这个总目标有投资控制目标、设计控制目标、施工控制目标、时间控制目标等，作为施工单位项目经理则应对质量、工期、成本目标做出规划，组织项目经理班子对目标系统做出详细规划，绘制展开图，进行目标管理
	制定规章制度	建立合理而有效的项目管理组织机构及制定重要规章制度，从而保证规划目标的实现。规章制度必须符合现代管理基本原理，尤其是"系统原理"和"封闭原理"。规章制度必须面向全体职工，使他们乐意接受，以利于推进规划目标的实现。规章制度绝大多数由项目经理班子或执行机构制定，项目经理给予审批、督促和效果考核。项目经理须亲自主持制定的制度，一个是岗位责任制，一个是赏罚制度
	选用人才	项目经理须下功夫去选择好项目经理班子成员及主要的业务人员。项目经理在选人时，要掌握"用最少的人干最多的事"的最基本效率原则，要选得其才，用得其能，置得其所
日常工作	决策	项目经理对重大决定须按照完整的科学方法进行。项目经理在以下两种情况下要及时明确地做出决断：一是出现例外性事件，如特别的合同变更，对某种特殊材料的购买，领导重要指示的执行决策等；二是下级请示的重大问题，即涉及项目目标的全局性问题，项目经理要及时明确地做出决断。项目经理可不直接回答下属的问题，只直接回答下属建议。决策要及时、明确，不要模棱两可
	联系群众	项目经理要密切联系群众，经常深入实际，这样才能体察下情，发现问题，便于开展领导工作。要帮助群众解决问题，把关键工作做在最恰当的时候
	实施合同	应对合同中确定的各项目标的实现进行有效的协调与控制，协调各种关系，组织全体职工实现工期、质量、成本、安全、文明施工目标，提高经济利益

项目		内容
日常 工作	进修 学习	项目管理涉及现代生产、科学技术、经营管理等方面，它往往集中了这三者的最新成就。项目经理必须事先学习，边干边学。群众的水平在不断提高，项目经理如果不学习，就不能很好地领导提高了的下属，也不能很好地解决出现的新问题。项目经理必须不断抛弃老化的知识，学习新知识、新思想和新方法。要跟上改革的形势，推进管理改革，使各项管理能与国际惯例接轨

（二）项目经理的工作方法

项目经理的工作千头万绪，其工作方法也因人而异，各有千秋。但从国内外许多成功的项目经理的实践和体会来看，他们大多强调"以人为本"，进行生产经营管理，实现对项目的有效领导。

1. 以人为本，领导就是服务

1）领导就是服务，这是领导者的基本信条。必须明白，只有我为人人，才能人人为我。

2）精心营造小环境，努力协调好组织内部的人际关系，使各人的优缺点互补，各得其所，形成领导班子整体优势。

3）领导首先不是管理职工的行为，而是争取他们的心。要让企业每一个成员都对企业有所了解，逐步增加透明度，培养群体意识，团队精神。

4）要了解你的部属在关心什么、干些什么、需要什么，并尽力满足他们的合理要求，帮助他们实现自己的理想。

5）要赢得部属的敬重，首先要尊重部属，要懂得你的权威不在于手中的权力，而在于部属的信服和支持。

6）设法不断强化部属的敬业精神，要知道没有工作热情，学历知识和才能都等于零。

7）不要以为自己拥有了目前的职位，便表示有知识有才干，要虚心好学，不耻下问，博采部属之长，

8）要平易近人，同职工打成一片。

2. 发扬民主，科学决策

1）切记独断专行的人早晚要垮台。

2）既要集思广益，又要敢于决策，领导主要是拿主意、用人才，

失去主见就等于失去领导。

3）要善于倾听职工意见，不要以"行不通"、"我知道"等言辞敷衍职工。

3. 要把问题解决在萌芽状态

1）及时制止流言蜚语，阻塞小道消息，驳斥恶意中伤，促进组织成员彼此和睦。

2）切莫迎合别人的不合理要求，对嫉贤妒能者坚决批评。

3）对于既已形成的小集团，与其耗费很大精力去各个击破，倒不如正确引导，鼓励他们参加竞争，变消极因素为积极因素。

4）用人要慎重，防止阿谀逢迎者投机钻营。

5）要有意疏远献媚者。考验一个人的情操，关键是看他如何对待他的同事和比他卑微的人，而不是看他对你如何。

4. 以身作则，思想领先

1）要做到言有信，言必行，行必果。不能办到的事千万不要许诺，切不可失信于人。

2）有错误要大胆承认，不要推诿责任，寻找"替罪羊"。

3）不要贪图小便宜，更不能损公肥私。公生明，廉生威，领导人的威信，来自清正廉明，在于身体力行。

4）养成"换位思考"的习惯。

5）搞清工作的重点，弄清楚工作的轻重缓急。需要通过授权，戒除忙乱。要把自己应该做，但一时做不了的次要事交给下属去做。

6）用自己工作热情的"光亮"照耀别人。

7）要学习、学习再学习。在当前知识快速更新的时代，不学习就要落伍，工作再忙也要挤时间读书看报，学习可以提高领导的质量和效率。

本项工作内容清单

序号		工作内容
1	建立项目经理部	确定项目经理部的管理任务和组织形式
		确定项目经理部的层次，设立职能部门和工作岗位
		确定人员、职责、权限
		项目管理目标分解
		制定规章制度和目标责任考核、奖惩制度
2	运作项目经理部	处理好与企业、主管部门、外部及其他各种关系
3	解体项目经理部	制定解体程序
		处理项目在保修期间的善后问题
4	选择与培养项目经理	选择适合施工项目的项目经理
		培养有项目管理潜力的预备人才
5	实施项目经理责任制	明确项目经理的职责
		明确项目经理的管理权力
		确定管理手段和方法
		确保项目管理目标的实现

第二章

建筑工程招标投标

第一节　建筑工程招标

✅ 一、招标的概念

招标是指招标人（或单位）利用报价的经济手段择优选购商品的行为。

建筑工程招标是由具备招标资格的招标单位或招标代理单位，就拟建工程项目编制招标文件和标底，发出招标通知，公开或非公开地邀请投标单位前来投标，并经过评标、定标，最终与中标单位签订承包合同的过程。

✅ 二、建筑工程招标条件

1. 招标单位应具备的条件

招标单位组织招标，应设立专门的招标组织机构，须由招标投标管理机构审查合格后发给招标组织资格证书后方可进行招标工作。招标单位应具备的条件有：

1）是法人、依法成立的其他组织。

2）有组织编制招标文件的能力。

3）有组织开标、评标、定标的能力。

4）有审查投标单位资质的能力。

5）有与招标工程相适应的经济、法律咨询和技术管理人员。

6）除了具备上述条件，招标人还必须委托具有相应资质（资格）

的招标代理人才能组织招标。

2. 招标工程具备的条件

1）建设用地已依法取得，并取得了建筑工程规划许可证。

2）向建筑行政主管部门履行了报建手续，并取得批准。

3）建筑工程已经批准立项。

4）建设资金能满足建设工程的要求，符合规定的资金到位率。

5）技术资料能满足招标投标的要求。

6）法律、法规、规章规定的其他条件。

✔ 三、建筑工程招标方式

建筑工程招标方式一般分为公开招标和邀请招标。

1. 公开招标

（1）**公开招标的概念** 公开招标是招标单位通过报刊、广播、电视、互联网等媒体工具发布招标公告，即凡具备相应资质符合招标条件的法人或组织不受地域和行业限制均可申请投标。一般投标人在规定的时间内向招标单位提交意向书，先由招标单位进行资格审查，核准后购买招标文件，进行投标。公开招标的方式可以给一切合格的投标人平等的竞争机会，能够吸引众多的投标者，因此又称为无限性竞争性招标。优秀的中标人，又能通过竞争降低成本。但是招标可能导致招标人资格预审和评标工作量加大，招标时间长，招标费用增加，同时也使投标人中标机率减少，从而增加其投标前期风险。

（2）**公开招标的种类** 公开招标可根据项目的规模大小，要求的技术、质量水平的高低以及资金的来源分类；又可根据涉及的范围大小，分为国际性公开招标和国内公开招标。

（3）**公开招标的工作程序**

1）刊登邀请参加的资格预审公告。

2）公开邀请有资格的投标人购买资格预审文件。

3）通过资格预审的单位购买招标文件参加投标。

4）投标人全面响应招标文件的所有要求，进行尊重性投标。

5）在投标截止日期以前将密封的投标人的投标报价及其他内容

送到招标单位。

6）开标。

7）唱标人宣布投标人的投标报价及其他内容。

8）开标会后组织评标委员会在保密条件下评标，由评标委员会负责评标工作，选定中标单位。

（4）公开招标的优缺点

公开招标的优点：

1）体现了公平竞争，打破了垄断，能使承包人努力提高工程质量。

2）有较大的选择余地，可以从中选择报价低或报价合理、工期较短、信誉良好的投标人。

3）透明度高，能赢得众多投标人的信赖。

4）缩短工期和降低成本，是招标中应采用的基本方法。

公开招标的缺点是参加资格预审人员较多，招标单位投入到资格预审、"澄清标前会"等环节的人力、物力很大，时间很长。

2. 邀请招标

（1）**邀请招标的概念** 邀请招标又称为选择性竞争招标，是指由招标单位根据自己积累的资料或根据权威的咨询机构提供的信息，向预先选择的若干家具备承担招标项目能力、信誉良好的特定法人或者其他组织发出投标邀请函，将招标工程的概况、工作范围和实施条件等做出简要说明，请他们参加投标竞争。邀请对象的数目以5~7家为宜，但不应于少于3家。由这些邀请单位在规定的时间内，向招标单位提交符合要求的投标文件进行招标，邀请招标的程序除不必在报刊上公开刊登招标公告外，其余的程序与公开招标相同。

（2）**邀请招标的优缺点**

招标邀请的优点：

1）不需要发布招标公告和设置资格预审程序，可以节省时间，节约招标费用。

2）此种方式的招标单位通常对投标人以往的业绩和履约能力比较了解，从而减小了合同履行过程中承包方违约的风险。

3）节省用于资格预审、评标上的人力、物力。

邀请招标的缺点：

1）因为邀请范围较小，选择面窄，有可能会失去某些更有竞争能力的投标人。

2）竞争不够充分，易产生暗箱操作弊端，因此，只能在经批准的条件下（凡国家重点项目和省级重点项目不宜公开招标而需邀请的，经国务院发展规划部门或省级人民政府批准后）才能使用。

✓ 四、建筑工程招标程序

1. 招标准备

招标准备的工作内容：

（1）工作报建　当建设项目的立项文件获得批准后，招标人须向建设行政主管部门履行建设项目报建手续，报建时交验的文件资料有：

1）立项批准文件或年度投资计划。

2）固定资产投资许可证。

3）资金证明文件。

4）建筑工程规划许可证。

（2）申请招标并确定招标方式　招标单位在招标准备工作完毕后，应向招标管理部门申报并由招标管理机构对申请招标的工程发包人进行审查，审查的主要内容有：

1）建设资金落实情况。

2）施工执照是否办好。

3）主要材料物资是否落实。

4）招标文件的内容是否齐全。

5）标底是否编好。

招标方式通常由建设单位（招标人）根据情况与招标管理机构协商后确定。

（3）编制招标文件　国家规定，凡是确定招标的工程项目，必须是纳入本年度计划的项目，设计文件齐全，才能以此编制招标文件。这些招标文件有：

1）招标公告。

2）资格预审文件。

3）招标文件。

4）合同协议书。

5）资格与审核评标的办法。

2. 招标过程

招标人应当合理确定投标人编制投标文件所需的时间，自招标文件开始发出 3d 之内到投标截止之日，最短不得少于 20d。这个阶段的工作内容：

（1）发布招标公告　发布招标公告的目的是让潜在的投标人获得招标信息，以便进行项目筛选，确定是否参与竞争。招标公告或招标邀请函的具体格式由招标人自定。招标公告内容：

1）招标单位名称。

2）建设项目资金来源。

3）工程项目概况。

4）招标工作范围的简要介绍。

5）购买资格预审文件的地点、时间和价格等有关事项。

（2）投标人资格预审　投标人必须是取得法人资格的施工企业，其企业的等级必须与工程项目相适应，不允许越级承包，同时还应调查了解企业过去的施工经历、财务状况等。通常由投标人填写资格审查表，报招标单位进行审查。

（3）通知投标人领取招标文件　资格审查通过后，通知投标人到招标代理机构购买招标文件，即获得招标文件的单位才是合法的投标人。

（4）组织投标人施工现场踏勘　组织投标人施工现场踏勘是投标人为了正确编制标函，做出自己的报价，使之更符合现场的情况而必须采取的步骤。勘察内容有：

1）施工现场的地貌、地质及水文情况等。

2）施工现场可提供的场地和房屋。

3）施工运输道路及桥梁承载能力情况。

4）施工用水源、电源位置及可供量。

5）工程项目与拟建房屋关系。

6）对市区建设项目还需要了解环保要求，可供堆放材料的地方及面积，城市交通运输管理要求等。

（5）召开标前会议　招标人邀请投标人、设计单位、招标管理部门、建设银行等参加标前会议，也称为交底会。会议上由招标人介绍工程情况，解答投标人提出的问题，补充和完善招标文件中的内容，明确投标人的投标时间、地点等。标前会议中如果对招标文件中的内容有修改或补充则应做出会议纪要，分发给有关单位，作为投标人编制标函的依据。补充文件作为招标文件的组成部分，具有同等的法律效力。

（6）编制标函　标函包括商务标书及技术标书，其主要内容为投标报价及施工组织设计。

3. 决标成交

决标成交阶段包括开标、定标、签订工程承包合同、合同公证等工作。

（1）开标　开标通常采用公开开标的形式，当众将投标单位的标函启封，宣布各投标单位的标函内容的报价额，以当地规定的报价标准宣读合格单位及报价额，或从最低报价开始，依次排列，宣读各投标人的报价。

当众开标会议上出现下列情况之一，要宣布投标书为废标：

1）未经法定代表人签署或未盖投标单位公章或未盖法定代表人印章的。

2）未按规定格式填写，内容不全或字迹模糊、辨认不清的。

3）投标文件未加盖骑缝法人章及法定代表人印章的。

4）投标人未出据法人资格证明书及法定代表人身份证（原件）或授权书及被授权人身份证（原件）。

5）投标文件未按规定标志、密封。

6）投标截止日期以后送达的。

7）投标人不参加开标会议的标书。

8）其他未响应招标文件要求的行为。

招标人于开标会现场当众宣布核查结果，并宣读有效标函名称。

（2）评标　评标是评标委员会在招标管理机构监督下，依照评标原则、评标方法，对投标单位报价、工期、质量、主要材料用量、施工方案或施工组织设计、以往业绩、社会信誉、优惠条件等方面进行综合评价，公正合理选择中标单位。

评标委员会由招标人的代表和有关技术、经济等方面的专家组成，成员人数为 5 人以上单数，其中招标单位外的专家不得少于成员总数的三分之二。专家应来自于国务院有关部门或省、自治区、直辖市政府有关部门提供的专家名册，或从招标代理机构的专家库中以随机抽取方式确定。与投标人有利害关系的人不得进入评标委员会，已经进入的须更换，保证评标的公平和公正。

评标工作程序：小型工程由于承包工作内容较为简单、合同金额不大，可以采用即开、即评、即定的方式由评标委员会及时确定中标人；大型工程项目的评标因评审内容复杂、涉及面宽，则应分成初评和详评两个阶段进行。

1）初评时评标委员会以招标文件为依据，审查各投标书是否为响应性投标，确定投标书的有效性。审查内容有：投标人的资格、投标保证有效性、报送资料的完整性、投标书与招标文件的要求有无实质性背离、报价计算的正确性等。如果投标书存在计算或统计错误，由评标委员会予以改正后请投标人签字确认。投标人拒绝确认，按投标人违约对待，并没收其投标保证金。修改报价错误的原则是：阿拉伯数字表示的金额与文字大写金额不一致，以文字表示的金额为准；单价与数量的乘积之和与总价不一致，以单价计算值为准；副本与正本不一致，以正本为准。

2）详评时评标委员会对各投标书实施方案和计算进行实质性评价与比较。评审时不可再采用招标文件中要求投标人考虑因素以外的任何条件作为标准。设有标底的，评标时应参考标底。

详评一般分为两个步骤进行。首先对各投标书进行技术和商务方面的审查，评定其合理性以及若将合同授予该投标人在履行过程中可能给招标人带来的风险。评标委员会认为必要时可以单独约请投标人对标书中含义不明确的内容做必要的澄清或说明，但澄清或说明不得超出投标文件的范围或改变投标文件的实质内容，澄清内容也要整理成文字材料，作为投标书的组成部分。在对标书审查的基础上，评标委员会比较各投标书的优劣，并编写评标报告。评标报告是评标委员会经过各投标书评审后向招标人提出的结论性报告，作为定标的主要依据。评标报告应包括评标情况说明以及对各个合格投标书的评价、推荐合格的中标候选人等内容。若评标委员会经过评审，认为所有投标都不符合招标文件的要求，可以否决所有投标。出现这种情况后，招标人应认真分析招标文件的有关要求以及招标过程，在对招标工作范围或招标文件的有关内容做出实质性修改后重新进行招标。

（3）定标　定标也称为决标，开标后由招标人组织有关人员对各投标人的标函进行评定，最后选定中标人，也有在开标时当场定标的，不管采取哪种方法，必须有一个较为正确、公正的评标准则和方法。投标单位的标函通常应按下列标准评定：

1）标价合理。投标人的报价应符合当地的规定，大多标底多以施工图预算为准，而各企业的报价只是在施工管理费和材料价格调整上浮动。标价在规定的浮动范围内，通常取最低标。

2）工期适当。通常以当地获国家规定的工期定额为准，不能突破，又要在采取一定的技术组织措施下保证能够实现。

3）保证质量。工程质量关系着工程建设项目的投产和使用，要求投标人有比较严格的质量保证体系和措施，使工程质量达到国家规定范围要求。

4）信誉好。企业信誉主要取决于信守合同，遵守国家的法令和法律，工程质量和服务质量好，且得到社会的广泛认可。

确定中标人前，招标人不得与投标人就投标价格、投标方案等实质性内容进行谈判。招标人应该根据评标委员会提出的评标报告和推荐的中标候选人确定中标人，也可以授权评标委员会直接确定中标人。

中标人确定后，招标人向中标人发出中标通知书，同时将中标结果通知所有未中标的投标人并退还他们的投标保证金或保函。中标通知书对招标人和中标人具有法律效力，招标人改变中标结果或中标人拒绝签订合同均要承担相应的法律责任。

中标通知书发出后的 30d 内，双方应按照招标文件和投标文件订立书面合同，不得做实质性修改。招标人不得向中标人提出任何不合理要求作为订立合同的条件，双方也不得私下订立背离合同的实质性内容的协议。

确定中标人后 15d 内，招标人应向有关行政监督部门提交招标投标情况的书面报告。

（4）签订承包合同　经评标确定出中标单位后，在投标有效期截止前，招标单位将以书面形式向中标单位发出中标通知书，同时声明该中标通知书为合同的组成部分。

在招标人和中标人按照中标通知书、招标文件和中标人的投标文件等订立书面合同时，合同成立并生效。

✅ 五、建筑工程招标文件的编写内容

1. 招标书

招标书包括以下几项内容：

1）工程的综合说明。工程的综合说明包括对工程名称、批准文件、建设地点、结构类型、特点、工程主要内容、建设前期准备情况的描述等。

2）工程范围。工程范围是指工程的招标范围，即发包的工程内容。根据业主、发包人的意图，采取一次性发包或分包的方法。

3）工程承包方式。工程承包方式是指工程采取总价承包、固定单价承包还是成本加酬金的承包方式。

4）材料供应方式。明确规定各种工程用料的供应方法。供应方法有：材料指标计划下的包工包料、自由的包工包料、招标单位供应统配物资、承包人供给地方材料、招标单位供给的全部材料、明确材料涨价和定额调整的处理方法。

5）工程价款的结算方式。工程价款的结算方式是指对预付款比例、进度款分期支付和竣工结算等的处理。

6）工期要求。工期要求是指建设项目单项工程或单位工程的工期，是指计算工期的方法用的日历工期还是有效工期。

7）工程质量。工程质量包括设计标准、技术规范、质量评定方法、质量处理规定等。

8）奖惩办法。奖惩办法是对工期和质量等方面的奖惩条件和办法。

9）标前会议和现场勘察的日期。

2. 工程设计资料

工程设计资料包括工程设计详图、资料、说明书等。这些资料在招标时需发给有资格投标的施工企业。

（1）**图纸** 图纸在招标与投标中是基础资料，它是业主向投标人传达工程意图的技术文件，其目的是使投标人阅读招标文件之后，能准确地确定合同所包括的工作（包括性质和范围），投标人需要根据它来进行施工规划，复核工程量。

（2）**资料** 技术规范、工程量清单及图纸都是招标与投标文件中不可缺少的资料，业主需要将其委托给设计单位编写，并且由业主审核定稿。

投标人必须依据设计文件中拟订的施工规划（包括施工方案、施工顺序、施工工艺、施工进度等）进行工程估价，确定投标报价。

3. 投标须知

投标须知是指在投标人编制投标函的过程中，招标单位对其所做的规定，涉及的内容有：

1）招标文件的单位、联系人、业务范围等方面的说明。

2）设计单位和投标人发生业务联系的方式。

3）填写标书的规定和投标、开标的时间地点等。

4）投标企业的担保方式有银行保函、银行汇票、保兑支票、现金支票。在投标保证金数额的规定上，对大型合同一般取工程估价的1%（大型合同是指金额超出 1 亿美元的合同），其余取 2%。

5）投标人对招标文件有关内容提出建议的方式。

6）招标单位的权利，是指招标单位保留或拒绝不符合要求的标函以及在特殊情况下可能推迟投标、开标日期的权利。

7）招标单位对投标保密的义务。

投标须知的组成包括：

1）总则。

2）招标文件的组成与解释顺序。

3）投标书的编制。

4）投标书的递交。

5）开标与评标。

6）合同授予。

☑️ 六、建筑工程招标标底的编制

1. 建筑工程招标标底的编制方法

（1）**以施工图预算为基础编制标底** 以施工图预算为基础编制标底是当前我国建筑工程施工招标较多采用的一种标底编制方法。即根据施工详图和技术说明，按工程预算定额规定分析分解工程子目并逐项计算工程量，套用定额单价（或单估估价表）确定直接费，接着再按规定的取费标准确定施工管理费、冬雨期施工费、技术装备费、劳动保护费等间接费以及计划利润，还要加上材料调价系数和适当的不可预见费，汇总后便为工程预算，也就是标底的基础。

其中直接费包括人工费、材料费和施工机械设备使用费；间接费包括投标费、保函手续费、贷款利息、代理人工佣金或酬金、由承包人负担的税金、由承包人负担的保险费、业务费、施工管理费以及其他间接费。

（2）以工程概算为基础编制标底　其编制程序和以施工图预算为基础的标底大体相同，所不同的是采用工程概算定额，分部分项工程子目做适当的归并与综合，使计算工作有所简化。采用这种方法编制的标底，通常适用于扩大初步设计或技术设计阶段即进行招标的工程。在施工图阶段招标，也可按施工图设计工程量，按概算定额和单价计算直接费，既可提高计算结果的准确性，又能减少计算工作量，节省时间和人力。

（3）以扩大综合定额为基础编制标底　以扩大综合定额为基础编制标底，是由以工程概算为基础的标底发展起来的，即将施工管理费、各项独立费以及法定利润部分都纳入扩大的分部分项单价内，可使编制工作进一步简化。

（4）以平方米造价包干为基础编制标底　以平方米造价包干为基础编制标底，主要适用于采用标准图大量建造的建筑工程，做法是由地方主管部门对不同结构体系的建筑造价进行测算分析，制定每平方米造价包干标准，在具体工程招标时，再根据装修、设备情况进行适当的调整，最后确定标底单价。基础工程常因地基条件不同有很大差别，这种平方米造价多以工程的正负零以上为对象，基础和地下室工程仍以施工图预算为基础编制标底，二者之和即为完整的标底。

2. 建筑工程招标标底的编制意义

1）标底是投资方核实建设规模的依据。标底是施工图预算的转化形式，受概算的控制，突破概算时应分析原因，如果是施工图扩大了建设规模，则需重新修改施工图，以此编制标底。

2）标底是称量投标单位报价的标尺。投标报价高于标底，投标单位失去了报价的竞争性，低于标底很多，招标单位便可以怀疑报价的合理性，并经进一步分析确认低价的原因是由于分项工程工料估算不切实际，技术方案片面，节减费用，缺乏可靠性或故意漏项等，依此认为该报价不可信。可以通过优化方案，证明节省费用降低工程造价是合理可信的。

3）标底是评标的模板。标底的编制必须科学、合理、准确、可行，这样定标时才能做出正确的选择，否则评标就是失真的，失去了应有的作用和意义，因此可以说标底是评标的模板。

| 第二节 建筑工程投标 |

✓ 一、建筑工程投标的概念

投标是指投标人（或单位）利用投标报价的经济手段来销售自己商品的交易行为。

招标投标是指招标人通过发布公告，吸引众多的投标人前来参加投标，择优选定，最后达成协议的一种商品交易行为。买卖双方在进行商品交易时，一般需经过协商洽谈、付款、提货等几个环节。招标投标属于协商洽谈这一环节。招标人进行招标，实际上是对自己所想购买的商品询价。通常，人们把这样的一种交易行为统称为招标投标。

✓ 二、建筑工程投标的程序

1. 申请投标和投递资格预审文件

当企业获取招标信息后，经过前期的投标决策，要向招标人提出投标申请并购买资格预审文件。通常以向招标人直接递交投标申请报告为宜。

申请投标和投递资格预审文件涉及的工作内容：

（1）资格预审中投标人应提交的材料

1）银行对本公司的资信证明（资金信用证明的简称，是财政部门或授权的银行证明企业资金数额的文件）。

2）公司章程、公司在当地的营业执照。

3）正在执行的合同清单。

4）公司近期财务情况、资产现值、大型机械设备情况。

5）近5年内完成的工程量清单（要附有已完工业主签署的证明）。

6）公司负责人名单及任命书，主要管理人员及技术人员名单，公司组织管理机构。

（2）资格预审的方式

1）目前在招标过程中，招标人经常采用资格预审方式。资格预审的目的是有效地控制招标过程中投标申请人的数量，确保工程招标人选择到满意的投标申请人实施工程建设。招标人对隐瞒事实、弄虚作假、伪造相关资料的投标人应当拒绝其参加投标。

2）对一些工期要求比较紧，工程技术、结构不复杂的项目，为争取早日开工，可不进行资格预审，而进行资格后审（如邀请招标时）。投标人在报送投标文件时，还应报送资格审查资料，评审机构在正式评标前先对投标人进行资格审查，淘汰不合格的投标人，对其投标文件不予评审。

（3）资格审查的内容　招标单位的资格审查内容主要有：

1）其是否具有独立订立合同的能力。

2）其是否具有圆满履行合同的能力，包括专业、技术资格的能力，资金、设备和其他物资设备情况，管理能力。

3）以往承担类似工程的业绩情况。

4）在最近3年内没有与合同有关的犯罪或严重违约、违法行为。在不损害商业秘密的前提下，投标申请人应向招标人提交能证明上述有关资质和业绩的法定证明文件和其他材料。

5）其是否处于被责令停业及财物被接管、冻结、破产状态。

2. 标书的购买与研究

标书的购买与研究的具体工作内容：

1）购买标书。施工企业接到招标人发出的投标通知书或邀请书后，按投标通知书或邀请书上指定的日期和地点，凭资格预审合格通知书和有关证件去购买标书。

2）分析研究招标文件。

再次决策是否参加投标：

①要检查招标文件是否齐全，发现问题，应立即向招标部门交涉补齐。

②复印招标书若干份，使项目成员人手一套，按个人的分工不同，进行不同的重点阅读，以达到正确理解，进而掌握招标文件的各项规定，以便考虑各项报价的因素。

③讨论招标文件中存在的问题，相互解答，解答不了的问题进行以下处理：第一，若招标文件本身的问题，向业主提出书面报告，请业主按规定的程序给予解答澄清；第二，与施工现场有关的问题，可考察现场，仍有疑问的，向业主提出问题，要求澄清；第三，查看是否属于招标文件中未经上级批准的修改（对照范本）内容；第四，对于投标人经验不足或承包业务不熟练而尚不能理解的，千万不可向业主单位质询，以免招来对方产生不信任感。

④进行投标机会可行性分析，包括技术可行和履约付款。第一，审核技术难度。投标项目技术可行性分析时，施工技术中技术困难不小于15%，具有较大的风险，可选择联合投标或放弃。第二，对投标项目的资金来源与业主的付款能力进行分析。业主的资金来源可能有拨款（政府拨款）、融资（国际金融机构融资、国内金融机构融资）、援助（援助资金）、发行债券（发行建设债券）、自有资金、自筹资金。融资的要看其配套资金是否到位；对自有资金、自筹资金等，应调查业主在银行的信誉程度，或要求业主提供银行对他的信誉评级证明。若是私营业主，承包人也可以反过来要求业主提交履约保证金或履约保函。通过对业主的资金来源和付款能力分析，以此来判断该工程资金的保证能力。

准备研究：

①深入研究招标文件，需弄清楚以下情况：第一，招标文件是否有特殊的材料设备，对没掌握价格的要及时"询价"；第二，承包人的责任和报价范围，以免遗漏；第三，梳理出含糊不清的问题，向招标人提出问题，要求澄清；第四，各项技术要求，以便制定经济、实用、又可能加速施工进度的施工方案。

②从影响投标报价和投标决策的角度，投标前对合同条款研究的重点大致有以下内容：第一，关于工程变更的条款；第二，有关任务范围的条款；第三，履约保证金制度，归还办法，有无动用预付款、材料预付款、保留金及其额度制度，以及缺陷责任期、基本完工、工程进度款、最终支付条款是否和范本一致；第四，其他方面，例如关于不可抗力、仲裁、合同有效期、合同终止、税收、保险条款等。

3. 现场踏勘及参加招标介绍会

现场踏勘及参加招标介绍会的主要工作内容：

（1）**现场踏勘** 现场踏勘是招标人组织投标人对工程现场场地和周围环境等客观条件进行的现场勘察。投标人应到现场调查，进一步了解招标人的意图，现场周围的环境情况，以获取有用的信息，并据此做出是否投标或投标策略以及投标报价。招标人须主动向投标申请人介绍所有施工现场的有关情况。

投标人现场踏勘应收集的资料有：

1）工程总体布置，包括交通道路、料场，施工生产和生活用房的场地选择，是否有现场的房屋可以利用。

2）现场的地质水文、气象条件。

3）周围环境对施工的限制情况，如周围建筑物是否需要维护，施工振动、噪声、爆破的限制等。

4）现场的交通运输、供电和供水情况。

5）工程所需材料在当地的来源和储量情况。

6）当地劳动力的来源及技术水平。

7）当地的施工机械修配能力、生产供应条件。

投标人在现场踏勘如有疑问，应在招标人答疑前以书面形式向招标人提出，以便得到招标人的解答。招标人踏勘现场发现的问题，招标人可以书面形式答复，也可以在投标预备会上解答。

（2）**参加招标介绍会** 招标人要召开标前会议（情况介绍会），对招标工程情况做进一步说明，或补充修正标书中的某些问题，同时解答投标人提出的问题。投标人必须参加上述招标会议，否则就视为退出投标竞争而取消其投标资格。

答疑会结束后，由招标人整理会议记录和解答问题，并以书面形式将所有问题及解答问题内容向所有获得招标文件的投标人发放。投标人将其作为编制投标文件的依据之一。

4. 编制投标文件

编制投标文件的主要工作内容：

（1）做好各项调查工作 调查工作的主要内容有：

1）收集招标项目的情况。

2）投标人向业主调查和宣传。作为承包方，为了工程投标能中标，须时刻注意业主的每一个有关的动态和变化，承包方的行动应处处满足业主的每一个要求，才能争取中标的最大概率。向业主调查和宣传的目的则是知道业主的工程开发计划与要求，为本单位制定投标决策提供依据。

在调查的同时，应向业主宣传自己的实力，提供重信誉、守合同、质优高效的具体材料和业绩，取得业主对本企业的良好印象。调查方式通常是通过访问业主单位，要求与业主举行技术交流活动，先由自己介绍，然后再提出一些要了解的问题，请业主回答。

（2）复核和计算工程量、编制施工规划

1）标书中通常都附有工程量清单。工程量清单是否基本符合实际，关系到投标成败和能否获利，必须对工程量进行复核。

2）复核工程量必须了解图纸要求，改正错误，检查疏漏，必要时还要实地勘察，取得第一手资料，掌握与工程量有关的一切数据，进行如实核算，若发现标书的工程量清单与图纸有较大的差异，应提请工程师或业主进行改正。

（3）编写投标文件 投标文件中的要约条件必须与招标文件中的要约条件相一致，也称为"镜子反射原理"。投标文件必须全面、充分地反映招标文件中关于法律、商务、技术的条件条款。投标文件的内容包括：

1）投标函。

2）施工组织设计及辅助资料表。

3）投标报价。

4）招标文件要求提供的其他材料。

编写商务标书的任务有以下几项内容：

1）投标报价，这也是投标工作的核心。报价的准确与否将直接关系到投标工作的成败，这项工作通常由企业总经济师担任负责人。

2）合同条款及工程量清单。

3）编写投标书、投标书附录，办理投标保函、法人授权以及资格预审更新资料。

编写技术标书的任务有以下几项内容：

1）投标单位公司简介。

2）复制公司的法人地位文件，主要有营业执照、资质等级证书、历次的奖励证书等。

3）为本公司项目施工而设置的组织机构图。

4）拟投入本合同中任职的关键人员简历表（如项目经理）。

5）分包情况表。

6）拟投入的劳动力和材料计划。

7）拟投入本合同的主要施工机械设备。

8）拟配备到本合同中的试验、测量、质量、检测用仪器仪表的名称。

9）施工组织设计、施工总平面图、施工进度计划、临时设施设置、临时用地计划。

5．投标书的送达

1）全部投标文件编好之后，经校核无误，由负责人签署，按"投标须知"的规定，分装并密封之后，即成为标函（投递或邮寄投标文件）。

2）标函要在投标截止时间前送到招标人指定的地点，并取得收据，标函通常派专人专送。

3）标函通常一式三份，一份正本，两份副本，应以投标人名义签署加盖法人章和法定代表人章。如有填字或删改处，应由投标单位的主管负责人在此处签字盖章。

4）投标文件发出后，在投标截止时间之前可以修改其中事项，但应以信函形式发给招标人。

6．参加开标会

1）投标人须按照标书规定时间及地点派委托授权人和项目经理出席开标会议，否则将被认为自动退出投标竞争。

2）开标宣读标函前，通常请公证处人员复验其密封情况，宣读标函的过程中，投标人应认真记录其他投标人的标函内容，特别是报价，以便对本企业的报价、各竞争对手的报价和标底进行比较，判断中标的可能性，了解各对手的实力，为今后竞争积累资料。

7. 定标

1）开标以后，投标人的活动往往十分活跃，采用公开或秘密的手段，同业主或其代理人频繁接触，以求中标。而业主在开标后往往要把各投标人的报价和其他条件反复比较，从中选出几家，就价格和工程有关问题进行面对面的谈判，择优定标，也称为商务谈判或定标答辩会。

2）定标前，业主与初选出的几家（一般前3标）投标人谈判，其内容有：

①要投标人参加答辩。

②要求投标人在价格及其他一些问题上再做些让步。

3）技术答辩由招标委员会主持。会议主要是了解投标人如果中标，将如何组织施工，如何保证工期和质量，如何计划使用劳动力、材料和机械，对难度较大的工程将采取什么技术措施，对可能发生的意外情况是否有所考虑。通常来说，在投标人已经做出施工规划的基础上，是不难通过技术答辩的。

8. 谈判与签约

1）中标人一旦收到通知书，便应在规定期限内与招标人谈判，谈判目的是把前阶段双方达成的书面和口头协议，进一步完善和确定下来，以便最后签订合同协议书。中标人可以利用其被动地位有所改善的条件，积极地有理有序地同业主谈判，尽可能争取有利的合同条款。若认为某些条款不能接受，也可退出谈判，因为此时尚未签订合同，尚在合同法律约束之外。

2）当业主和中标人对全部合同条款没有意见后，即签订合同协议书。合同一旦签订，双方即建立了具有法律保护的合作关系，双方必须履约。我国招标投标条例规定，确定中标人后，双方必须在一个月内（30d）谈判签订承包合同。若借故拒绝签订承包合同的中标单位，要按规定或投标保证金金额赔偿对方的经济损失。

✓ 三、投标报价

1. 投标报价的计算依据

（1）形成价格的文件及决定竞争的市场价格水平　投标报价的

计算，主要是根据投标人的实际水平计算出的反映自己成本加合理利润的价格，反映的是自己的实力。投标时的竞争者，是不同投标人之间的技术与管理水平的实力较量，要使自己的投标具有竞争力，必须了解当地的市场价格，其他投标人的投标价格水平，只有自己的报价在市场上有较强的竞争力，才能夺标。

（2）投标项目本身条件　投标项目的本身条件，包括工程范围和内容，技术质量、工期要求、施工图和工程量清单以及施工现场条件等。

（3）投标人经营管理经验积累

1）积累企业的定额标准，也是供投标时计算投标报价使用的内部资料，同时要十分注意影响报价的市场信息。

2）完善拟投标项目的施工组织设计，施工组织设计将直接影响到施工成本的高低。

2. 投标报价计算的原则

1）充分利用对项目的调查、考察所取得的成果和当地的行情的资料。

2）根据招标文件所确定的方式来确定报价的内容以及各细目的计算深度。

3）根据合同文件、技术规范对合同双方做出的经济责任划分来决定投标报价的费用内容。

4）根据为本项目投标所编制的施工方案、施工进度计划和本单位的技术水平来决定报价的基本条件。

5）投标报价的计算方法要简明适用，考虑的问题要对赢得中标有利。

3. 投标报价的计算程序

投标报价的计算程序可概括为：调查投标环境、工程项目调查→制定投标策略→复核工程量清单→编制施工组织设计、施工进度计划→确定联营、分包询价并计算单价项目的直接费→确定分摊项目的费用，编制单价分析表→计算基础投标报价→进行盈亏分析及获胜概率分析→提出备选投标报价→确定最终投标报价。

4. 报价细目与分摊费用细目的划分

（1）报价细目与分摊费用细目划分标准

1）写进工程量清单内容的，就属于报价细目，对于分摊费用细目，必须认真阅读招标文件的技术规范，在投标报价中使用不平衡报价技巧，其本质就是将分摊费用摊到那些细目更能够扩大利润的技巧。

2）分摊费用包含两部分：

①由于执行技术规范的要求，必然会隐含的工程费用。比如钢盘保护层垫块，铁马凳等。

②间接费。在间接费中有一部分是具有包干性质的或属于一次性开支的，今后执行中如果发生各种原因引起合同单价调价时，这部分属于不可调价的，如投标费、保函手续费、代理人佣金、利润、上级企业管理费等。还有一部分属于可以参与随工程变更或物价因素引起的调价来调价的，例如税金、测设费等。

（2）报价细目与分摊费用细目涵盖的内容

1）报价细目包括列入工程量清单之中有细目名称的所有细目，例如场地平整、土石方工程、混凝土工程等。报价细目的具体名称将随招标工程和招标文件来规定，其投标报价的计算也就各不相同。

2）分摊费用细目（待摊费），是指不在工程量清单中出现名称，而又确实会构成投标报价的价格组成，施工中必然要发生的项目。它是价格组成的隐含因素，需要在计算投标报价时分摊到所有或其他报价细目中去的费用。例如：投标费、代理费、税金、保函手续费、利润、缺陷责任的修复费用。

5. **报价费用组成**

报价费用包括直接费、间接费、利润、税金、其他费用和不可预见费等，对计日工和指定分包工程费单独列项。

1）直接费由人工费、材料费、设备费和机械台班费、执行技术规范的要求必然会隐含的工程费用组成。例如结构施工中深基坑降水、边坡支护等各种措施费用要按施工技术规范的要求确定。

2）间接费则可按各细目逐项计算，但对一个多次投标有经验的投标人而言，可以确定一个比例，即确定间接费为直接费的百分之几，国际工程通常按 7% ~ 10% 考虑，国内工程按 5% ~ 10% 考虑。

6. **报价计算注意事项**

（1）**计算应遵循科学性** 计算时要在彻底弄清招标文件的全部含义基础上，科学严谨，不存侥幸心理，根据本公司的经验和习惯，确定各项单价和总额价的方法、程序，要在计算中明确确定工程量、基价、各项附加费用三大要素，具体要求为：

1）编制投标文件时，不管时间多么紧，必须要复核招标文件给出的工程量。这是招标中决定成败与赢亏的关键环节，无论是总额价承包还是单价合同都会影响到工程造价。

2）按各项开支标准算出劳动工日的基价，按市场和询价的结果，考虑运输、税收等，算出运抵现场的材料基价，以及各项机具设备的基价。

3）准确计算各类附加费，例如管理费、材料保管费、资金周转的利息、佣金、代理人费用、合法利润和其他开支。

（2）合理选择利润率　如果企业选择高标价，则利润率高，如果中标率高则可能投标价会低。过低的报价投标单位会潜伏亏本的危险，投标单位还会被定为严重不平衡报价的待遇，会被要求提高履约保证金的比例，选择合适的利润率可参考以下方法：

1）恰当确定管理费及利润率。

①管理费率要据实测算得出，不能"死套定额"，否则难中标。

②在国际承包市场上，我国公司管理水平、技术水平、对涉外事务的经验尚显不足，利润率以定在 6% ~ 8% 为宜，过高则难中标。

③在具体投标时，一般选取获取概率和预期贡献率均较高的报价作为其投标报价。

2）用统计的方法选择利润率。首先编制出"本单位的投标获胜概率表"，然后计算报价的预期贡献百分数的中标概率，最后求出概率最大的报价范围，其计算公式如下：

$$E(B) = (B-C)P(B)$$

式中　C——成本取值 100%；

　$E(B)$——报价的预期贡献率；

　　B——报价相当于成本的百分数；

　$P(B)$——投标获胜概率。

　$E(B)$ 名为报价的预期贡献率，实际是利润率与投标概算的乘积。

7. 投标报价策略及技巧

（1）投标报价策略　投标报价策略可分为以下几类：

1）高价赢利策略。高价赢利策略是在报价过程中以较大利润为投标目标的策略。这种策略通常适用于以下情况：

①投标对手少的工程。

②专业要求高的技术密集型工程，而本公司在这方面又有专长，声誉也较高。

③工期要求急的工程。

④特殊工程，例如港口码头、地下开挖工程等。

⑤施工条件差的工程。

⑥支付条件不理想的工程。

2）低价薄利策略。低价薄利策略是指在报价过程中以薄利投标的策略。这种策略通常适用于以下情况：

①投标对手多，竞争激烈的工程。

②施工条件好的工程，工作简单，工程量大而一般公司都可以做的工程。

③本公司目前急于打入某一市场、某一地区，或在该地区面临工程结束，机械设备等无工地转移时。

④支付条件好的工程。

⑤非急需的工程。

⑥本公司在附近有工程，而本项目又可利用该工程的设备、劳务，或有条件短期内突击完成的工程。

3）无利润算标策略。无利润算标策略是指缺乏竞争优势的承包商，在不得已的情况下，只好在算标中根本不考虑利润去夺标。这种策略通常在以下情况下采用：

①对于分期建设的项目，先以低价获得首期工程，而后赢得机会创造第二期工程的竞争优势，并在以后的实施中赚得利润。

②可能在得标后，将大部分工程分包给要价较低的一些分包商。

③长时期内，承包商没有在建的工程项目，如果再不得标，就难以维持生存。因此，虽然本工程无利可图，只要能有一定的管理费维持公司的日常运转，就可设法度过暂时的困难，以图将来东山再起。

（2）投标报价技巧

开标前投标技巧：

1）多方案报价法。多方案报价法是指业主拟定的合同要求过于苛刻，为使业主修改合同要求，可提出两个报价，并阐明按原合同要求的规定，投标报价为某一数值，若合同要求做某些修改，可以降低报价一定百分比，以此来吸引对方。另一种情况是自己的技术和装备满足不了原设计要求，但在修改设计以适应自己的施工能力的前提下仍希望中标，于是可以报一个按设计施工的投标报价（投高标）；另一个按修改设计施工的比原设计的报价低得多的投标报价，以吸引业主。

2）不平衡报价法。不平衡报价法是指在总价基本确定的前提下，调整内部各个子项的报价，以达到既不影响总报价，又在中标后可以获得较好的经济效益，通常有以下几种情况：

①对于没有工程量只填报单价的项目，单价宜高。如此既不影响总的投标报价，又可多获利。

②若图纸内容不明确或有错误，估计修改后的工程量要增加的，其单价可提高，而工程内容不明确的，单价可降低。

③估计今后工程量可能增加的项目，其单价可提高，而工程量可能减少的项目，单价可降低，对工程有错误的早期工程，如果不可能完成工程量表中的数量，则不能盲目抬高单价，应具体分析后再确定。

④对于能早期结账收回工程款的项目（如土方、基础等）的单价可以报高价，以利于资金周转；对于后期项目单价可适当降低。

⑤对暂定项目，实施的可能性大的项目，价格可定高价，估计该工程不一定实施的可以定低价。

⑥对于零用工（计日工）通常可稍高于工程单价表中的工资单价。这样做是由于零星工不属于承包合同有效合同总价范围，发生时实报实销，也可多获利。

3）低投标价夺标法。低投标价夺标法是指非常情况下采取的非常手段。例如，企业大量窝工，为减少亏损或为打入某一建筑市场，或为挤走竞争对手保住自己的地盘，于是制定了严重亏损标，力争夺标。如果企业无经济实力，信誉不佳，此法也不一定会行得通。

4）突然袭击法。突然袭击法是指由于投标竞争激烈，为迷惑对方，故意泄露一些假情报（如不打算参加投标，或准备投高标，表示出无利可图不干等假象），到投标截止前几个小时突然前往投标，并压低投标价，从而使对方措手不及。

5）预备报价法。竞争对手们总是随时随地互相侦察对方的报价动态。而要做到报价绝对保密又很难，这就要求参加投标报价的人员能随机应变，时刻预备报价投标。

6）联合体法。联合体法是指两三家公司，其主营业务类似或相近，单独投标会出现经验、业绩不足或工作负荷过大而造成高报价，失去竞争优势，而以捆绑形式联合投标，可以做到优势互补、规避劣势、利益共享、风险共担，相对提高了竞争力和中标概率。这种方式目前在国内许多大项目中使用。

开标后投标技巧：

1）降低投标报价。投标报价是中标的关键性因素。在议标中，投标人适时提出降价要求是议标的主要手段。

①先摸清招标人意图，得到其降低标价的暗示后，再提出降价要求。

②降低标价要以不损害投标人自己的利益为前提。可从三方面入手，即降低投标利润、降低经营管理费和设定降价系数。

2）增加建议方案法。有不少招标文件中规定，参加投标的单位可以提出一个建议方案，即可以修改招标文件（原设计方案），提出投标者的方案，这时投标人就抓住机会，组织一批有经验的设计和施工工程师，对原招标文件的设计和施工方案仔细研究，然后提出更合理的方案来吸引业主，从而促成自己中标。

本项工作内容清单

序号		工作内容
1	招标	选择具备相应条件的招标组织机构
		选择适合项目的招标方式
		招标准备
		发布招标公告
		投标人资格预审
		通知投标人领取招标文件
		组织投标人施工现场踏勘
		召开标前会议
		编制标函
		开标
		评标
		定标
		签订承包合同
2	投标	申请投标和投递资格预审文件
		标书的购买与研究
		现场踏勘及参加招标介绍会
		编制投标文件
		投标书的送达
		参加开标会
		定标
		谈判与签约

第三章

项目合同管理

第一节 项目合同管理概述

✓ 一、项目合同管理的概念

项目合同管理是指对项目合同的签订、履行、变更和解除进行监督检查，对合同履行过程中发生的争议或纠纷进行处理，以确保合同依法订立和全面履行。项目合同管理贯穿于合同签订、履行、终结直至归档的全过程。

✓ 二、建筑工程施工合同内容组成

建筑工程施工合同内容组成：合同协议书、中标通知书、投标函及投标函附录、专用合同条款、通用合同条款、技术标准和要求、图纸、已标价工程量清单和合同双方认可的其他合同文件。组成合同的各项文件应相互解释，互为说明。

工程施工合同条件除合同专用条款和合同通用条款以外，还包括技术规范、图纸、工程量清单等其他组成文件。合同的这些文件发挥的作用是合同条件本身不可替代的，只有这些文件齐全和完善才是一份完全的施工合同。

✓ 三、项目合同管理的特点

1. 管理过程持续时间长
建筑工程项目是一个渐进的过程，工程持续时间长，这使得相关

的合同，特别是工程承包合同的生命期较长。它不仅包括施工工期，而且包括招标投标和合同谈判以及保修期，所以一般至少2年，长的可达5年或更长时间。合同管理必须在这么长时间内连续地、不间断地进行，从领取标书直到合同完成并失效。

2. 对工程经济效益影响大

工程价值量大，合同价格高，使得合同管理对工程经济效益影响很大。工程项目合同管理好，可使承包商避免亏本，赢得利润，否则承包商要蒙受较大的经济损失，这已被许多工程实践所证明。在现代工程中，由于竞争激烈，合同价格中包括的利润减少，合同管理中稍有失误即会导致工程亏本。

3. 合同变更频繁

由于工程过程中内外干扰事件多，合同变更频繁。常常一个稍大的工程，合同实施中的变更能有几百项。合同实施必须按变化了的情况不断地调整，这要求合同管理必须是动态的，必须加强合同控制和变更管理工作。

4. 管理技术高度准确、严密、精细

合同管理工作极为复杂、烦琐，是高度准确、严密和精细的管理工作。这是由以下几个方面原因造成的：

1）现代工程体积庞大，结构复杂，技术标准、质量标准高，要求相应的合同实施的技术水平和管理水平高。

2）由于现代工程资金来源渠道多，有许多特殊的融资方式和承包方式，使工程项目合同关系越来越复杂。

3）现代工程合同条件越来越复杂，这不仅表现在合同条款多，所属的合同文件多，还表现在与主合同相关的其他合同多。例如在工程承包合同范围内可能有许多分包、供应、劳务、租赁、保险合同，它们之间存在极为复杂的关系，形成一个严密的合同网络。复杂的合同条件和合同关系要求高水平的项目管理特别是合同管理与之配套，否则合同条件没有实用性，项目不能顺利实施。

4）工程的参加单位和协作单位多，通常涉及业主、总包、分包、材料供应商、设备供应商、设计单位、监理单位、运输单位、保险公司等十几家甚至几十家。各方面责任界限的划分、合同的权利和义务的定义异常复杂，合同文件出错和矛盾的可能性加大。合同在时间上

和空间上的衔接和协调极为重要，同时又极为复杂和困难。合同管理必须协调和处理各方面的关系，使相关的各合同和合同规定的各工程活动之间不相矛盾，在内容上、技术上、组织上、时间上协调一致，形成一个完整、周密、有序的体系，以保证工程有秩序、按计划地实施。

5）合同实施过程复杂，从购买标书到合同结束必须经历许多过程。签约前要完成许多手续和工作，签约后进行工程实施，要完整地履行一个承包合同，必须完成几百个甚至几千个相关的合同事件，从局部完成到全部完成。在整个过程中，稍有疏忽就会导致前功尽弃，导致经济损失。所以必须保证合同在工程的全过程和每个环节上都顺利实施。

6）在工程实施过程中，合同相关文件，各种工程资料汗牛充栋。在合同管理中必须取得、处理、使用、保存这些文件和资料。

5. 受外界影响大、风险大

由于合同实施时间长，涉及面广，所以受外界环境如经济条件、社会条件、法律和自然条件等的影响大，风险大。这些因素承包商难以预测，不能控制，但都会妨碍合同的正常实施，造成经济损失。

合同本身常常隐藏着许多难以预测的风险。由于建筑市场竞争激烈，常常导致报价降低。业主也常常提出一些苛刻的合同条款，如单方面约束性条款和责权利不平衡条款，甚至有的发包商包藏祸心，在合同中用不正常手段坑人。承包商对此必须有高度的重视，并采取相应对策，否则必然导致工程失败。

✅ 四、项目合同管理的目标

项目合同管理直接为项目总目标和企业总目标服务，保证它们的顺利实现，是对项目合同的策划、签订、履行、变更、索赔和争议的管理。项目合同管理的目标包括以下几个方面：

1）为了保证整个施工合同的签订和实施过程符合法律的要求。

2）为了使整个施工项目在预定的成本（投资）、预定的工期范围内完成，从而达到预定的质量及功能要求。

3）为了使施工项目的实施顺利，合同双方当事人能圆满地履行合同义务。

4）为了使合同双方在工程竣工时都感到满意，即发包人最终按计划获得一个合格的工程，达到投资的目的，承包人获得合理的价格和利润，赢得信誉，与发包人建立友好的合作关系。

五、项目合同管理的内容与程序

1. 项目合同管理的内容

1）对合同履行情况进行监督检查。通过检查发现问题及时协调解决，提高合同履约率。主要包括以下三点：

①检查合同法及有关法规的贯彻执行情况。

②检查合同管理办法及有关规定的贯彻执行情况。

③检查合同签订和履行情况，减少和避免合同纠纷的发生。

2）经常对项目经理及有关人员进行合同法及有关法律知识教育，提高合同管理人员的素质。

3）建立健全工程项目合同管理制度，包括项目合同归口管理制度、考核制度、合同用章管理制度、合同台账、统计及归档制度。

4）对合同履行情况进行统计分析，包括工程合同份数、造价、履约率、纠纷次数、违约原因、变更次数及原因等。通过统计分析，发现问题，及时协调解决，提高利用合同进行生产经营的能力。

5）组织和配合有关部门做好有关工程项目合同的签证、公证和调解、仲裁及诉讼工作。

2. 项目合同管理的程序

项目合同管理应遵循以下程序：

1）合同评审。

2）合同订立。

3）合同实施计划编制。

4）合同实施控制。

5）合同综合评价。

6）有关知识产权的合法使用。

| 第二节 项目合同评审管理 |

☑ 一、招标文件分析

1. 招标文件的作用及组成

招标文件是整个招标过程所遵循的基础性文件，是投标和评标的基础，也是合同的重要组成部分。一般情况下，招标人与投标人之间不进行或进行有限的面对面的交流，投标人只能根据招标文件的要求编写投标文件，因此，招标文件是联系、沟通招标人与投标人的桥梁。能否编制出完整、严谨的招标文件，直接影响到招标的质量，也是招标成败的关键。

（1）招标文件的作用 招标文件的作用主要表现在以下三个方面：

1）招标文件是投标人准备投标的文件和参加投标的依据。

2）招标文件是招标投标活动当事人的行为准则和评标的重要依据。

3）招标文件是招标人和投标人签订合同的基础。

（2）招标文件的组成 招标文件的内容大致分为三类：

1）关于编写和提交投标文件的规定。载人这些内容的目的是尽量减少承包商或供应商由于不明确如何编写投标文件而处于不利地位或其投标遭到拒绝的可能。

2）关于投标人资格审查的标准及投标文件的评审标准和方法，这是为了提高招标过程的透明度和公平性，所以非常重要，也是不可缺少的。

3）关于合同的主要条款，其中主要是商务性条款，有利于投标人了解中标后签订合同的主要内容，明确双方的权利和义务。其中，技术要求、投标报价要求和主要合同条款等内容是招标文件的关键内容，统称实质性要求。

招标文件一般至少包括以下内容：

1）投标人须知。

2）招标项目的性质、数量。

3）技术规格。

4）投标价格的要求及其计算方式。

5）评标的标准和方法。

6）交货、竣工或提供服务的时间。

7）投标人应当提供的有关资格和资信证明。

8）投标保证金的数额或其他有关形式的担保。

9）投标文件的编制要求。

10）开标、评标、定标的日程安排。

11）主要合同条款。

2. 招标文件分析的内容

（1）招标条件分析 分析的对象是投标人须知，通过分析不仅要掌握招标过程、评标的规则和各项要求，对投标报价工作做出具体安排，而且要了解投标风险，以确定投标策略。

（2）技术文件分析 技术文件分析主要是进行图纸会审，工程量复核，图纸和规范中的问题分析，从中了解承包商具体的工程范围、技术要求、质量标准。在此基础上进行施工组织，确定劳动力的安排，进行材料、设备的分析，制定实施方案，进行报价。

（3）合同文本分析 合同文本分析是一项综合性的、复杂的、技术性很强的工作，分析的对象主要是合同协议书和合同条件。它要求合同管理者必须熟悉与合同相关的法律、法规，精通合同条款，对工程环境有全面的了解，有合同管理的实际工作经验。

合同文本分析主要包括以下五个方面的内容：

1）承包合同的合法性分析。

2）承包合同的完备性分析。

3）承包合同双方责任和权益及其关系分析。

4）承包合同条件之间的联系分析。

5）承包合同实施的后果分析。

✅ 二、投标文件分析

1. 投标文件的内容

（1）**投标书**　招标文件中通常有规定的投标书格式，投标者只需按规定的格式填写必要的签字即可，以表明投标者对各项基本保证的确认。

1）确认投标人完全愿意按招标文件中的规定承担工程施工、建成、移交和维修等任务，并写明自己的总报价金额。

2）确认投标人接受开工日期和整个施工期限。

3）确认在本投标被接受后，愿意提供履约保证金（或银行保函），其金额符合招标文件规定等。

（2）**有报价的工程量表**　一般要求在招标文件所附的工程量表原件上填写单价和总价，每页均有小计，并有最后的汇总价。工程量表的每一数字均需认真校核，并签字确认。

（3）**业主可能要求递交的文件**　业主可能要求递交的文件有施工方案，特殊材料的样本和技术说明等。

（4）**银行出具的投标保函**　银行出具的投标保函须按招标文件中所附的格式由业主同意的银行开出。

（5）**原招标文件的合同条件、技术规范和图纸**　如果招标文件有要求，则应按要求在某些招标文件的每页上签字并交回业主。这些签字表明投标人已阅读过，并承认了这些文件。

2. 投标文件分析的重要性

投标文件分析是一项技术性很强，同时又十分复杂的工作，一般由咨询单位（项目管理者）负责。投标文件分析的重要性主要体现在以下几个方面：

1）如果发现投标文件中报价计算错误，可以对它进行校正，这样可保证评标的正确性。

2）对实施方案及进度计划中的问题，可以要求投标人在澄清会议上做出解释，也可以要求其做出修改。

3）为定标提供依据。定标通常就按照上述分析的几个方面，赋予不同的权重，给各家打分，择优选择中标单位。

4）为议价谈判做准备。

3. 投标文件分析的内容与方法

在投标文件分析中,应考虑承包商可能对项目有影响的所有方面。投标文件分析的内容通常包括以下几个方面:

(1)投标文件总体审查

1)投标的有效性分析,如印章、授权委托书是否符合要求。

2)投标文件的完整性,即投标文件中是否包括招标文件中规定应提交的全部文件,特别是授权委托书、投标保函和各种业主要求提交的文件。

3)投标文件与招标文件一致性的审查。一般招标文件都要求投标人完全按招标文件的要求投标报价,完全响应招标要求。这里必须分析是否完全相对应,有无修改或附带条件。

(2)报价分析

1)投标报价单价分析。单价是投标价格决定的重要因素,关系到投标的成败。在投标前对每个单项工程进行价格分析很有必要。

一个工程可以分为若干个单项工程,而每一个单项工程中又包含许多项目。单价分析也可称为单价分解,就是对工程量表中所列项目的单价如何分析、计算和确定。或者说是研究如何计算不同项目的直接费和分摊其间接费、上级企业管理费、利润和风险费之后得出项目的单价。

有的招标文件要求投标人必须报送部分项目的单价分析表,而一般的招标文件不要求报单价分析表。但投标人在投标时,除对于很有经验的、有把握的项目以外,必须对工程量大的、对工程成本起决定作用的、没有经验的和特殊的项目进行单价分析,以使投标报价建立在可靠的基础上。

2)投标报价决策分析。报价决策就是确定投标报价的总水平。这是投标胜负的关键环节,通常由投标工作班子的决策人在主要参谋人员的协助下做出决策。

报价决策的工作内容,首先计算基础标价,即根据工程量清单和报价项目单价表,进行初步测算,其间可能对某些项目的单价做必要的调整,形成基础标价。其次做风险预测和盈亏分析,即充分估计施工过程中的各种有关因素和可能出现的风险,预测对工程造价的影响程度。第三步测算可能的最高标价和最低标价,也就是测定基础标价可以上下浮动的界限，使决策人心中有数，避免凭主观意愿盲目压价或加大保险系数。完成这些工作以后，决策人就可以靠自己的经验和智慧，做出报价决策。然后，方可编制正式报价单。

基础标价、可能的最低标价和最高标价可分别按下式计算：

$$基础标价 = \sum 报价项目 \times 单价 \tag{3-1}$$

$$最低标价 = 基础标价 - (预期盈利 \times 修正系数) \tag{3-2}$$

$$最高标价 = 基础标价 + (风险损失 \times 修正系数) \tag{3-3}$$

考虑到在一般情况下，各种盈利因素或者风险损失，很少有可能在一个工程上百分之百地出现，所以应加一修正系数，这个系数凭经验一般取 0.5～0.7。

3）投标报价宏观审核。投标承包工程，报价是投标的核心，报价正确与否直接关系到投标的成败。为了增强报价的准确性，提高中标率和经济效益，除重视投标策略，加强报价管理以外，还应善于认真总结经验教训，采取相应对策从宏观角度对承包工程总报价进行控制。

宏观审核的目的在于通过换角度的方式对报价进行审查，以提高报价的准确性，提高竞争能力。

一个工程可分为若干个单项工程，而每一个单项工程中又包含许多项目。总体报价是由各单项价格组成的，在考虑某一具体项目的价格水平时，因为所处的角度是面对具体的问题，也许人们认为其合情合理。但当组成整体价格时，从整体的角度去看则不合理，这正是进行宏观审核的必要性。宏观审核通常采取的观察角度主要有以下几个方面：

①单位工程造价。将投标报价折合成单位工程造价，例如房屋工程按平方米造价，铁路、公路按公里造价，铁路桥梁、隧道按每延米造价，公路桥梁按桥面平方米造价等，并将该项目的单位工程造价与类似工程（或称为参照对象）的单位工程造价进行比较，以判定报价水平的高低。

②全员劳动生产率。所谓全员劳动生产率是指全体人员每工日的生产价值。一定时期，由于受企业一定的生产力水平所决定，企业在承揽相似工程时应具有相近的全员劳动生产率水平。

③单位工程用工用料正常指标。我国铁路隧道施工部门根据所积

累的大量施工经验，统计分析出的各类围岩隧道的每延米隧道用工、用料正常指标；房建部门对房建工程每平方米建筑面积所需劳动力和各种材料的数量也都有一个合理的指数。可据此进行宏观控制。国外工程也如此。

④各分项工程价值的正常比例。一个工程项目是由基础、墙体、楼板、屋面、装饰、水电、各种附属设备等分项工程构成的，它们在工程价值中都有一个合理的大体比例，承包商应将投标项目的各分项工程价值的比例与经验数值相比较。

⑤各类费用的正常比例。任何一个工程的费用都是由人工费、材料设备费、施工机械费、企业管理费等各类费用组成的，它们之间都应有一个合理的比例。

⑥预测成本比较。将一个国家或地区的同类工程报价项目和中标项目的预测工程成本资料整理汇总储存，作为下一轮投标报价的参考，可以衡量新项目报价的得失情况。

⑦个体分析整体综合。将整体报价进行分解，分摊至各个体项目上，与原个体项目价格相比较，发现差异、分析原因、合理调整，再将个体项目价格进行综合，形成新的总体价格，与原报价进行比较。

⑧综合定额估算法。本法是采用综合定额和扩大系数估算工程的工料数量及工程造价的一种方法，是在掌握工程实施经验和资料的基础上的一种估价方法。一般来说比较接近实际，尤其是在采用其他宏观指标对工程报价难以核准的情况下，该法更显出它较细致可靠的优点。

⑨企业内部定额估价法。根据企业的施工经验，确定企业在不同类型的工程项目施工中的工、料、机等的消耗水平，形成企业内部定额，并以此为基础计算工程估价。此方法不但是核查报价准确性的重要手段，也是企业内部承包管理、提高经营管理水平的重要方法。

（3）技术性评审分析　一般业主都要求投标人投标书后附有施工方案、施工组织和计划等较详细的说明。它们是报价的依据，同时又是为完成合同责任所做的详细的计划和安排。

技术性评审分析的主要内容包括以下几个方面：

1）投标人对该工程的性质、工程范围、难度，自己的工程责任理解的正确性。评价施工方案、作业计划、施工进度计划的科学性和可行性，能保证合同目标的实现。

2）工程按期完成的可能性。

3）施工安全、劳动保护、质量保证措施、现场布置的科学性。

4）投标人用于该工程的人力、设备、材料计划的准确性，各供应方案的可行性。

5）项目班子评价，主要是项目经理、主要工程技术人员的工作经历、经验。

（4）其他因素分析

1）潜在的合同索赔的可能性。

2）对承包商拟雇用的分包商的评价。

3）投标人提出对业主的优惠条件，如赠予、新的合作建议。

4）对业主提出的一些建议的响应。

5）投标文件的总体印象，如条理性、正确性、完备性等。

☑ 三、合同审查

1. 合同的合法性审查

合同的合法性是指合同依法成立所具有的约束力。对工程项目合同的合法性审查，基本上从合同主体、客体、内容三方面加以考虑。结合实践情况，现今在工程建设市场上有以下几种合同无效的情况：

1）无经营资格而签订的合同。工程施工合同的签订双方应有专门从事建筑业务的资格，没有经营资格而签订的合同是无效合同。

2）缺少相应资质而签订的合同。建筑工程施工合同的主体除了具备可以支配的财产、固定的经营场所和组织机构外，还必须具备与工程项目相适应的资质条件，而且也只能在资质证书核定的范围内承接相应的建筑工程任务，不得擅自越级或超越规定的范围，否则便为合同无效。

3）违反关于分包和转包规定所签订的合同。《建筑法》允许建设工程总承包单位将承包工程中的部分发包给具有相应资质条件的分包单位，但是，除总承包合同中约定的分包外，其他分包必须经建设单位认可。而且属于施工总承包的，建筑工程主体结构的施工必须由总承包单位自行完成。也就是说，未经建设单位认可的分包和施工总承包单位将工程主体结构分包出去所订立的合同，都是无效的。此外，将工程分包给不具备相应资质条件的单位或分包后将工程再分包，也是法律禁止的。

《建筑法》及其他法律、法规对转包行为均做了严格禁止。转包包括承包单位将其承包的全部建筑工程转包、承包单位其承包的全部建筑工程肢解以后以分包的名义分别转包给他人。属于转包性质的合同，也因其违法而无效。

4）违反法定程序而订立的合同。在工程施工合同尤其是总承包合同和施工总承包合同的订立中，通常通过招标投标的程序，招标为要约邀请，投标为要约，中标通知书的发出意味着承诺。对通过这一程序缔结的合同，《招标投标法》有着严格的规定。

2. 合同条款的完备性审查

合同条款的内容直接关系到合同双方的权利、义务，在工程项目合同签订之前，应当严格审查各项合同条款内容的完备性，尤其应注意如下内容：

1）确定合理的工期。工期过长，不利于发包方及时收回投资；工期过短，则不利于承包方对工程质量以及施工过程中建筑半成品的养护。因此，对承包方而言，应当合理计算自己能否在发包方要求的工期内完成承包任务，否则应当按照合同约定承担逾期竣工的违约责任。

2）明确双方代表的权限。在施工承包合同中通常都明确甲方代表、乙方代表的姓名和职务，但对其作为代表的权限则往往规定不明。由于代表的行为代表了合同双方的行为，因此，有必要对其权利范围以及权利限制做一定约定。

3）明确工程造价或工程造价的计算方法。工程造价条款是工程施工合同的必备和关键条款，但通常会发生约定不明的情况，往往为日后争议与纠纷的发生埋下隐患。而处理这类纠纷，法院或仲裁机构一般委托有权审价单位鉴定造价，这势必使当事人陷入旷日持久的诉讼，更何况经审价得出的造价也因缺少可靠的计算依据而缺乏准确性，对维护当事人的合法权益极为不利。

4）明确材料和设备的供应。由于材料、设备的采购和供应引发的纠纷非常多，故必须在合同中明确约定相关条款，包括发包方或承包方所供应或采购的材料，设备的名称、型号、规格、数量、单价、质量要求,运送到工地的时间,验收标准,运输费用的承担,保管责任,违约责任等。

5)明确工程竣工交付的标准。应当明确约定竣工交付的标准。如发包方需要提前竣工,而承包方表示同意的,则应约定由发包方另行支付赶工费用或奖励。因为赶工意味着承包方将投入更多的人力、物力、财力,劳动强度增大,损耗也增加。

6)明确违约责任。违约责任条款订立的目的在于促使合同双方严格履行合同义务,防止违约行为的发生。发包方拖欠工程款,承包方不能保证施工质量或不按期竣工,均会给对方以及第三方带来不可估量的损失。

第三节　项目合同实施管理

✓ 一、项目合同实施计划

（一）项目合同总体策划

1. 项目合同总体策划的基本概念

项目合同总体策划是指在项目的开始阶段,对那些带有根本性和方向性的,对整个项目、整个合同实施有重大影响的问题进行确定。它的目标是通过合同保证项目目标和项目实施战略的实现。

2. 项目合同总体策划的重要性

正确的项目合同总体策划不仅有助于签订一个完备的有利的合同,而且可以保证圆满地履行各个合同,并使它们之间能完善地协调,顺利地实现工程项目的根本目标。项目合同总体策划的重要性具体体现在以下几个方面:

1)项目合同总体策划决定着项目的组织结构及管理体制,决定合同各方面的责任、权利和工作的划分。它保证业主通过合同委托项目任务,并通过合同实现对项目的目标控制。

2）通过项目合同总体策划，摆正工程过程中各方面的重大关系，防止由于这些重大问题的不协调或矛盾造成工作上的障碍，造成重大的损失。

3）无论对于业主还是承包商，正确的合同总体策划能够保证各个合同圆满地履行，促使各个合同达到完善的协调，减少矛盾和争执，顺利地实现工程项目的整体目标。

3. 项目合同总体策划的过程

项目合同总体策划，主要确定工程合同的一些重大问题。它对工程项目的顺利实施，对项目总目标的实现有决定性作用。项目合同总体策划的过程如下：

1）研究企业战略和项目战略，确定企业和项目对合同的要求。

2）确定合同相关的总体原则和目标，并对上述各种依据进行调查。

3）分层次、分对象对合同的一些重大问题进行研究，列出可能的各种选择，并按照上述的策划的依据综合分析各种选择的利弊得失。

4）对合同的重大问题做出决策和安排，提出履行合同的措施。

4. 项目合同总体策划的内容

（1）工程承包方式和费用的划分　在项目合同总体策划过程中，需要根据项目的分包策划确定项目的承包方式和每个合同的工程范围。

（2）合同种类的选择　不同种类的合同，有不同的应用条件、不同的权力和责任的分配、不同的付款方式，对合同双方有不同的风险。所以，应按具体情况选择合同类型。

合同种类可分为单价合同、固定总价合同、成本加酬金合同和目标合同。

1）单价合同是最常见的合同类型，适用范围广，如 FIDIC 工程施工合同，我国的建筑工程施工合同也主要是这类合同。

在这类合同中，承包商仅按合同规定承担报价的风险，即对报价（主要为单价）的正确性和适宜性承担责任；而工程量变化大的风险由业主承担。由于风险分配比较合理，能够适应大多数工程，能调动承包商和业主双方的管理积极性。单价合同又分为固定单价和可调单价等形式。

单价合同的特点是单价优先，业主在招标文件中给出的工程量表中的工程量是参考数字，而实际合同价款按实际完成的工程量和承包商所报的单价计算。在单价合同中应明确编制工程量清单的方法和工程计量方法。

2）固定总价合同以一次包死的总价格委托，除了设计有重大变更，一般不允许调整合同价格。所以在这类合同中承包商承担了全部的工作量和价格风险。

在现代工程中，业主喜欢采用这种合同形式。在正常情况下，可以免除业主由于追加合同价款、追加投资带来的麻烦。但由于承包商承担了全部风险，报价中不可预见风险费用较高。报价的确定必须考虑施工期间物价变化以及工程量变化。

3）成本加酬金合同。工程最终合同价格按承包商的实际成本加一定比例的酬金（间接费）计算。在合同签订时不能确定一个具体的合同价格，只能确定酬金的比例。由于合同价格按承包商的实际成本结算，承包商不承担任何风险，所以他没有成本控制的积极性，相反期望提高成本以提高自己工程的经济效益。这样会损害工程整体效益。所以这类合同的使用应受到严格限制，通常应用于如下情况：

①投标阶段依据不准，工程范围无法界定，无法准确估价，缺少工程的详细说明。

②工程特别复杂，工程技术、结构方案不能预先确定。它们可能按工程中出现的新的情况确定。

③时间特别紧急，要求尽快开工。如抢救、抢险工程，人们无法详细地计划和商谈。

4）目标合同。它是固定总价合同和成本加酬金合同的结合和改进形式。在国外，它广泛使用于工业项目、研究和开发项目、军事工程项目中。承包商在项目早期（可行性研究阶段）就介入工程，并以全包的形式承包。

一般来说，目标合同规定，承包商对工程建成后的生产能力（或使用功能）、工程总成本、工期目标承担责任。

（3）招标方式的确定　项目招标方式，通常有公开招标、议标、选择性竞争招标三种，每种方式都有其特点及适用范围。

1）公开招标。在这个过程中，业主选择范围大，承包商之间充分地平等竞争，有利于降低报价，提高工程质量，缩短工期。但招标期较长，业主有大量的管理工作，如准备许多资格预审文件和招标文件，资格预审、评标、澄清会议工作量大。

但是，不限对象的公开招标会导致许多无效投标，导致社会资源的浪费。许多承包商竞争一个标，除中标的一家外，其他各家的花费都是徒劳的。这会导致承包商经营费用的提高，最终导致整个市场上工程成本的提高。

2）议标。在这种招标方式中，业主直接与一个承包商进行合同谈判，由于没有竞争，承包商报价较高，工程合同价格自然很高。议标一般适合在一些特殊情况下采用。

①业主对承包商十分信任，可能是老主顾，承包商资信很好。

②由于工程的特殊性，如军事工程、保密工程、特殊专业工程和仅由一家承包商控制的专利技术工程等。

③有些采用成本加酬金合同的情况。

④在一些国际工程中，承包商帮助业主进行项目前期策划，做可行性研究，甚至做项目的初步设计。

3）选择性竞争招标（邀请招标）。业主根据工程的特点，有目标有条件地选择几个承包商，邀请他们参加工程投标竞争，这是国内外经常采用的招标方式。采用这种招标方式，业主的事务性管理工作较少，招标所用的时间较短，费用低，同时业主可以获得一个比较合理的价格。

（4）合同条件的选择　合同条件是合同文件中最重要的部分。在实际工程中，业主可以按照需要自己（通常委托咨询公司）起草合同协议书（包括合同条件），也可以选择标准的合同条件，还可以通过特殊条款对标准文本做修改、限定或补充。

（5）重要合同条款的确定　在合同总体策划过程中，需要对以下重要合同条款进行确定：

1）适用于合同关系的法律，以及合同争执仲裁的地点、程序等。

2）付款方式。

3）合同价格的调整条件、范围、方法。

4）合同双方风险的分担。

5）对承包商的激励措施。

6）设计合同条款，通过合同保证对工程的控制权力，并形成一个完整的控制体系。

7）为了保证双方诚实信用，必须有相应的合同措施。如保函、保险等。

（6）**其他问题** 在项目合同总体策划过程中，除了确定上述各项问题外，还需要对以下问题进行确定：

1）确定资格审查的标准和允许参加投标单位的数量。

2）定标的标准。

3）标后谈判的处理。

（二）项目分包策划

1. 项目分包策划的基本概念

项目所有工作都是由具体组织（单位或人员）来完成的，业主必须将它们委托出去。项目分包策划就是决定将整个项目任务分为多少个包或标段，以及如何划分这些标段。项目的分标方式，对承包商来说就是承包方式。

2. 项目分包策划的重要性

项目分包方式的确定是项目实施的战略问题，对整个工程项目有重大影响。项目分包策划的重要性主要体现在以下几个方面：

1）通过分包和任务的委托保证项目总目标的实现。

2）项目分包策划决定了与业主签约的承包商的数量，决定了项目的组织结构及管理模式，从根本上决定合同各方面责任、权力和工作的划分，所以它对项目的实施过程和项目管理产生根本性的影响。

3）通过项目分包策划摆正工程过程中各方面的重大关系，防止由于这些重大问题的不协调或矛盾造成工作上的障碍，造成重大的损失。对于业主来说，正确的项目分包策划能够保证各个合同圆满地履行，保全各个合同达到完美的协调，减少组织矛盾和争执，顺利地实现工程项目的整体目标。

3. 项目分包方式

（1）**分阶段分专业工程平行承包** 这种分包方式是指业主将设计、设备供应、土建、电气安装、机械安装、装饰等工程施工分别委托给不同的承包商。各承包商分别与业主签订合同，向业主负责。这种方式的特点有：

1）业主有大量的管理工作，有许多次招标，做比较精细的计划及控制，因此项目前期需要比较充裕的时间。

2）在工程中，业主必须负责各承包商之间的协调，对各承包商之间互相干扰造成的问题承担责任。所以在这类工程中争执较多，索赔较多，工期较长。

3）对这样的项目业主管理和控制比较细，需要对出现的各种工程问题做中间决策，必须具备较强的项目管理能力。

4）在大型工程项目中，业主将面对很多承包商（包括设计单位、供应单位、施工单位），直接管理承包商的数量太多，管理跨度太大，容易造成项目协调的困难，造成工程中的混乱和项目失控现象。

5）业主可以分阶段进行招标，可以通过协调和项目管理加强对工程的干预。同时承包商之间存在着一定制衡，如各专业设计、设备供应、专业工程施工之间存在制约关系。

6）使用这种方式，项目的计划和设计必须周全、准确、细致，否则极容易造成项目实施中的混乱状态。

如果业主不是项目管理专家，或没有聘请得力的咨询（监理）工程师进行全过程的项目管理，则不能将项目分标太多。

（2）"设计—施工—供应"总承包　这种承包方式又称为全包、统包、"设计—建造—交钥匙"工程等，即由一个承包商承包建筑工程项目的全部工作，包括设计、供应、各专业工程的施工以及管理工作，甚至包括项目前期筹划、方案选择、可行性研究。承包商向业主承担全部工程责任。这种分包方式的特点有：

1）可以减少业主面对的承包商的数量，这给业主带来很大的方便。在工程中业主责任较小，主要提出工程总体要求（如工程的功能要求、设计标准、材料标准的说明），做宏观控制，验收结果，一般不干涉承包商的工程实施过程和项目管理工作。

2）这使得承包商能将整个项目管理形成一个统一的系统，方便协调和控制，减少大量的重复的管理工作与花费，有利于施工现场的管理，减少中间检查、交接环节和手续，避免由此引起的工程拖延，从而使工期（招标投标和建设期）大大缩短。

3）无论是设计与施工、供应之间的互相干扰，还是不同专业之间的干扰，都由总承包商负责，业主不承担任何责任，所以争执较少，索赔较少。

4）要求业主必须加强对承包商的宏观控制，选择资信好、实力强、适应全方位工作的承包商。

目前这种承包方式在国际上受到普遍欢迎。

（3）将工程委托给几个主要的承包商　这种方式是介于上述两者之间的中间形式，即将工程委托给几个主要的承包商，如设计总承包商、施工总承包商、供应总承包商等，在工程中是极为常见的。

（三）项目合同实施保证体系

1. 做合同交底，分解合同责任，实行目标管理

在总承包合同签订后，具体的执行者是项目部人员。项目部从项目经理、项目班子成员、项目中层到项目各部门管理人员，都应该认真学习合同各条款，对合同进行分析、分解。项目经理、主管经理要向项目各部门负责人进行"合同交底"，对合同的主要内容及存在的风险做出解释和说明。项目各部门负责人要向本部门管理人员进行较详细的"合同交底"，实行目标管理。

2. 建立合同管理的工作程序

在工程实施过程中，合同管理的日常事务性工作很多，要协调好各方面关系，使总承包合同的实施工作程序化、规范化，按质量保证体系进行工作。具体来说，应订立如下工作程序：

（1）制定定期或不定期的协商会办制度　在工程过程中，业主、工程师和各承包商之间，承包商和分包商之间以及承包商的项目管理职能人员和各工程小组负责人之间都应有定期的协商会办。通过会办可以解决以下问题：

1）检查合同实施进度和各种计划落实情况。

2）协调各方面的工作，对后期工作做安排。

3）讨论和解决目前已经发生的和以后可能发生的问题，并做出相应的决议。

4）讨论合同变更问题，做出合同变更决议，落实变更措施，决定合同变更的工期和费用补偿数量等。

对工程中出现的特殊问题可不定期地召开特别会议讨论解决方法，保证合同实施一直得到很好的协调和控制。

（2）建立特殊工作程序　对于一些经常性工作应订立工作程

序，使大家有章可循，合同管理人员也不必进行经常性的解释和指导，如图纸批准程序，工程变更程序，分包商的索赔程序，分包商的账单审查程序，材料、设备、隐蔽工程、已完工程的检查验收程序，工程进度付款账单的审查批准程序，工程问题的请示报告程序等。

3. 建立文档系统

建立文档系统的具体工作应包括以下几个方面：

1）各种数据、资料的标准化，如各种文件、报表、单据等应有规定的格式和规定的数据结构要求。

2）将原始资料收集整理的责任落实到人，由他对资料负责。资料的收集工作必须落实到工程现场，必须对工程小组负责人和分包商提出具体要求。

3）各种资料的提供时间。

4）准确性要求。

5）建立工程资料的文档系统等。

4. 建立报告和行文制度

总承包商和业主、监理工程师、分包商之间的沟通都应该以书面形式进行，或以书面形式为最终依据。这既是合同的要求，也是经济法律的要求，更是工程管理的需要。这些内容包括：

1）工程实施情况定期报告，如日报、周报、旬报、月报等。应规定报告内容、格式、报告方式、时间以及负责人。

2）工程过程中发生的特殊情况及其处理的书面文件（如特殊的气候条件、工程环境的变化等）应有书面记录，并由监理工程师签署。

3）工程中所有涉及双方的工程活动，如材料、设备、各种工程的检查验收，场地、图纸的交接，各种文件（如会议纪要，索赔和反索赔报告，账单）的交接，都应有相应的手续，应有签收证据。

❖ 二、项目合同实施控制

（一）项目合同实施控制基础知识

1. 项目合同实施控制的概念

控制是项目管理的重要职能之一。所谓控制就是行为主体为保证在变化的条件下实现其目标，按照实际拟定的计划和标准，通过各种方法，对被控制对象实施中发生的各种实际值和计划值进行对比、检查、监督、引导和纠正，以保证计划目标得以实现的管理活动。

工程项目的实施过程实质上是项目相关的各个合同的执行过程。要保证项目正常、按计划、高效率地实施，必须正确地执行各个合同。按照法律和工程惯例，业主的项目管理者负责各个相关合同的管理和协调，并承担由于协调失误而造成的损失责任。

项目合同实施控制是指承包商为保证合同所约定的各项义务的全面完成及各项权利的实现，以合同分析的成果为基准，对整个合同实施过程进行全面监督、检查、对比、引导及纠正的管理活动。

2. 项目合同实施控制的办法

由于项目控制的方式和方法的不同，项目合同实施控制的方法可分为多种类型。归纳起来，项目合同实施控制可分为两大类：主动控制与被动控制。

（1）**主动控制** 合同实施的主动控制就是预先分析目标偏离的可能性，并拟订和采取各项预防措施，以使计划目标得以实现。它是一种面对未来的控制，它可以解决传统控制过程中存在的时滞影响，尽最大可能改变偏差已成为事实的被动局面，从而使控制更为有效。

1）详细调查并分析外部环境条件，以确定那些影响目标实现和计划运行的各种有利和不利因素，并将它们考虑到计划和其他管理职能当中。

2）用科学的方法制订计划，做好计划可行性分析，清除那些造成资源不可行、技术不可行、经济不可行和财务不可行的各种错误和缺陷，保障工程实施能够有足够的时间、空间、人力、物力和财力，并在此基础上力求计划优化。

3）高质量地做好组织工作，使组织与目标和计划高度一致，把目标控制的任务与管理职能落实到适当的机构和人员，做到职权与职责明确，使全体成员能够通力协作，为实现共同目标而努力。

4）识别风险，努力将各种影响目标实现和计划执行的潜在因素揭示出来，为风险分析和管理提供依据，并在计划实施过程中做好风险管理工作。

5）制定必要的应急备用方案，以应对可能出现的影响目标或计划实现的情况。一旦发生这些情况，有应急措施作为保障，从而减少偏离量，或避免发生偏离。

6）计划应有适当的松弛度，即"计划应留有余地"。这样，可以避免那些经常发生、又不可避免的干扰对计划的不断影响，减少"例外"情况产生的数量，使管理人员处于主动地位。

7）沟通信息流通渠道，加强信息收集、整理和研究工作，为预测工程未来发展提供全面、及时、可靠的信息。

（2）被动控制 在合同实施的被动控制过程中往往采用以下办法：

1）应用现代化方法、手段、仪器追踪、测试、检查项目实施过程的数据，发现异常情况及时采取措施。

2）建立项目实施过程中人员控制组织，明确控制责任，发现情况及时处理。

3）建立有效的信息反馈系统，及时将偏离计划目标值向有关人员反馈，以使其及时采取措施。

3. 项目合同实施控制的措施

项目合同实施控制是合同实施过程中对合同进行控制的重要环节。一般来说，合同实施控制主要包括以下几个方面的内容：

（1）对工程目标进行强有力的控制 总承包合同定义整个工程建设的总目标，这个目标经分解后落实到各个分包商，这样就形成了目标体系。分解后的目标是围绕总目标进行的，分解后的目标实现与否及其落实的质量，直接关系到总目标的实现与否及其质量，这就是它们的辩证关系。控制这些目标就是为了保证工程实施按预定的计划进行，顺利地实现预定的目标。

（2）对合同实施进行跟踪与监督 在工程进行的过程中，由于实际情况千变万化，导致合同实施与预定目标发生偏离，这就需要对合同实施进行跟踪，要不断找出偏差，调整合同实施。

作为总承包商对分包合同以及采购合同的实施要进行有效的控制，要对其进行跟踪和监督，以保证总承包合同的实施。

（3）对合同实施过程加强信息管理 随着现代工程建设项目规模的不断扩大，工程难度与质量要求不断提高，而利润含量却不断降低,工程管理的复杂程度和难度也越来越大。因此信息也不断扩大,信息交流的频度与速度也在增加,相应的工程管理对信息管理的要求也越来越高。信息化管理给工程项目管理提供了一种先进的管理手段。

要加强合同实施过程的信息管理,具体可以从以下三个方面着手:

1)明确信息流通的路径。

2)建立项目计算机信息管理系统,对有关信息进行链接,做到资源共享,加快信息的流速,降低项目管理费用。

3)加强对业主、监理、分包商等的信息管理,对信息发出的内容和时间有对方的签字,对对方信息的流入更要及时处理。

4. 项目合同实施控制的日常工作

1)参与落实合同实施计划。合同管理人员与项目的其他职能人员一起落实合同实施计划,为各工程小组、分包商的工作提供必要的保证,如施工现场的安排,人工、材料、机械等计划的落实,工序间的搭接关系和安排及其他一些必要的准备工作。

2)协调各方关系。在合同范围内协调业主、工程师、项目管理各职能人员、所属的各工程小组和分包商之间的工作关系,解决相互之间出现的问题。如合同责任界面之间的争执、工程活动之间时间上和空间上的不协调。合同责任界面争执是工程实施中很常见的。承包商与业主、与业主的其他承包商、与材料和设备供应商、与分包商,以及承包商的分包商之间、工程小组与分包商之间常常互相推卸一些合同中或合同事件表中未明确划定的工程活动的责任,这会引起内部和外部的争执,对此合同管理人员必须做判定和调解工作。

3)指导合同落实工作。合同管理人员应对各工程小组和分包商进行工作指导,做经常性的合同解释,使各工程小组都有全局观念,对工程中发现的问题提出意见、建议或警告。合同管理人员在工程实施中起"漏洞工程师"的作用,但他不是寻求与业主、工程师、各工程小组、分包商的对立,他的目标不仅是索赔和反索赔,而是将各方面在合同关系上联起来,防止漏洞和弥补损失,更完善地完成工程。例如,促使工程师放弃不适当、不合理的要求(指令),避免对工程的干扰、工期的延长和费用的增加;协助工程师工作,弥补工程师工作的漏洞,如及时提出对图纸、指令、场地等的申请,尽可能提前通知工程师，让工程师有所准备，使工程更为顺利。

4）参与其他合同控制工作。会同项目管理的有关职能人员每天检查、监督各工程小组和分包商的合同实施情况，对照合同要求的数量、质量、技术标准和工程，发现问题并及时采取对策措施。对已完工程做最后的检查核实；对未完成的工程，或有缺陷的工程指令限期采取补救措施，防止影响整个工期。按合同要求，会同业主及工程师等对工程所用材料和设备开箱检查或验收，看是否符合质量、图纸和技术规范等的要求，进行隐蔽工程和已完工程检查验收，负责验收文件的起草和验收的组织工作，参与工程结算，会同造价工程师对向业主提出的工程款账单和分包商提交来的收款账单进行审查和确认。

5）合同实施情况的跟踪与诊断。

6）负责工程变更管理。

7）负责工程索赔管理。

8）负责工程文档管理。对向分包商的任何指令，向业主的任何文字答复、请示，都必须经合同管理人员审查，并记录在案。

9）参与争议处理。承包商与业主、与总（分）包商的任何争议的协商和解决都必须有合同管理人员的参与，并对解决结果进行合同和法律方面的审查、分析和评价。这样不仅保证工程施工一直处于严格的合同控制中，而且使承包商的各项工作更有预见性，更能及早地预测行为的法律后果。

（二）项目合同分解与交底

1. 项目合同分解

（1）项目合同分解的原则

1）保证合同条件的系统和完整性。合同条件分解的结果应包含所有的合同要素，这样才能保证应用这些分解结果时等同于应用合同条件。

2）保证各分解单元间界限清晰、意义完整、内容大体上相当，这样才能保证应用分解结果明确、有序且各部分工作量相当。

3）易于理解和接受，便于应用，即要充分尊重人们已形成的概念、习惯，只在根本违背施工合同原则的情况下才做出更改。

4）便于按照项目的组织分工落实合同工作和合同责任。

（2）项目合同分解的内容

1）工程项目的结构分解，主要是指工程活动的分解和工程活动逻辑关系的安排。

2）技术会审工作，主要是指对建筑工程合同中技术会审工作的分析及安排。

3）将总体计划、施工组织计划、工程实施方案进行细化。

4）工程详细的成本计划。

5）合同详细分析，主要是指对承包合同以及与承包合同同级的各个合同的协调关系，分析涵盖对各个分包合同的工作安排和各分合同之间的协调。

2. 项目合同交底

项目合同交底是指承包商合同管理人员在对合同的主要内容做出解释和说明的基础上，通过组织项目管理人员和各工程小组负责人学习合同条文和合同总体分析结果，使大家熟悉合同中的主要内容、各种规定、管理程序，了解承包商的合同责任和工程范围、各种行为的法律后果等，使大家都树立全局观念，避免在执行中的违约行为，同时使大家的工作协调一致。

合同管理人员应将各种合同事件的责任分解落实到各工程小组或分包商。应分解落实如下合同和合同分析文件：合同事件表（任务单、分包合同）、图纸、设备安装图纸、详细的施工说明等。合同交底主要包括以下几个方面的内容：

1）合同中对工程的质量、技术要求和实际中的注意事项。

2）合同中对工期的要求。

3）合同中对消耗标准的要求。

4）合同中对相关事件之间的搭接关系的规定。

5）合同中对各工程小组（分包商）责任界限的划分。

6）合同中对完不成责任的影响和法律后果等的规定。

（三）项目合同跟踪与诊断

1. 项目合同跟踪

（1）项目合同跟踪的作用

1）通过合同实施情况分析，找出偏离，以便及时采取措施，调整合同实施过程，达到合同总目标。所以合同跟踪是决策的前导工作。

2）在整个工程过程中，能使项目管理人员一直清楚地了解合同实施情况，对合同实施现状、趋向和结果有一个清醒的认识，这是非常重要的。有些管理混乱、管理水平低的工程常常到工程结束时才能发现实际损失，可这时已无法挽回。

（2）项目合同跟踪的依据 在工程实施过程中，对合同实施情况进行跟踪时，主要有以下几个方面的依据：

1）合同和合同分析的结果，如各种计划、方案、合同变更文件等，它们是比较的基础，是合同实施的目标和方向。

2）各种实际的工程文件，如原始记录、各种工程报表、报告、验收结果、量方结果等。

3）工程管理人员每天对现场情况的直观了解，如通过施工现场的巡视、与各种人谈话、召集小组会议、检查工程质量，通过报表、报告等。

（3）项目合同跟踪的对象

1）具体的合同事件。对照合同事件表的具体内容，分析该事件的实际完成情况。现以设备安装事件为例进行分析说明：

①安装质量。如标高、位置、安装精度、材料质量是否符合合同要求，安装过程中设备有无损坏。

②工程数量。如是否全都安装完毕，有无合同规定以外的设备安装，有无其他附加工程。

③工期。是否在预定期限内施工，工期有无延长，延长的原因是什么，该工程工期变化原因可能是：业主未及时交付施工图；或生产设备未及时运到工地；或基础土建施工拖延；或业主指令增加附加工程；或业主提供了错误的安装图纸，造成工程返工；或工程师指令暂停工程施工等。

④成本的增加和减少。将上述内容在合同事件表上加以注明，这样可以检查每个合同事件的执行情况。对一些异常情况的特殊事件，即实际和计划存在大的偏离的事件，可以列特殊事件分析表，做进一步的处理。

2）工程小组或分包商的工程和工作。一个工程小组或分包商可能承担许多专业相同、工艺相近的分项工程或许多合同事件，所以必须对其实施的总体情况进行检查分析。在实际工程中，常常因为某一工程小组或分包商的工作质量不高或进度拖延而影响整个工程施工。合同管理人员在这方面应给他们提供帮助，如协调他们之间的工作，对工程缺陷提出意见、建议或警告，责成他们在一定时间内提高质量加快工程进度等。

作为分包合同的发包商，总承包商必须对分包合同的实施进行有效的控制，这是总承包商合同管理的重要任务之一。

3）业主和工程师的工作。业主和工程师是承包商的主要工作伙伴，对他们的工作进行监督和跟踪是十分重要的。

①业主和工程师必须正确、及时地履行合同责任，及时提供各种工程实施条件，如及时发布图纸、提供场地，及时下达指令、做出答复，及时支付工程款等。这常常是承包商推卸工程责任的托词，所以要特别重视。在这里合同工程师应寻找合同中以及对方合同执行中的漏洞。

②在工程中承包商应积极主动地做好工作，如提前催要图纸、材料，对工作事先通知。这样不仅可以让业主和工程师及时准备，建立良好的合作关系，保证工程顺利实施，而且可以推卸自己的责任。

③有问题及时与工程师沟通，多向他汇报情况，及时听取他的指示（书面的）。

④及时收集各种工程资料，对各种活动、双方的交流做记录。

⑤对恶意的业主提前防范，并及时采取措施。

4）工程总体实施状况中存在的问题。对工程总的实施状况的跟踪可以从以下几个方面进行：

①工程整体施工秩序状况。如果出现以下情况，合同实施必然有问题：现场混乱、拥挤不堪；承包商与业主的其他承包商、供应商之间协调困难；合同事件之间和工程小组之间协调困难；出现事先未考虑到的情况和局面；发生较严重的工程事故等。

②已完工程没通过验收、出现大的工程质量问题、工程试生产不成功或达不到预定的生产能力等。

③施工进度未达到预定计划，主要的工程活动出现拖期，在工程周报和月报上计划和实际进度出现大的偏差。

④计划和实际的成本曲线出现大的偏离。在工程项目管理中，工程累计成本曲线对合同实施的跟踪分析起很大作用。计划成本累计曲

线通常在网络分析、各工程活动成本计划确定后得到。在国外，它又被称为工程项目的成本模型。而实际成本曲线由实际施工进度安排和实际成本累计得到，两者对比即可分析出实际和计划的差异。

2. 项目合同诊断

（1）项目合同诊断的内容

1）合同执行差异的原因分析。通过对不同监督和跟踪对象的计划和实际的对比分析，不仅可以得到差异，而且可以探索引起这个差异的原因。原因分析可以采用鱼刺图，因果关系分析图（表），成本量差、价差分析等方法定性地或定量地进行。

2）合同差异责任分析。这些原因由谁引起，该由谁承担责任，这常常是索赔的理由。一般只要原因分析详细，有根有据，责任自然清楚。责任分析必须以合同为依据，按合同规定落实双方责任。

3）合同实施趋向预测。分别考虑不采取调控措施和采取调控措施以及采取不同的调控措施情况下，合同的最终执行结果：

①最终的工程状况，包括总工期的延误、总成本的超支、质量标准、所能达到的生产能力或功能要求等。

②承包商将承担什么样的后果，如被罚款、被清算，甚至被起诉，对承包商资信、企业形象、经营战略造成的影响等。

③最终工程经济效益水平。

（2）合同实施偏差的处理措施　经过合同诊断之后，根据合同实施偏差分析的结果，承包商应采取相应的调整措施。其调整措施有以下四类：

1）合同措施。例如进行合同变更，签订新的附加协议、备忘录，通过索赔解决费用超支问题等。

合同措施是承包商的首选措施，该措施主要由承包商的合同管理机构来实施。承包商采取合同措施时通常应考虑以下两个问题：

①如何保护和充分行使自己的合同权利，例如通过索赔以降低自己的损失。

②如何利用合同使对方的要求降到最低，即如何充分限制对方的合同权利，找出业主的责任。

2）组织措施。例如增加人员投入，重新计划或调整计划，派遣得力的管理人员。

3）技术措施。例如变更技术方案，采用新的更高效率的施工方案。

4）经济措施。例如增加投入，对工作人员进行经济激励等。

（四）合同变更管理

1. 合同变更的概念

合同变更是指依法对原来合同进行的修改和补充，即在履行合同项目的过程中，由于实施条件或相关因素的变化，而不得不对原合同的某些条款做出修改、订正、删除和补充。合同变更一经成立，原合同中的相应条款就应解除。

2. 合同变更的起因及影响

合同内容频繁变更是工程合同的特点之一。一个工程，合同变更的次数、范围和影响的大小与该工程招标文件（特别是合同条件）的完备性、技术设计的正确性，以及实施方案和实施计划的科学性直接相关。合同变更一般主要有以下几个方面的原因：

1）发包商有新意图，发包商修改项目总计划，削减预算，发包商要求变化。

2）由于设计人员、工程师、承包商事先没能很好地理解发包商的意图，或设计的错误，导致的图纸修改。

3）工程环境的变化，预定的工程条件不准确，必须改变原设计、实施方案或实施计划，或由于发包商指令及发包商责任的原因造成承包商施工方案的变更。

4）由于产生新的技术和知识，有必要改变原设计、实施方案或实施计划。

5）政府部门对工程新的要求，如国家计划变化、环境保护要求、城市规划变动等。

6）由于合同实施出现问题，必须调整合同目标，或修改合同条款。

7）合同双方当事人由于倒闭或其他原因转让合同，造成合同当事人变化。这通常是比较少的。

合同变更通常不能免除或改变承包商的合同责任，但对合同实施影响很大，主要表现在以下几个方面：

1）导致设计图、成本计划和支付计划、工期计划、施工方案、技术说明和适用的规范等定义工程目标和工程实施情况的各种文件做相应的修改和变更。当然，相关的其他计划也应做相应调整，如材料采购计划、劳动力安排、机械使用计划等。它不仅引起与承包合同平行的其他合同的变化，而且会引起所属的各个分合同，如供应合同、租赁合同、分包合同的变更。有些重大的变更会打乱整个施工部署。

2）引起合同双方、承包商的工程小组之间、总承包商和分包商之间合同责任的变化。如果工程量增加，则增加了承包商的工程责任，增加了费用开支和延长了工期。

3）有些工程变更还会引起已完工程的返工，现场工程施工停滞，施工秩序打乱，已购材料的损失。

3. 合同变更的范围

合同变更的范围很广，一般在合同签订后所有工程范围、进度、工程质量要求、合同条款内容、合同双方责权利关系的变化等都可以被看作合同变更。最常见的变更有两种：

1）涉及合同条款的变更，合同条件和合同协议所定义的双方责权利关系或一些重大问题的变更。这是狭义的合同变更，以前人们定义合同变更即为这一类。

2）工程变更，即工程的质量、数量、性质、功能、施工次序和实施方案的变化。

4. 合同变更的原则

1）合同双方都必须遵守合同变更程序，依法进行，任何一方都不得单方面擅自更改合同条款。

2）合同变更要经过有关专家（监理工程师、设计工程师、现场工程师等）的科学论证和合同双方的协商。在合同变更具有合理性、可行性，而且由此而引起的进度和费用变化得到确认和落实的情况下方可实行。

3）合同变更的次数应尽量减少，变更的时间也应尽量提前，并在事件发生后的一定时限内提出，以避免或减少给工程项目建设带来的影响和损失。

4）合同变更应以监理工程师、发包商和承包商共同签署的合同变更书面指令为准，并以此作为结算工程价款的凭据。紧急情况下，监理工程师的口头通知也可接受，但必须在48h内，追补合同变更书。承包人对合同变更若有不同意见可在 7～10d 内书面提出，但发包商决定继续执行的指令，承包商应继续执行。

5）合同变更所造成的损失，除依法可以免除的责任外，如由于设计错误，设计所依据的条件与实际不符，图与说明不一致，施工图有遗漏或错误等，应由责任方负责赔偿。

5. 合同变更的程序

合同变更的程序为：合同变更的提出→合同变更的批准→合同变更指令的发出及执行，具体内容如下：

（1）合同变更的提出

1）承包商提出合同变更。承包商在提出合同变更时，一般情况是工程遇到不能预见的地质条件或地下障碍。如原设计的某大厦基础为钻孔灌注桩，承包商根据开工后钻探的地质条件和施工经验，认为改成沉井基础较好。另一种情况是承包商为了节约工程成本或加快工程施工进度，提出合同变更。

2）发包商提出变更。发包商一般可通过工程师提出合同变更。但如发包商提出的合同变更内容超出合同限定的范围，则属于新增工程，只能另签合同处理，除非承包商同意作为变更。

3）工程师提出合同变更。工程师往往根据工地现场工程进展的具体情况，认为确有必要时，可提出合同变更。工程承包合同施工中，因设计考虑不周，或施工时环境发生变化，工程师本着节约工程成本和加快工程与保证工程质量的原则，提出切实可行的合同变更。若超出原合同范围，新增很多工程内容和项目，则属于不合理的合同变更请求，工程师应和承包商协商后酌情处理。

（2）合同变更的批准　　由承包商提出的合同变更，应交工程师审查并批准。由发包商提出的合同变更，为便于工程的统一管理，一般由工程师代为发出。

工程师发出合同变更通知的权力，一般由工程施工合同明确约定。当然该权力也可约定为发包商所有，然后发包商通过书面授权的方式使工程师拥有该权力。如果合同对工程师提出合同变更的权力做了具体限制，而约定其余均应由发包商批准，则工程师就超出其权限范围的合同变更发出指令，应附上发包商的书面批准文件，否则承包商可拒绝执行。但在紧急情况下，不应限制工程师向承包商发布他认为必要的变更指示。

合同变更审批的一般原则应为：

1）考虑合同变更对工程进展是否有利。

2）考虑合同变更可否节约工程成本。

3）考虑合同变更更是兼顾发包商、承包商或工程项目之外其他第三方利益，不能因合同变更而损害任何一方的正当权益。

4）必须保证变更项目符合本工程的技术标准。

5）最后一种情况为工程受阻，如遇到特殊风险、人为阻碍、合同一方当事人违约等不得不变更合同。

（3）合同变更指令的发出及执行　为了避免耽误工作，工程师在和承包商就变更价格达成一致意见之前，有必要先行发布变更指示，即分两个阶段发布变更指示：第一阶段是在没有规定价格和费率的情况下直接指示承包商继续工作；第二阶段是在通过进一步的协商之后，发布确定变更工程费率和价格的指示。

合同变更指示的发出有以下两种形式：

1）书面形式。一般情况要求工程师签发书面变更通知令。当工程师书面通知承包商工程变更，承包商才执行变更的工程。

2）口头形式。当工程师发出口头指令要求合同变更时，要求工程师事后一定要补签一份书面的合同变更指示。如果工程师口头指示后忘了补书面指示，承包商（须 7d 内）以书面形式证实此项指示，交工程师签字，工程师若在 14d 之内没有提出反对意见，应视为认可。

所有合同变更必须用书面或一定规格写明。对于要取消的任何一项分部工程，合同变更应在该部分工程还未施工之前进行，以免造成人力、物力、财力的浪费，避免造成发包商多支付工程款项。

根据通常的工程惯例，除非工程师明显超越合同赋予其的权限，承包商应该无条件地执行其合同变更的指示。如果工程师根据合同约定发布了进行合同变更的书面指令，则不论承包商对此是否有异议，不论合同变更的价款是否已经确定，也不论监理方或发包商答应给予付款的金额是否令承包商满意，承包商都必须无条件地执行此种指令。承包商有意见，也只能是一边进行变更工作，一边根据合同规定寻求索赔或仲裁解决。在争议处理期间，承包商有义务继续进行正常的工程施工和有争议的变更工程施工，否则可能会构成承包商违约。

6．合同变更责任及处理

在合同变更中，量最大、最频繁的是工程变更。它在工程索赔中所占的份额也最大。工程变更的责任分析是工程变更起因与工程变更问题处理，是确定赔偿问题的桥梁。工程变更中有两大类变更，即设计变更和施工方案变更。

（1）设计变更　设计变更会引起工程量的增加、减少、新增或删除工程分项，工程质量和进度的变化，实施方案的变化。一般工程施工合同赋予发包商（工程师）这方面的变更权力，可以直接通过下达指令，重新发布图纸或规范实现变更。

（2）施工方案变更　施工方案变更的责任分析有时比较复杂。

1）在投标文件中，承包商就在施工组织设计中提出比较完备的施工方案，但施工组织设计不作为合同文件的一部分。对此有以下问题应注意：

①施工方案虽不是合同文件，但它也有约束力。发包商向承包商授标就表示对这个方案的认可。当然在授标前，在澄清会议上，发包商也可以要求承包商对施工方案做出说明，甚至可以要求修改方案，以符合发包商的目标、发包商的配合和供应能力（如图纸、场地、资金等）。此时一般承包商会积极迎合发包商的要求，以争取中标。

②施工合同规定，承包商应对所有现场作业和施工方法的完备、安全、稳定负全部责任。这一责任表示在通常情况下由于承包商自身原因（如失误或风险）修改施工方案所造成的损失由承包商负责。

③承包商对决定和修改施工方案具有相应的权利，即发包商不能随便干预承包商的施工方案；为了更好地完成合同目标（如缩短工期），或在不影响合同目标的前提下有权采用更为科学和经济合理的施工方案，发包商不得随便干预。当然承包商承担重新选择施工方案的风险和机会收益。

④在工程中承包商采用或修改施工方案都要经过工程师的批准或同意。

2）重大设计变更常常会导致施工方案的变更。如果设计变更由发包商承担责任，则相应的施工方案的变更也由发包商负责；反之，则由承包商负责。

3）对不利的异常的地质条件所引起的施工方案的变更，一般作为发包商的责任。一方面一个有经验的承包商无法预料现场气候条件除外的障碍或条件；另一方面发包商负责地质勘察和提供地质报告，应对报告的正确性和完备性承担责任。

4）施工进度的变更。施工进度的变更是十分频繁的：要求招标文件中，发包商给出工程的总工期目标；承包商在投标书中有一个总进度计划（一般以横道图形式表示）；中标后承包商还要提出详细的进度计划，由工程师批准或同意；在工程开工后，每月都可能有进度的调整。通常只要工程师（发包商）批准或同意承包商的进度计划（调整后的进度计划），则新进度计划就产生约束力。如果发包商不能按照新进度计划完成按合同应由发包商完成的责任，如及时提供图纸、施工场地、水电等，则属发包商违约，应承担责任。

7. 合同变更注意事项

（1）对工程变更条款的合同分析　对工程变更条款的合同分析应特别注意：工程变更不能超过合同规定的工程范围，如果超过这个范围，承包商有权不执行变更或坚持先商定价格后再进行变更。发包商和工程师的认可权必须限制。发包商常常通过工程师对材料的认可权提高材料的质量标准、对设计的认可权提高设计质量标准、对施工工艺的认可权提高施工质量标准。如果合同条文规定比较含糊或设计不详细，则容易产生争执。但是，如果这种认可权超过合同明确规定的范围和标准，承包商应争取发包商或工程师的书面确认，进而提出工期和费用索赔。

此外，承包商与发包商、与总（分）包之间的任何书面信件、报告、指令等都应经合同管理人员进行技术和法律方面的审查，这样才能保证任何变更都在控制中，不会出现合同问题。

（2）促使工程师提前做出工程变更　在实际工作中，变更决策时间过长和变更程序太慢会造成很大损失。通常有两种现象：一种现象是施工停止，承包商等待变更指令或变更会谈决议；另一种现象是变更指令不能迅速做出，而现场继续施工，造成更大的返工损失。这就要求变更程序尽量快捷，故即使仅从自身出发，承包商也应尽早发现可能导致工程变更的种种迹象，尽可能促使工程师提前做出工程变更。

施工中发现图纸错误或其他问题，需进行变更，首先应通知工程师，经工程师同意或通过变更程序再进行变更。否则，承包商可能不仅得不到应有补偿，而且会带来麻烦。

（3）识别工程师发出的变更指令　特别在国际工程中，工程变更不能免去承包商的合同责任。对已收到的变更指令，特别对重大的变更指令或在图纸上做出的修改意见，应予以核实。对超出工程师权限范围的变更，应要求工程出具发包商的书面批准文件。对涉及双方责、权、利关系的重大变更，必须有发包商的书面指令、认可或双方签署的变更协议。

（4）迅速、全面落实变更指令　变更指令做出后，承包商应迅速、全面、系统地落实变更指令。承包商应全面修改相关的各种文件，例如有关图纸、规范、施工计划、采购计划等，使它们一直反映和包容最新变更。承包商应在相关的各工程小组和分包商的工作中落实变更指令，并提出相应的措施，对新出现的问题做出解释和对策，同时协调好各方面的工作。

（5）分析工程变更产生的影响　工程变更是索赔机会，应在合同规定的索赔有效期内完成对它的索赔处理。在合同变更过程中就应记录、收集、整理所涉及的各种文件，如图纸、各种计划、技术说明、规范和发包商或工程师的变更指令，以作为进一步分析的依据和索赔的证据。

在工程变更中，应特别注意办理变更造成返工、停工、窝工、修改计划等引起的损失，注意这方面证据的收集。在变更谈判中应对此进行商谈，保留索赔权。在实际工程中，人们常常会忽视这些损失证据的收集，而最后提出索赔报告时往往因举证和验证困难而被对方否决。

第四节　项目索赔管理

一、项目索赔管理的特点

在工程项目索赔管理中，要健康开展索赔工作，全面认识索赔，完整理解索赔，端正索赔动机，才能正确对待索赔，规范索赔行为，合理地处理索赔业务。因此发包商、工程师和承包商应对索赔管理工作的特点有个全面认识和理解。

1）索赔工作贯穿工程项目始终。合同当事人要做好索赔工作，必须从签订合同起，直至执行合同的全过程中，在项目经理的直接领导下，认真采取预防保护措施，建立健全索赔业务的各项管理制度。

在工程项目的招标、投标和合同签订阶段，作为承包商应仔细研究工程所在国的法律、法规及合同条件，特别是关于合同范围、义务、付款、工程变更、违约及罚款、特殊风险、索赔时限和争议解决等条款，必须在合同中明确规定当事人各方的权利和义务，以便为将来可能的索赔提供合法的依据和基础。

在合同执行阶段，合同当事人应密切注视对方的合同履行情况，不断地寻求索赔机会，同时自身应严格履行合同义务，防止被对方索赔。

一些缺乏工程承包经验的承包商，由于对索赔工作的重要性认识不够，往往在工程开始时并不重视，等到发现不能获得应当得到的偿付时才匆忙研究合同中的索赔条款，汇集所需要的数据和论证材料，但已经陷入被动局面，有的经过旷日持久的争执、交涉乃至诉讼法律程序，仍难以索回应得的补偿或损失，影响了自身的经济效益。

2）索赔是一门融工程技术和法律于一体的综合学问和艺术。索赔问题涉及的层面相当广泛，既要求索赔人员具备丰富的工程技术知识与实际施工经验，使得索赔问题的提出具有科学性和合理性，符合工程实际情况，又要求索赔人员通晓法律与合同知识，使得提出的索赔具有法律依据和事实证据，并且还要求在索赔文件的准备、编制和谈判等方面具有一定的艺术性，使索赔的最终解决表现出一定程度的伸缩性和灵活性。这就对索赔人员的素质提出了很高的要求，他们的个人品格和才能对索赔成功与否影响很大。索赔人员应当是头脑冷静、思维敏捷、处事公正、性格刚毅且有耐心，并具有以上多种才能的综合人才。

二、项目索赔的基本原则及意义

1. 项目索赔的基本原则

1）索赔作为一种合同赋予双方的具有法律意义的权利主张，其主体是双向的。

2）索赔事宜必须以法律或合同为依据。

3）索赔应采用明示的方式，即索赔应该有书面文件，索赔的内容和要求应该明确且肯定。

4）索赔必须建立在损害后果已客观存在的基础上，不论是经济损失还是权利损害，没有的事实而提出索赔是不可取的。

2. 项目索赔的意义

1）维护合同当事人正当权益。

2）保证合同的实施。对违约者起警诫作用，会避免违约事件的发生。

3）促使工程造价更合理。将一些不可预见费用改为按实际发生损失支付，有助于降低工程造价。

4）落实和调整合同双方经济责任关系。

三、项目索赔的种类

1. 按索赔事件分类

1）工期拖延索赔。工期拖延索赔是指由于发包商未能按合同规定提供施工条件引起的索赔。例如：未及时交付设计图、技术资料、场地、道路等，非承包商原因而发包商指令停止工程实施，其他不可抗力因素作用等原因，造成工程中断或工程进度放慢，施工工期拖延，承包商对此均应提出索赔。

2）不可预见的外部障碍或条件索赔。如在施工期间，承包商在现场遇到了一个对有经验的承包商来说，通常不能预见到的外界障碍或条件，例如地质与发包商提供的资料不同，出现未遇见到的岩石、淤泥或地下水等，承包商可以提出索赔。

3）由于发包商或工程师指令修改设计、增加或减少工程量、增加或删除部分工程引起的索赔，例如修改实施计划，变更施工次序，造成工期延长，费用损失，承包商对此可以提出索赔。

4）工程终止索赔。由于某种原因，如：不可抗力因素影响、发包商违约，使工程被迫在竣工前停止实施，并不再继续进行，使承包商蒙受经济损失，对此承包商提出索赔。

2. 按索赔目的分类

1）费用索赔，即要求发包商补偿费用损失调整合同价格。

2）工期索赔。即要求发包商延长工期，推迟竣工日期。

3. 按索赔当事人分类

1）承包商与发包商之间的索赔。

2）承包商与分包商之间的索赔。

3）承包商与供货商之间的索赔。

4）承包商与保险商之间的索赔。

4. 按索赔处理方式分类

1）单项索赔，即针对某一干扰事件提出索赔。索赔的处理是在合同实施的过程中，干扰事件发生时或发生后立即进行的。它由合同管理人员处理，并在合同规定的索赔有效期内向发包商提出索赔意向书和索赔报告。

2）总索赔（一揽子索赔）。这是在国际工程中经常采用的索赔处理和解决办法。一般工程竣工前，承包商将工程过程中未解决的单项索赔集中起来，提出一份总索赔报告，合同双方在工程交付前或交付后进行最终谈判解决索赔问题。

5. 按索赔理由分类

1）合同内索赔，即索赔以合同条文为依据，发生了合同规定给承包人以补偿的干扰事件，承包商应根据合同规定，提出索赔要求，这也是最常见的索赔。

2）合同外索赔，即在工程过程中发生干扰事件的性质已超过合同范围，在合同中找不出具体的依据，必须根据适用于合同关系的法律解决索赔问题。

3）道义索赔，指由于承包商失误（如报价失误等），或发生承包商应负责任的风险而造成的重大损失，进而提出让发包商给予救助。发包商支付这种道义救助，能获得承包商更理想的合作。

◇ 四、项目索赔产生的原因

项目索赔是工程承包事宜中不可避免的现象，其产生的原因可分为以下几类：

（1）**合同变更引起的索赔** 合同变更如超出工程范围的变更，承包商有权予以拒绝。当工程量变化超出招标时工程量清单的20%以上时，可能会导致承包商的施工现场人员不足，需另雇工人；也可能会导致承包商的施工机械设备失调，工程量的增加，往往要求承包商增加新型号的施工机械设备，或增加机械设备数量等。人工和机械设备的需求增加，会引起承包商额外的经济支出，扩大了工程成本。反之，如果工程项目被取消或工程量大减，又势必会引起承包商原有人工和机械设备的窝工和闲置，造成资源浪费，导致承包商的亏损。因此，在合同变更时，承包商有权提出索赔。

（2）**合同中存在的缺陷引起的索赔** 合同矛盾和缺陷遗漏或错误，这些矛盾常反映为设计与施工规定相矛盾，技术规范和设计图不符合或相矛盾，以及一些商务和法律条款规定有缺陷等。这时，承包商应及时将这些矛盾和缺陷反映给监理工程师，由监理工程师做出解释。承包商执行监理工程师的解释指令后，造成施工工期延长或工程成本增加，承包商可提出索赔要求，监理工程师予以证明后，发包商应相应补偿。因为发包商是工程承包合同的起草者，应该对合同中的缺陷负责，除非其中有非常明显的遗漏或缺陷，依据法律或合同可以推定承包商有义务在投标时发现并及时向发包商报告。

（3）**施工延期引起的索赔** 施工延期是指由于非承包商的各种原因而造成的进度推迟，施工不能按原计划时间进行。大型的土木工程项目在施工过程中，由于工程规模大，技术复杂，受天气、水文地质条件等自然因素影响，又受到来自社会的政治经济等人为因素影响，发生施工进度延期是比较常见的。

施工延期的原因有时是单一的，有时又是多种因素综合交错形成的。施工延期的事件发生后，会给承包商造成两个方面的损失：一个是时间上的损失；另一个是经济方面的损失。当出现施工延期索赔事件时，在分清责任和损失补偿方面，合同双方易发生争执。常见的施工延期索赔多由于发包商征地拆迁受阻，未能及时提交施工场地以及气候条件恶劣，如连降暴雨，使大部分的土方工程无法开展等。

（4）**恶劣的现场自然条件引起的索赔** 恶劣的现场自然条件是指一般有经验的承包商事先无法合理预料的，包括地下水，未探明的地质断层、溶洞、深陷等；另外还有地下的实物障碍，如经承包商现场考察无法发现的、发包商资料中未提供的地下人工建筑物，自来水管道、公共设施、坑井、隧道、废弃的建筑物混凝土基础等，这些都需要承包商花费更多的时间和费用去克服和除掉这些障碍与干扰，承包商有权据此向发包商提出索赔要求。

（5）参考工程建设主体多元性引起的索赔　由于工程参与单位多，一个工程项目往往会有发包商、总包商、监理工程师、分包商、指定分包商、材料设备供应商等众多参与单位，各方面的技术、经济关系错综复杂，相互联系又相互影响，只要一方失误，不仅会造成自己的损失，而且会影响其他合作者，造成他人损失，很容易导致索赔和争执。

✅ 五、项目索赔的依据

1. 合同条件

合同条件是索赔最主要的依据，主要有本合同协议书、中标通知书、投标书及其附件、本合同专用条款、本合同通用条款、标准、规范及有关技术文件、图纸、工程量清单、工程报价单或预算书；合同履行中，发包商、承包商有关工程的洽商、变更等方面协议或文件视为本合同的组成部分。

2. 订立合同所依据的法律法规

1）适用的标准、规范：《建设工程施工合同（示范文本）》（GF—2017—0201）。

2）适用的法律法规：《中华人民共和国合同法》《中华人民共和国建筑法》《中华人民共和国招标投标法》。

✅ 六、项目索赔成立的条件

这里讲的是承包商向发包商提出的索赔：

1）这种经济损失或权利损害不是由承包商应承担的风险所造成的。

2）承包商在规定的期限内提交了书面的索赔意向通知和索赔报告。

3）造成费用增加或工期损失的原因不是由于承包商自身的原因所造成的。

4）与合同相比较，事件已经造成了实际的额外费用增加或工期损失。

✅ 七、项目索赔的处理

1. 项目索赔的处理程序

项目索赔的处理程序：提出索赔要求→报送索赔资料→工程师答复→工程师逾期答复后果→持续索赔→仲裁和诉讼，具体内容为：

1）提出索赔要求。当出现索赔事件时，承包商以书面的索赔通知书形式，在索赔事件发生后的 28d 内，向工程师正式提出索赔意向通知。

2）报送索赔资料。在索赔通知书发出后的 28d 内，应向工程师提出延长工期和（或）补偿经济损失的索赔报告及有关资料。

3）工程师答复。工程师在收到承包商交送的索赔报告等有关资料后，在 28d 内给予答复，或要求承包商进一步补充索赔理由和证据。

4）工程师逾期答复结果。工程师在收到承包商送交的索赔报告的有关资料后，28d 内没有答复或未对承包商做进一步要求，应视为该项索赔已经认可。

5）持续索赔。当索赔事件持续进行时，承包商应阶段性向工程师发出索赔意向，在索赔事件终了后 28d 内，向工程师送交有关的索赔资料和最终索赔报告，工程师应在 28d 内给予答复或要求承包商进一步补充索赔理由和证据。逾期未答复的，被视为该项索赔成立。

6）仲裁和诉讼。工程师对索赔的答复，承包商或发包商不能接受的，即可进入仲裁或诉讼程序。

2. 收集索赔的证据

在工程实践中，承包商及时抓住施工合同履行中的索赔机会，但如果拿不出证据或证据不充分，索赔要求则难以成功，或被大打折扣。且如果承包商拿出的索赔证据漏洞百出，前后自相矛盾，经不起发包商的推敲和质疑，不但不能促进索赔的成功，反而还会被对方作为反索赔的证据，使自己在索赔问题上处于极为不利的地位。因此收集有效的索赔证据是管理好索赔的不可忽视的事宜。

索赔证据的要求有：

1）法律效力。各种索赔证据应是书面文件，要有双方代表签字，且所提供的证据必须符合国家法律的规定。

2）真实性。索赔证据必须是施工过程中产生的真实资料。

3）全面性。索赔证据的全面性是指所提供的证据能说明索赔事件的全部内容。索赔证据中不能只有发生原因的证据，而没有持续影响的证据，或证据零乱无序，含糊不清。

3. 索赔文件的编制内容

索赔文件的编制内容有：

（1）索赔信 索赔信应涵盖：索赔事件发生的时间、地点或工程部位；索赔事件发生的双方当事人或其他有关人员；索赔事件发生的原因及性质，应特别注明并非承包商的责任；承包商对索赔事件发生后的态度，特别应说明承包商在控制事件发展，对减少损失所采取了行动，否则损失扩大部分由承包商自负；写明事件的发生将会使承包商产生额外支出或其他不利影响；提出索赔意向，注明合同条款依据。

（2）索赔报告 索赔报告是承包商提交的要求给予一定的经济赔偿和（或）延长工期的重要文件。它在索赔处理的整个过程中起着重要的作用，通常包括：

①标题：索赔报告的标题应能准确地概括索赔的中心内容。

②总述部分：索赔事件的叙述要准确，不能有主观随意性，应该要论述索赔事项发生日期和过程，承包商为该索赔事项付出的努力和附加开支，承包商的具体索赔要求。

③论证部分：论证部分是索赔报告的关键部分，要明确指出依据合同某条某款，某某会议纪要，其目的是说明自己有索赔权，是索赔能否成立的关键。

④索赔款项（或工期）计算部分：款项是为了解决能得到多少款项，前者定性，后者定量。

⑤证据部分：要注意引用每个证据的效力或可信程度，对重要的证据资料最好附以文字说明，或附以确认件。

（3）附件 附件中应含索赔证据和详细的计算书。作用是为所列举的事实、理由以及所要求的补偿提供证明材料。

4. 索赔审查及处理

项目经理对索赔的审查工作主要包括：审查索赔证据、审查工期顺延要求、审查费用索赔要求。

（1）审查索赔证据 项目经理对索赔报告审查时，首先判断承包商的索赔要求是否有理有据。所谓有理，是指索赔要求与合同条款或有关法规一致，受到的损失应属于非承包商责任原因所造成。有据，是指提供的证据能证明索赔要求成立。承包商可以提供的证据包括下列证明材料：

①合同文件中的条款约定。

②经项目经理认可的施工进度计划。

③合同履行过程中的来往函件。

④施工现场记录、施工会议记录及工程照片。

⑤项目经理发布的各种书面指令。

⑥中期支付工程进度款的单证。

⑦检查和试验记录。

⑧汇率变化表。

⑨各类账务凭证。

⑩其他相关资料。

（2）审查工期顺延要求 索赔报告中要求顺延的工期，在审核中应注意以下几点：

1）划清施工进度拖延的责任。因承包商的原因造成施工进度滞后，属于不可原谅的延期；只有承包商不应承担任何责任的延误，才是可原谅的延期。有时工期延期的原因中可能包含双方的责任，此时项目经理应进行详细分析，分清责任比例，只有可原谅的延期部分才能批准顺延合同工期。可原谅延期又可细分为可原谅并给予补偿费用的延期和可原谅但不给予补偿费用的延期。后者是指非承包商责任的影响并未导致施工成本的额外支出，大多属于发包商应承担风险责任事件的影响，如异常恶劣的气候条件造成的停工等。

2）被延误的工作应是处于施工进度计划关键线路上的施工内容。只有位于关键线路上的工作滞后，才会影响到竣工日期。但有时也应注意，既要看被延误的工作是否在批准进度计划的关键路线上，又要详细分析这一延误对后续工作的可能影响。因为若对非关键路线工作的影响时间较长，超过了该工作可用于自由支配的时间，也会导致进度计划中非关键路线转化为关键路线，其滞后将导致总工期的拖延。此时，应充分考虑该工作的自由时间，给予相应的工期顺延，并要求承包商修改施工进度计划。

3）无权要求承包商缩短合同工期。项目经理有审核、批准承包商顺延工期的权力，但他不可以扣减合同工期。也就是说，项目经理有权指示承包商删减掉某些合同内规定的工作内容，但不能要求他相应缩短合同工期。如果要求提前竣工的话，这项工作属于合同变更。

（3）审查费用索赔要求　费用索赔的原因，可能是与工期索赔相同的内容，即属于可原谅并应给予费用补偿的索赔，也可能是与工期索赔无关的理由。项目经理在审核索赔的过程中，除了划清合同责任以外，还应注意索赔取费的合理性和计算的正确性。

1）审核索赔取费的合理性。费用索赔涉及的款项较多、内容庞杂。承包商都是从维护自身利益的角度解释合同条款，进而申请索赔额。项目经理应公平地审核索赔报告申请，挑出不合理的取费项目或费率。

2）审核索赔计算的正确性。

第一，需审核所采用的费率是否合理、适度。这需要注意的问题有：

①工程量表中的单价是综合单价，不仅含有直接费，还包括间接费、风险费、辅助施工机械费、公司管理费和利润等项目的摊销成本。在索赔计算中不应有重复取费。

②停工损失中，不应以计日工费计算，不应计算闲置人员在此期间的资金、福利等报酬，通常采取人工单价乘以折算系数计算；停驶的机械费补偿，应按机械折旧费或设备租赁费计算，不应包括运转操作费用。

第二，正确区分停工损失与因项目经理临时改变工作内容或作业方法的功率降低损失的区别。凡可改做其他工作的，不应按停工损失计算，但可以适当补偿降低损失。

5. 索赔解决方式

索赔可以通过以下几种方式来解决：

1）双方友好解决。

2）通过调解解决。

3）双方无分歧解决。

4）通过仲裁或诉讼解决。

合同方应该争取以友好协商的方式解决索赔问题，不要轻易提交仲裁。因为对工程争议的仲裁往往是非常复杂的，要花费大量的人力、物力、财力和时间，对工程建设会带来不利影响，有时甚至是严重的影响。

6. 反索赔

（1）反索赔概念 反索赔是相对索赔而言的，是对提出索赔一方的反驳。发包商可以针对承包商的索赔进行反索赔。承包商也可以针对发包商的索赔进行反索赔。通常反索赔主要指发包商向承包商的索赔。

（2）反索赔的目的 通过反索赔可以防止和减少经济损失的发生，涉及防止对方提出索赔和反击对方的索赔两方面的内容。

（3）反索赔的意义

1）成功的反索赔能阻止对方提出索赔。

2）成功的反索赔能增长管理人员的士气，有利于工作的展开。

3）成功的反索赔能减少和防止经济损失。

4）成功的反索赔必然促进有效的索赔。

（4）反驳索赔报告分析

1）认真分析索赔报告。分析索赔报告，找到对自己有利的合同条款，推卸自己的责任。

2）认真分析索赔事件材料的真实性。实事求是地分析索赔中的材料的真实性，从中找出反驳对方的事实证据。

3）索赔事件的责任分析。要弄清楚双方在索赔事件的明确责任。

4）索赔值的计算分析。分析索赔费用原始数据的来源是否正确，分析索赔费用的计算是否符合当地有关工程概算文件的规定，分析索赔费用计算过程是否正确。

（5）反索赔报告内容 反索赔报告是合同的一方对另一方的索赔要求而编制的反驳文件，主要内容有：

1）对对方索赔报告的简介。

2）对对方索赔报告中所阐述的索赔事件及问题做合同总体评价。

3）对对方的索赔报告进行依据反驳。

4）找出索赔机会，提出新的索赔。

5）总结。

6）附上各种证据资料用以证明。

（6）预防反索赔

1）首先签订对己方有利的施工合同，利用制约对方的条款来缓解对方对己方的制约，使己方在签订施工合同阶段就处于不被对方制约的有利地位。

2）认真实施所签施工合同，以防对方提出索赔正确控制自己的行为，不给对方提出索赔的理由。

3）发现己方违约时，应及时补救。己方违约时，应及时收集有关资料，分析合同责任，测算对对方造成的损失数额，做到心中有数，以对付对方可能提出的索赔。

4）当双方都有违约行为时，首先向对方提出索赔。反索赔总体上讲是防守性的，但它却是一种积极意识，表现为以攻为守，争取索赔中的有利地位。技巧有：

①早提出索赔，防止超过索赔有效期。让对方有一种紧迫感和迟钝感，在心理上处于劣势。

②让对方被动接到索赔后，必然要花费经历和时间进行研究，以寻求反驳的理由，这就使对方陷入被动状态。

③为最终索赔的解决留有余地，双方都需做出让步，这时首先对提出索赔的一方是有利的。

5）反驳对方的索赔要求。为了避免和减少损失，必须反击对方的索赔请求。对承包商来说，最常见的反击对方的索赔要求的措施有：

①用己方的索赔对抗（平衡）对方的索赔要求，最终使得双方都做出让步而不用索赔对方。

②找出理由和证据，反驳对方的索赔报告，证明对方的索赔报告不符合合同规定、没有根据、计算不准确，以及不符合事实的情况。这些都可以推卸甚至减轻自己的赔偿责任，使自己减少损失。

7．承包商防止及减少索赔的管理内容

（1）将招标投标工作做到位　要做好施工索赔的事前控制，将索赔降为零或减至最少，首先要做好招标投标工作，签订好工程施工合同，不可随意报价，不可为了中标，有意压低报价，企图在中

标中靠索赔弥补或赢利。

（2）将工程项目计划及质量做好

1）加强施工进度计划与控制，要求承包商做好施工组织与管理，从各个方面保证按施工进度计划执行。

2）应加强施工质量管理，严格按合同文件中规定的设计、施工技术标准和规范进行施工，并注意按施工图施工，对材料及各种工艺严格把关，推行全面质量管理，消除工程质量隐患。

3）合理控制成本。合理的成本控制不但可以提高工程经济效益，而且也为索赔工作打下了基础。在施工过程中，成本控制主要包括定期进行成本核算及成本分析，严格控制工程开支，及时发现成本控制过程中存在的问题，随时找到成本超支的原因。当发现某一项工程费超出预算时，应立即查明原因，采取有效的措施。对于计划外的成本开支应提出索赔。

4）有效管理合同。工程实践经验证明，对合同管理的水平越高，索赔和反索赔水平也就越高，索赔和反索赔的成功率也就越大。施工中有效的合同管理工作是保证工程项目按照合同文件中的规定完成的重要保证。它的主要内容是实现工程上的"三大控制"，即施工进度控制、工程成本控制以及施工质量控制。另外，还要做好合同分析、合同纠纷处理以及工程款申报等工作，从而实现预期目标。

| 第五节　项目合同解除、终止及评价 |

✅ 一、项目合同解除

1. 项目合同解除的条件

1）合同双方协商解除。施工合同双方当事人协商一致，可以解除合同。这是合同成立后、履行完毕前，双方当事人通过协商而同意终止合同关系的解除。当事人的这项权利是合同中意思自治的具体体现。

2）当事人违约时合同可以解除。合同当事人出现以下违约时，可以解除合同：

①当事人不按合同约定支付工程款（进度款），双方又未达成延期付款协议，导致施工无法进行，承包商停止施工超过 56d，发包商仍不支付工程款（进度款），承包商有权解除合同。

②当承包商将其承包的全部工程转包给他人时，发包商有权解除合同。

③合同当事人一方的其他违约致使合同无法履行，合同双方可以解除合同。

3）发生不可抗力时合同可以解除，因为不可抗力或者非合同当事人的原因，造成工程停建或缓建，导致合同无法履行，合同双方可以解除合同。

2. 单方提出项目合同解除的程序

1）首先应向对方发出解除合同的书面通知，且应在发出通知书 7d 告知对方。

2）当通知到达对方时，合同便可以解除。

3）若对方对解除合同有异议，可按合同争议解决程序进行处理。

3. 项目合同解除后的结果处理

1）项目合同解除后，当事人双方约定的结算和清理条款仍然有效。

2）承包商妥善做好已完工程和已购材料、设备的保护和移交工作，按照发包商要求将自有机构设备和人员撤出施工场地。

3）发包商应该为承包商的撤出提供必要的条件，支付以上所发生的费用，并按照合同约定支付已完工程价款。

4）已经订货的材料、设备由订货方负责退货，不能退还的货款和货物，解除订货合同发生的费用由发包商承担，但未及时退货造成的损失由责任方承担。

◇ 二、项目合同终止

1. 项目合同终止的概念

项目合同终止是指在工程项目建设过程中，承包商按照施工承包合同约定的责任范围完成了施工任务，圆满地通过竣工验收，并与业主办理竣工结算手续，将所施工的工程移交给业主使用和照管，业主按照合同约定完成工程款支付工作后，合同效力及作用的结束。

2. 项目合同终止的条件

项目合同终止的条件，通常有以下几种：

1）满足合同竣工验收条件。竣工交付使用的工程必须符合下列基本条件：

①完成建筑工程设计和合同约定的各项内容。

②有完整的技术档案和施工管理资料。

③有工程使用的主要建筑材料、建筑构配件和设备的进场试验报告。

④有勘察、设计、施工、工程监理等单位分别签署的质量合格文件。

⑤有施工单位签署的工程保修书。

2）已完成竣工结算。

3）工程款全部回收到位。

4）按合同约定签订保修合同并扣留相应工程尾款。

3. 竣工结算

竣工结算是指承包商完成合同内工程的施工并通过了交工验收后，所提交的竣工结算书经过业主和监理工程师审查签证，然后由建设银行办理拨付工程价款的手续。

（1）竣工结算程序

1）承包商递交竣工结算报告。工程竣工验收报告经发包商认可后，承发包双方应当按协议书约定的合同价款及专用条款约定的合同价款调整方式，进行工程竣工结算。

工程竣工验收报告经发包商认可后 28d，承包商向发包商递交竣工结算报告及完整的结算资料。

2）发包商的核实和支付。发包商自收到竣工结算报告及结算资料后 28d 内进行核实，给予确认或提出修改意见。发包商认可竣工结算报告后，及时办理竣工结算价款的支付手续。

3）移交工程。承包商收到竣工结算价款后 14d 内将竣工工程交付发包商，施工合同即告终止。

（2）合同价款的结算

1）工程款结算方式。合同双方应明确工程款的结算方式是按月结算、按形象进度结算，还是竣工后一次性结算。

①按月结算。这是国内外常见的一种工程款支付方式，一般在每个月月末，承包商提交已完工程量报告，经工程师审查确认，签发月度付款证书后，由发包商按合同约定的时间支付工程款。

②按形象进度结算。这是国内常见的一种工程款支付方式，实际上是按工程形象进度分段结算。当承包商完成合同约定的工程形象进度时，承包商提出已完工程量报告，经工程师审查确认，签发付款证书后，由发包商按合同约定的时间付款。如专用条款中可约定：当承包商完成基础工程施工时，发包商支付合同价款的 20%；完成主体结构工程施工时，支付合同价款的 50%；完成装饰工程施工时，支付合同价款的 15%；工程竣工验收通过后，再支付合同价款的 10%，其余 5% 作为工程保修金，在保修期满后返还给承包商。

③竣工后一次性结算。当工程项目工期较短、合同价格较低时，可采用工程价款每月月中预支、竣工后一次性结算的方法。

④其他结算方式。合同双方可以在专用条款中约定经开户银行同意的其他结算方式。

2）工程款的运态结算。我国现行的结算基本上是按照设计预算价值，以预算定额单价和各地方定额站不定期颁的调价文件为依据进行的。在结算中，对通货膨胀等因素考虑不足。

实行动态结算，要按照协议条款约定的合同价款，在结算时考虑工程造价管理部门规定的价格指数，即要考虑资金的时间价值，使结算大体能反映实际的消耗费用。常用的动态结算方法有：

①实际价格结算法：对钢材、木材、水泥三大材的价格，有些地区采用按实际价格结算的办法，施工承包单位可凭发票据实报销。此法方便而准确，但不利于施工承包单位降低成本。因此，地方基建主管部门通常要定期公布最高结算限价。

②调价文件结算法：施工承包单位按当时的预算价格承包，在合同工期内，按照造价管理部门调价文件的规定，进行抽料补差（在同一价格期内，按所完成的材料用量乘以价差）。有的地方定期（通常半年）发布一次主要材料供应价格和管理价格，对这一时期的工程进行抽料补差。

③调值公式法：调值公式法又称为动态结算公式法。根据国际惯

例,对建设项目已完成投资费用的结算,一般采用此法。在一般情况下,承发包双方在签订合同时,就规定了明确的调值公式。

3)工程款支付的程序和责任。在计量结果确认后 14d 内,发包商应向承包商支付工程款。同期用于工程的发包商供应的材料设备价款,以及按约定时间发包商应扣回的预付款,与工程款同期结算。合同价款调整、设计变更调整的合同价款及追加的合同价款、发包商或工程师同意确认的工程索赔款等,也应与工程款同期调整支付。

发包商超过约定支付时间不支付工程款,承包商可向发包商发出要求付款的通知,发包商收到承包商通知后仍不能按要求付款,可与承包商协商,签订延期付款协议,经承包商同意后可延期支付。协议应明确延期支付的时间和从计量结果确认后第 15 天起计算应付款的货款利息。发包商不按合同约定支付工程款,双方又未达成延期付款协议,导致施工无法进行,承包商可停止施工,由发包商承担违约责任。

✅ 三、项目合同评价

1. 项目合同评价的概念

项目合同评价是指在合同实施结束后,将合同签订和执行过程中的利弊得失、经验教训总结出来,提出分析报告,作为以后工程合同管理的借鉴。

由于合同管理工作比较偏重于经验,只有不断总结经验,才能不断提高管理水平,才能通过工程不断培养出高水平的合同管理者。所以这项工作十分重要。

2. 合同签订情况评价

项目在正式签订合同前,所进行的工作都属于签约管理,签约管理质量直接制约着合同的执行过程,因此,签约管理是合同管理的重中之重。评价项目合同签订情况时,主要参照以下几个方面:

1)招标前,对发包商和建设项目是否进行了调查和分析,是否清楚、准确,例如:施工所需的资金是否已经具备、初步设计及概算是否已经批准,直接影响后期工程施工进度等。

2)投标时,是否依据公司整体实力及实际市场状况进行报价,对项目的成本控制及利润收益有明确的目标,心中有数,不至于中标后难以控制费用支出，为避免亏本而骑虎难下。

3）中标后，即使使用标准合同文本，也需逐条与发包商进行谈判，既要通过有效的谈判技巧争取较为宽松的合同条件，又要避免合同条款不明确，造成施工过程中的争议，使索赔工作难以实现。

4）做资料管理工作。签约过程中的所有资料都应经过严格的审阅、分类、归档，因为前期资料既是后期施工的依据，又是后期索赔工作的重要依据。

3. 合同执行情况评价

在合同实施过程中，应当严格按照施工合同的规定，履行自己的职责，通过一定有序的施工管理工作对合同进行控制管理，评价控制管理工作的优劣主要是评价施工过程中工期目标、质量目标、成本目标完成的情况和特点。

（1）**工期目标评价**　主要评价合同工期履约情况和各单位（单项）工程进度计划执行情况；核实单项工程实际开工、竣工日期，计算合同建设工期和实际建设工期的变化率；分析施工进度提前或拖后的原因。

（2）**质量目标评价**　主要评价单位工程合格品率、优良品率和综合质量情况。

1）计算实际工程质量的合格品率、实际工程质量的优良品率等指标，将实际工程质量指标与合同文件中规定的或设计规定的，或与其他同类工程的质量状况进行比较，分析变化的原因。

2）评价设备质量，分析设备及其安装工程质量能否保证投产后正常生产的需要。

3）计算和分析工程质量事故的经济损失，包括计算返工损失率、因质量事故拖延建设工期所造成的实际损失，以及分析无法补救的工程质量事故对项目投产后投资效益的影响程度。

4）评价工程安全情况，分析有无重大安全事故发生，分析其原因和所带来的实际影响。

（3）**成本目标评价**　主要评价物资消耗、工时定额、设备折旧、管理费等计划与实际支出的情况，评价项目成本控制方法是否科学合理，分析实际成本高于或低于目标成本的原因。

①主要实物工程量的变化及其范围。

②主要材料消耗的变化情况，分析造成超耗的原因。

③各项工时定额和管理费用标准是否符合有关规定。

4. 合同管理工作评价

合同管理工作评价是对合同管理本身，如工作职能、程序、工作效果的评价，主要内容包括：

1）合同管理工作对工程项目的总体贡献或影响。

2）合同分析的准确程度。

3）在投标报价和工程实施中，合同管理子系统与其他职能协调中的问题，需要改进的地方。

4）索赔处理和纠纷处理的经验教训等。

5. 合同条款评价

这是指对本项目有重大影响的合同条款进行评价，主要内容包括：

1）本合同的具体条款，特别对本工程有重大影响的合同条款的表达和执行利弊得失。

2）本合同签订和执行过程中所遇到的特殊问题的分析结果。

3）对具体的合同条款如何表达更为有利等。

第六节 FIDIC 合同条件

✓ 一、FIDIC 组织及 FIDIC 合同条件简介

1. FIDIC 组织简介

FIDIC 是"国际咨询工程师联合会"的法文缩写。总部设在瑞士的洛桑，该组织在每一个国家或地区只吸收一个独立的工程师协会作为团体成员，至今已有 60 多个会员国，是被世界认可的、世界上最具权威性的国际咨询服务机构。中国工程咨询协会代表于 1996 年 10月加入了该组织。

FIDIC 组织下设两个地区委员会和四个专业委员会。两个地区委员会分别是：

1）亚洲及太平洋地区协会（ASPAC）。

2）非洲成员协会集团（CAMA）。

四个专业委员会分别是：

1）业主与咨询工程关系协会（CCRC）。

2）土木工程合同委员会（CECC）。

3）电气机械合同委员会（EMCC）。

4）职业责任委员会（CAMA）。

2. FIDIC 合同条件简介

FIDIC 编制了许多标准合同条件，但在工程影响最大的是《土木工程施工合同条件》，在国际上最为广泛流行。FIDIC 合同条件在世界上应用很广，不仅为 FIDIC 成员国采用，世界银行、亚洲开发银行等国际金融机构的招标采购样本也都采用。合同条件共有四种：

1）《土木工程施工合同条件》（FIDIC 红皮书）。

2）《电气和机械工程合同条件》（FIDIC 黄皮书）。

3）《业主 / 咨询工程师标准服务协议书条件》（FIDIC 白皮书或 IGRA 条款）。

4）《设计 — 建造与交钥匙工程合同条件》（橘皮书）。

1999 年版的 FIDIC 合同条件也包括四种：

1）《施工合同条件》（新红皮书）。

2）《生产设备和设计 — 建造合同条件》（新黄皮书）。

3）《设计采购施工（EPC）/ 交钥匙工程合同条件》。

4）《简明合同格式》。

FIDIC 合同条件是国际咨询工程师联合会与欧洲国际建筑联合会共同编制的，现行本为 1987 年第四版的 1992 年及 1995 年再修订版，1999 年又出版了新的合同条件，它是用于土木工程施工承包合同的合同协议，主要规定合同履行中当事人的基本权利和义务，合同履行中的合同管理程序以及监理工程师的职责和权力。

◇ 二、FIDIC 合同条件的特点

FIDIC 合同条件的特点表现为：

1）此合同条件是经济、法律、技术三方面内容的统一体。

2）内容及条款表达严密，应用性强，FIDIC 内容全面、文字严谨，但有点过于烦琐。

3）制度严密。具体表现在：实行施工监理制度，实行合同担保制度，实行工程保险制度。推行施工监理、投保和担保三大制度，有利于合同正常履行，对于质量、费用、进度的监理和控制都有良好的作用。

4）计价公正。它的条款里使用的是单价合同，包含部分总价，加计日工，暂定金，少量凭证支付的计价方式，从而使合同更加公正。

5）合同风险划分的公平性。具体表现为：对那些属于承包商在施工中即使是加强了管理也仍然无法避免和克服的风险，一律划为业主承担，这样增强了合同的公平性，而承包商不必考虑这部分风险成本，有利于降低工程造价。

按 FIDIC 条款签订的合同有利于保证质量、进度，降低工程造价，以及可能更好地保证合同正常履行。凡是应用 FIDIC 条件作为合同条件的工程，必须是业主、承包商以及监理工程师构成合同的三方时，才能使用。

✔️ 三、FIDIC 合同条件的基本规定

1. FIDIC 合同所涉及的范围及人员

（1）世界银行　世界银行包括国际复兴开发银行（IBRD）和国际开发协会（IDA）。实际上世界银行还有三个组织：国际金融公司（IFC）、解决投资争端国际中心（ICSID）、多边投资担保机构（MIGA），但与 FIDIC 条款有关的只有前两个组织。国际复兴开发银行提供的为有息贷款，习惯称为硬贷款。而国际开发协会提供的是无息贷款（软贷款），只有贷款国年人均收入低于协会指定的标准，才能够获得无息贷款。

（2）业主　业主也称为雇主，是工程项目的提出者，组织认证立项者，是将来组织项目生产、经营和负责偿还债务的责任人。

（3）项目监理　工程监理制度是一种把工程技术、工程经济和相关法律融为一体的全方位、全过程的动态工程管理模式。在 FIDIC 条款中把执行土木工程监理任务的单位（或机构）加以人格

化后，英文称为 Engineer。这是受业主委托提供监理服务并且有监理资质的法人，或其合法继承人，或其合法受让人。但也有时指由监理单位根据合同派驻到项目所在地履行监理服务的机构。

（4）承包商 承包商是指其投标已被发包商所接受，并履行了合同签约，提交了合同保证金的投标人，是为业主发包工程提供服务的那些公司。简单地说，承包商就是直接与业主签订施工承包合同的那个法人。

承包商的形式有总承包商、独立承包商、分包商、联营体。联营体指联合承包的承包工程实体，每个联营体应有自己的名称，订有联营体章程。被承包商授权的承包商代表称为承包方项目经理。

2. FIDIC 条款所指的合同及其条款

（1）FIDIC 条款所指的合同 FIDIC 条款所指的合同是指整个施工承包文件的全部内容，土木工程合同文件按"前款优先"原则进行解释。承包商在签署合同协议书后，编制的施工进度计划和施工中监理工程师签发的用于工程施工的"工程师图纸"没有进入合同文件，但也应视为合同文件的组成部分，对合同双方具有合同约束力。

（2）FIDIC 条款所指的合同条款 FIDIC 条款所指的合同条款里的投标报价通常是由总价支付部分、单价支付部分、暂定金部分、计日工部分和凭证报销部分（保险费有时也采用）组成的。我们称这种计价的形式为"单价为主，加部分总价，加计日工、暂定金，加少量凭证支付的传统计价形式"。

1）单价支付部分。

①单价合同是工程承包合同中最常使用的。投标是对于工程量清单中给出的每一个细目，无论其工程量是否列明，都必须逐一填写单价和总额价，如果出现承包商在合同工程量中没有填入单价和总额价，即按 FIDIC 条款的规定，视其为已包括在工程量清单的其他单价和总额价之中了。

②凡是没填入单价和总额价的细目，就不得给予支付。一般情况下，承包商不得要求变动单价（有固定单价和可调单价之分），由于各投标人在投标中使用的工程量是一致的，其报价属于竞争性报价。

2）总价支付部分。为了更好地执行合同，通常将一部分细目采用总价支付。常用于总价支付的细目有：进出场、监理工程师的驻地建设、掘除、水下围堰。

3）计日工单价、计日工总价。计日工可以用来支付在施工中遇到的，在工程量清单中没有合适项目的零星工作，或用于支付工程变更所发生的款项。它是招标文件中由业主在计日工表中填入劳务工人与承包商设备的计日工投标计价名义数量，承包商在投标时应填入各种劳务人工的"工—日"单价与各种承包商设备的"台—时"单价。这些单价是具有竞争性的单价。在合同的实施过程中，如果监理工程师认为有必要，便可以用计日工去支付任何工程变更发生的款项，以及一些小规模的性质不明的工程，或完成工程项目所必需的附属工程。

4）暂定金。暂定金是合同中包含的一项款项，在工程量清单中以该名义列出，供工程在任何部分的施工或货物、材料、设备或服务的供应，或供不可预见费用之用，这项金额可按工程师的指示，全部或部分使用或根本不予动用。用于支付"给定分包工程"的工程费，如果有在招标时尚未能确定工程量的项目时，可以招标文件中暂时给定一个工程款额，留作不可预见费。

5）费用。费用是指在现场内外已发生的所有正当的开支，包括管理费可分摊的费用，但不包括利润。

6）动员预付款。动员预付款是由业主在合同生效后预付给承包商用于支付在工程开始时与本工程有关的无息贷款。动员预付款应当由业主从以后付给承包商的月进度款中陆续扣回，扣款的开始日期（称为起扣点），定在其进度款的累计支付额达到了合同总额的20%之后的那个月起，扣款的结束日期定在合同规定的完工日期前三个月为止。

7）材料预付款。是对于由承包人购进的，将用于永久工程的材料，若在合同中规定可以提供"材料预付款"的，则可由业主在收到工程师出具的"材料预付款支付证书"的当月月支付中，提供给承包商一笔数额为材料价款75%的无息贷款。

8）现金流量估算表。现金流量估算表是承包商接到中标通知书后，在合同专用条款中所规定的时间内，应当向监理工程师提供的一份详细的、按每季度估计的承包商将要得到的工程进度款的现金流动计划，以方便业主安排筹措款项，保证为工程提供资金。

FIDIC 合同条件规定，承包商应向监理工程师提交一份较为详细的季度现金流量估算以供参考，此现金流量估算为承包商根据合同有权得到的所有支付金额。而且如果工程师要求，承包商应每季度调整一次。在投标书附录中规定的日期内，最初的现金流量估算表应与工程施工进度计划一起提交。

9）计量。计量是指对承包商已完成的工程进行测量计算及由工程师给予确认的过程。监理工程师是工程量的负责人，只有监理工程师确认的工程量才是支付的依据。合同执行过程中所发生的工程变更、计日工、临时工程等均必须进行计量。

工程实施时要通过测量来核实实际完成的工程量并据以支付价款。工程师测量时应通知承包商一方派人参加，如承包商未能派人参加测量，应承认工程师测量数据是正确的。也可以在工程师的监理下，由承包商进行测量，工程师审核签字确认。测量方法应事先在合同中确定。如果合同没有特殊规定，工程均应测量净值。

10）支付。支付是监理工程师确认业主应付给承包商的款项，并由业主予以支付的过程。没有工程师签发的证书，承包商不能得到工程款。

（3）FIDIC 条款中的词语含义

1）工程：指永久性工程、临时性工程中二者之一。

2）设备：指预定构成或构成永久性工程一部分的机械、装置等。

3）承包商的装备：是指所有为实施并完成合同工程和修复合同工程的缺陷所需的任何性质的机械、机具、物品，不含临建和已构成永久性工程一部分的设备、材料或其他物品。

4）现场：指由业主在合同实施所在地提供给承包商用于工程施工的场所，以及在合同中可能明确的具体指定为构成现场的一部分的任何场所。可以通过技术规范和施工图对施工现场附现场界限图，对详细细节加以布局和说明。

5）区段：在合同中具体指定，是作为合同工程一部分的工程区段（标段，合同段）。

（4）合同工期　合同工期是指承包商在投标书附录中所规定的，并能合格地通过合同中规定的竣工检验的时间。如果工程师签发了竣工时间的延长，应考虑延长期在内的相应时间。

1）开工通知令：是监理工程师控制工程进度的一种手段，是签证业主已经按期完成（或未能如期完成）开工前的义务，证明合同工期从哪天开始，证明承包商履行义务的起算和判定承包商工期延误的依据。

2）工程开工日期：是总监理工程师发出的开工指令中所规定的日期，或者是合同中已写明的日期。

3）竣工时间：指从开工日期算起，加上上述合同工期的时间之后，得出的工期。

4）缺陷责任期：从发给移交证书之日起算，缺陷责任的期限以投标书附录中规定的时间为依据（一般为一年），办发移交证书后，业主应返还一半保留金给承包商。

3．FIDIC 合同条款的风险划分、保险及其担保

（1）风险的划分　在土木工程施工中，风险与成功总是相伴而行的。FIDIC 条款中公平之处是对于那些属于承包商在施工中即使加强了管理仍然无法避免和克服的风险一律划归业主承担，由此增大了合同的公平性，凡是不属于划分给业主的风险，则都是属于承包商的风险。

（2）条款中业主的风险

1）不可抗力引起的风险，包括社会动乱（人祸）和自然力（天灾）。

2）业主占用现场的风险。

3）非承包商承担的设计出现设计错误的风险。

4）不可预见事件的风险，包括后继法规、货币及汇率的变化，物价变动，不可预见的障碍或自然条件，在施工中遇到化石、文物、矿产、古迹等需要停工处理的风险。

5）合同出错的风险。

6）监理工程师决定引起的风险。

（3）条款中承包商的风险　自开工之日起，至颁发缺陷责任书之日止，人员伤亡及财产（包括工程本身、设备、材料和施工机械，但不限于此）的损失或损坏，只要不是业主的风险，则均为承包商的风险，具体如下：

1）对招标文件理解的风险。

2）招标前对现场调查完备性、正确性的风险。

3）招标时招标报价完备性、正确性的风险。

4）按施工方案施工的安全性、完备性、正确性和效率性的风险。

5）合同中承包商采购材料、设备的采购风险。

6）工程质量和工程进度的风险。

7）承担承包商自己确定的分包商、供应商、雇员的工作过失的风险。

（4）合同条件规定的保险公司投保制度

1）土木工程保险分为强制性保险和自愿保险两类。凡属于合同中规定的保险项目都属于强制性必须投保的险种，主要有工程一切险（保险费费率 1.5‰～5‰）、第三方责任险（保险费费率 2.5‰～3.5‰）、承包商施工装备险、承包商职工人身责任险（保险费费率 2.5‰～7‰）；承包商根据自身的利益，在他认为购买该险种对自己在转移风险实施必要的，完全自主决定是否购买的险种，属于自愿保险。

土木工程保险还有一个特点，就是保险公司要求投保人根据其不同的损失，自付一定的责任，也就是说，保险公司不是全额赔偿的。

2）投保制度的作用。在工程发包与承包的各阶段，难免不遇风险，购买保险就是将风险转移给社会的办法。当购买了保险的投保人，一旦遇到了承包范围内规定的自然灾害或意外事故，并造成财产损失和人员伤亡时，投保人可以向保险公司（责任方）提出索赔，用以保障投保人抵御风险的能力。

（5）FIDIC 合同条件中的担保制度

我国的担保法对各类不同的合同，规定了合同担保形式为定金、质押、抵押、保证金、留置权五种。FIDIC 合同条件所规定的履约阶段的担保形式有履约担保金、预付款保证金（含动员及材料预付款保证金）、保留金和留置权。

本项工作内容清单

序号	工作内容	
1	项目合同评审	招标文件分析
		投标文件分析
		合同审查
2	项目合同实施	制订合同实施计划
		合同实施控制
3	项目索赔	分析索赔产生的原因
		提出索赔要求
		收集索赔的证据
		编制索赔文件
		审查索赔文件
		报送索赔资料
4	反索赔	分析索赔报告
		编制反索赔报告
5	解除或终止合同	
6	对合同签订和执行情况进行评价	

第四章

项目采购管理

| 第一节　项目采购管理概述 |

✓ 一、项目采购的定义

在现代项目管理的理论中，采购被赋予了更加广泛的内容，即货物、工程与咨询服务的采购。采购模式直接影响项目管理模式。

项目采购意义不同于一般概念上的商品购买，它包含着以不同的方式通过努力从系统外部获得货物、土建工程和服务的整个采办过程。因此，世界银行贷款中的采购不仅包括采购货物，而且还包括雇佣承包商来实施土建工程和聘用咨询专家来从事咨询服务。

✓ 二、项目采购的类型

1. **按采购内容划分**

（1）**土建工程采购**　土建工程采购也是有形采购，是指通过招标或其他商定的方式选择工程承包单位，即选定合格的承包商承担项目工程施工任务。

（2）**货物采购**　货物采购属于有形采购，是指购买项目建设所需的投入物，如建筑材料（钢材、水泥、木材等），并包括与之相关的服务，如运输、保险、安装、调试、培训、初期维修等。

此外，还有大宗货物，如包装材料、机械设备、文体用品、计算机等专项合同采购，它们采用不同的标准合同文本，可归入上述采购种类之中。

（3）**咨询服务采购** 咨询服务采购不同于一般的货物采购或工程采购，它属于无形采购。咨询服务的范围很广，大致可分为以下四类：

①项目投资前期准备工作的咨询服务，如项目的可行性研究、项目现场勘察、设计等业务。

②工程设计和招标文件编制服务。

③项目管理、施工监理等执行性服务。

④技术援助和培训等服务。

2. **按采购方式划分**

（1）**招标采购** 招标采购主要包括国际竞争性招标、有限国际招标和国内竞争性招标。

（2）**非招标采购** 非招标采购主要包括国际、国内询价采购（或称"货比三家"），直接采购，自营工程等。

一般采购的业务范围包括：

①确定所要采购的货物或土建工程，或咨询服务的规模、种类、规格、性能、数量和合同或标段的划分等。

②市场供求现状的调查分析。

③确定招标采购的方式——国际/国内部分性招标或其他采购方式。

④组织进行招标、评标合同谈判和签订合同。

⑤合同的实施和监督。

⑥合同执行中对存在的问题采取的必要行动或措施。

⑦合同支付。

⑧合同纠纷的处理等。

✓ 三、项目采购的程序

采购工作开始于项目选定阶段，并贯穿于整个项目周期。项目采购与项目周期需要相互协调。在实际执行时，项目采购与项目周期两者之间的进度配合并一定都能按理想的情况完全协调一致，为了尽量保持项目采购与项目周期两者之间的协调一致，在项目准备与预评估阶段尽快确定采购方式、合同标段划分等，尽早编制资格预审文件、进行资格预审、编制招标文件等，做到在项目评估结束、货款生效之前，完成招标、评标工作。项目周期与采购程序之间的关系如图 4-1 所示。

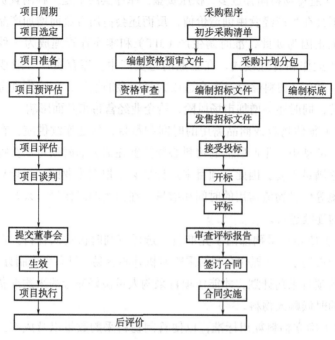

图 4-1　项目周期与采购程序之间的关系

第二节　项目采购计划

☑ 一、项目采购计划概述

项目采购计划是根据市场需求、企业的生产能力和采购环境容量等确定采购的时间、采购的数量以及如何采购的作业。项目采购计划是建筑企业年度计划与目标的一部分。而制订项目采购计划是整个采购管理工作的第一步。

施工企业制订项目采购计划主要是为了指导采购部门的实际采购

工作，保证产销活动的正常进行和企业的经营效益。因此，一项合理、完善的项目采购计划应达到以下目的：

1）避免物料储存过多，积压资金。库存实质上是一种闲置资源，不仅不会在生产经营中创造价值，反而还会占用资金而增加产品的成本。也正因为如此，准时制生产（JIT）和零库存管理成为一种先进的生产运作和管理模式。在企业的总资产中，库存资产一般要占到20%～40%。物料储存过多会造成大量资金的积压，影响到资金的正常周转，同时还会增加市场风险，给企业经营带来负面影响。

2）预估物料或商品需用的时间和数量，保证连续供应。在企业的生产活动中，生产所需的物料必须能够在需要的时候可以获得，而且能够满足需要。因此，项目采购计划必须根据企业的生产计划、采购环境等估算物流需用的时间和数量，在恰当的时候进行采购，保证生产的连续进行。

3）使项目采购部门事先准备，选择有利时机购入物料。在瞬息万变的市场上，要抓住有利的采购时机并不容易，只有事先制订完善、可行的项目采购计划，才能使项目采购人员做好充分的采购准备，在适当的时候购入物料。

4）确立物料耗用标准，以便管制物料采购数量以及成本。通过以往经验及对市场的预测，项目采购计划能够较准确地确立所要规格、数量、价格等标准，这样可以对采购成本、采购数量和质量进行控制。

5）配合企业生产计划与资金调度。项目采购活动与建筑企业生产活动是紧密相关联的，是直接服务于生产活动的。因此，项目采购计划一般要依据生产计划来制订，确保采购适当的物料满足生产的需要。

✅ 二、项目采购计划编制依据

项目采购计划编制依据有项目合同、设计文件、采购管理制度、项目管理实施规划（含进度计划）、工程材料需求或备料计划。

✅ 三、项目采购计划的内容

产品的采购应按计划内容实施，在品种、规格、数量、交货时间、地点等方面应与项目计划相一致，以满足项目需要。项目采购计划应包括以下内容：

1）项目采购工作范围、内容及管理要求。

2）项目采购信息，包括产品或服务的数量、技术标准和质量要求。

3）检验方式和标准。

4）供应方资质审查要求。

5）项目采购控制目标及措施。

✓ 四、项目采购调查

一个企业组织项目采购调查的方法有：指定专职工作人员负责此工作；组织正式的采购及管理人员兼职进行采购调查；让对调查过程具有广泛知识的跨职能的信息团队进行调查。

1. 商品调查

在制订项目采购计划之前，有必要进行实地的商品调查。因为商品调查有助于对一个主要的采购商品未来长期及短期的采购环境做出预测。这些信息构成了制定正确决策及现有采购管理方法的基础，并且为最高管理部门提供了有关这些货物未来供应与价格的相对完整的信息。

通常来说，商品调查的焦点集中在那些需要大宗采购的货物上，但也运用于那些被认为严重供应短缺的小笔采购货物中。主要的原材料，例如钢筋、水泥及混凝土浇灌设备，通常也是调查的对象；另外一些产品，如木材或装修装饰材料，也可能是调查的对象。

2. 所购材料、产品或服务的调查

所购材料、产品或服务的调查，即价值分析，是将所购货物所体现的功能与其成本相比较，从而找到成本更低的替代品的过程。

价值分析的第一步是选择一种零件、原材料或服务进行分析，然后组织一个跨职能的价值分析小组，最后用一个动宾词组定义货物或服务的功能。

价值分析技术同样也适用于服务。价值分析技术与处理信息及通信的电子方法相结合，形成了流程再造的基础。

因此，价值分析是削减采购成本的一种有效方法。项目采购部

门可以根据需采购货物各方面的详细信息在替代品之间做出明智的选择，从而更有效地利用采购资金。

3. 采购系统调查

尽管对所购货物及可能的供应商有足够的了解，对在采购活动中获取最大的价值很重要，但不能确保采购会以最有效的方式进行。采购系统调查主要包括以下几个方面：

（1）**总订单** 通过调查采购合同、分析采购杠杆作用和减少管理费用的方式，并利用长期协议作为手段，确保持续供应可能会特别有效。

（2）**货物总体成本** 用于确认涉及采购成本、管理成本和占有成本等每件货物成本的所有方面的一套系统和方法。

（3）**付款或现金折扣的程序** 调查和改进向供应商付款或采用现金折扣的系统。

（4）**供应商追踪系统** 建立一套程序化系统，项目采购部门可以定期获取或收集来自供应商控制的关于材料状况或订单完成进度的信息。这些信息能够对供应商的业务完成情况进行追踪，从而保证订单更及时地完成。

（5）**收货系统** 出于付款的需要，收货系统可用以证明供应商交货的数量。该系统可以在货物或材料确定没有收到时，作为领料部门通知供应商装运的证明。

（6）**少量或紧急采购系统** 少量或紧急采购系统是项目采购部门为处理少量和紧急订单而设计的一种新颖方法，以便以最低的管理成本实现采购需要。

（7）**系统合约** 为满足建筑公司每年对特定货物的需求，调查单一供应商或一组供应商并与之签订维护、修理及辅助用料合约。供应商甚至可以按采购方的要求储备货物。

（8）**与供应商的数据共享** 确定供应商和采购商材料信息交换的领域，例如用途、需求预测、生产率、时间安排、报价及存货，这样对双方都有利。通常是建立采购商—供应商计算机信息交换系统，以便定期交换信息。

（9）**评价采购人员绩效方法** 建立衡量采购人员工作绩效的系统。

（10）**评价采购部门绩效方法** 建立将采购部门共同努力的实际

绩效与先前确定的标准相比较的系统，在此评价的基础上，可以采取一些行动去纠正不足。

（11）评价供应商绩效的方法　建立一个系统来评价供应商是否履行了他们的责任，最终数据对于重新制定采购决策很关键，并可据此将需改进的方面反馈给供应商。

✅ 五、项目采购需求分析

确定项目采购需求是整个采购动作的第一步，也是进行其他采购工作的基础。因此，项目采购需求分析的目的就是要弄清楚需要采购什么、采购多少的问题。采购管理人员应当分析需求的变化规律，根据需求变化规律，主动地满足施工工地需要。即不需施工队长自己申报，项目采购管理部门就能知道施工什么时候需要什么品种、需要多少，因而可以主动地制订采购计划。

作为采购工作第一步的需求分析是制订订货计划的基础和前提，只要企业知道所需的物资数量，就可以适时适量地进行物资供应。

对于在单次、单一品种需求的情况下需求分析是很简单的，需要什么、需要多少、什么时候需要的问题，非常明确，不需要进行复杂的需求分析。通常说的采购活动，有很多是属于这样的情况的。在项目采购中，采购人员通常都是接到一个已经做好了的采购单，上面都写好了要采购什么、采购多少、什么时候采购，采购人员只要拿着单子去办就行了，根本就不需要进行需求分析。但是，那张已经做好了的采购单是怎么来的？实际上是别人进行需求分析后替他们做出来的。因此，项目采购人员要了解要求，分析要求。

需求分析，涉及全厂各个部门、各道工序、各种材料、设备和工具以及办公用品等各种物资。其中最重要的是生产所需的原材料，因为它的需求量最大，而且持续性、时间性很强，直接影响生产的正常进行。

项目采购管理部门至少做一次彻底的需求分析。因为光靠底下部门的报表，不免相互之间有遗漏，而且不一定符合采购部门要求。

需求分析要求项目采购人员具备全面知识。项目采购人员首先要有生产技术方面的知识，包括生产产品和加工工艺的知识，会看图纸，会根据生产计划以及生产加工图推算出物料需求量。其次要有数理、统计方面的知识，会进行物料性质、质量的分析，会进行大量的统计分析。还要有管理方面的知识，因为，需求分析是一项非常重要且比较复杂的工作，是搞采购工作必须具备的基本条件。只有做好需求分析工作，才能保证采购管理能够主动科学地进行。

✓ 六、项目采购计划的编制

市场的瞬息万变、采购过程的繁杂，使得采购部门要制订一份合理、完善、有效指导采购管理工作的项目采购计划并不容易。因此，采购部门应对项目采购计划工作给予高度的重视，它不仅要拥有一批经验丰富、具有战略眼光的采购计划人员，还必须抓住关键的两点：知己知彼，群策群力。

1）广开言路，群策群力。许多采购单位在制订项目采购计划时，常常仅由采购经理来制订，没有相关部门和基层采购人员的智慧支持，而且缺乏采购人员的普遍共识，致使项目采购计划因不够完善而影响采购工作的顺利进行。因此，在编制项目采购计划时，不应把项目采购计划作为一家的事情，应当广泛听取各部门的意见，以使项目采购计划真正切入企业的实际，适应市场变化的脉搏。

2）认真分析企业自身情况。在制订项目采购计划之前，必须要充分分析企业自身实际情况，如企业在行业中的地位、供应商的情况、生产能力等，尤其要把握企业长远发展计划和发展战略。只有充分了解企业自身的情况，制订出的项目采购计划才最可能是切实可行的。

3）进行充分的市场调查，收集翔实的信息。在制订项目采购计划时，应对企业所面临的市场进行认真的调研，调研的内容应包括经济发展形势、与采购有关的政策法规、行业发展状况、竞争对手的采购策略以及供应商的情况等。否则，制订的计划无论理论上多合理，都可能经不起市场的考验，要么过于保守造成市场机会的丧失和企业可利用资源的巨大浪费，要么过于激进导致计划不切实际、无法实现，而成为一纸空文。

4）在制订项目采购计划时，要把货物、工程和咨询服务分开。编制项目采购计划时应注意以下问题：

①采购设备、工程或服务的规模和数量，以及具体的技术规范与规格，使用性要求。

②采购时分几个阶段或步骤，哪些安排在前面，哪些安排在后面，要有先后顺序，且要对每批货物中工程从准备到交货或竣工需要多长时间做出安排。一般应以重要的控制日期作为里程碑式的横道图或类似图表，如开标日、签约日、开工日、交货日、竣工日等，并应定期予以修订。

③货物和工程采购中的衔接。

④如何进行分包或分段，分几个包或合同段，每个包或合同段中含哪些具体工程或货物品目。

⑤采购工作如何进行组织协调等。采购工作时间长、敏感性强、支付量大、涉及面广，比如工程采购中业主的征地拆迁工作，配套资金的到位等都与各级政府部门关系密切；与设计部门、监理部门的协调工作，合同管理工作，也占很大比例。组织协调工作的好坏，对项目的实施有很大影响。

◇ 七、发出采购订单

（1）**确认项目质量需要标准** 订单人员与供应商的日常接触时间有时大大多于认证人员。如供应商实力发生变化，决定前一订单的质量标准是否需要调整时，订单操作作为认证环节的监督部门应发挥应有的作用，即实行项目采购质量需求标准确认。

（2）**确认项目的需求量** 订单计划的需求量应等于或小于采购环境订单容量。经验丰富的订单人员即使不查询系统也能知道，如果大于则提醒认证人员扩展采购环境订单容量。另外，对计划人员的错误操作，订单人员应及时提出自己的修改意见，以保证订单计划的需求量与采购环境订单容量相匹配。

（3）**价格确认** 项目采购人员在提出"查订单"及"估价单"时，为了决定价格，应汇总出"决定价格的资料"。同时，为了了解订购经过，采购人员也应制作单行簿。决定价格之后，应填列订购单、订购单兼收据、人货单、验收单及接受检查单、货单等。这些单据应记载的事项包括交货期限、订购号码、交易对象号码（用计算机处理的号码）、交易对象名称、单位、数量、单价、合计金额、资材号码（资材的区分号码）、品名、图面及设计书号码、交货日期、发行日期、需要来源（要写采购部门的名称）、制造号码、交货地点、摘要（图面、设计书简要的补充说明）。

（4）查询采购环境信息系统　订单人员在完成订单准备之后，要查询采购环境信息系统，以寻找适应本次项目采购的供应商群体。认证环节结束后会形成公司物料项目的采购环境，其中，对于小规模的采购，采购环境可能记录在认证报告文档上；对于大规模的采购，采购环境则使用信息系统来管理。一般来说，一项项目采购有3家以上的供应商，特殊情况下也会出现一家供应商，即独家供应商。

（5）制定订单说明书　订单说明书主要内容包括说明书，即项目名称、确认的价格、确认的质量标准、确认的需求量、是否需要扩展采购环境订单容量等方面，另附有必要的图纸、技术规范、检验标准等。

（6）与供应商确认订单　在实际采购过程中，采购人员从主观上对供应商的了解需要得到供应商的确认，供应商组织结构的调整、设备的变化、厂房的扩建等都影响供应商的订单。项目采购人员有时需要进行实际考察，尤其注意谎报订单容量的供应商。

（7）发放订单说明书　既然确定了项目采购供应商，就应该向他们发放相关技术资料。一般来说，采购环境中的供应商应具备已通过认证的物料生产工艺文件，因此，订单说明书就不要包括额外的技术资料。供应商在接到技术资料并分析后，即向订单人员做出"接单"还是"不接单"的答复。

（8）制作合同　拥有采购信息管理系统的建筑企业，项目采购订单人员就可以直接在信息系统中生成订单，在其他情况下，需要订单制作者自行编排排印。

订购单内容特别侧重交易条件、交货日期、运输方式、单价、付款方式等。根据用途不同，订购单的第一联为厂商联，作为厂商交货时的凭证；第二联是回执联，由厂商确认后寄回；第三联为物料联，作为控制存量及验收的参考；第四联是请款联，可取代请购单第二联或验收单；第五联是承办联，制发订购单的单位自存。

第三节 项目采购控制

一、项目采购作业控制

1）选用有经验、处理问题能力强、活动能力强、身体好的人担任此项工作。这项工作要处理各种各样的问题，项目采购人员要接触各种各样的人、要熟悉运输部门的业务和各种规章制度，没有一定能力的人，难以胜任此项工作。

2）事前要进行周密策划和计划，对各种可能出现的情况制定应对措施，要制定切实可行的物料进度控制表，对整个过程实行任务控制。

3）做好供应商的按期交货、货物检验工作。这是项目采购部门与供应商的最后物资交接，是物资所有权的完全性转移。交接完毕，供应商就算完全交清了货物，项目采购部门就已经完全接收了货物。所以这次交接验收一定要严格地在数量上、质量上把好关，做好数量准确、质量合格。要有验收记录，并且准确无误，要留下原始凭证，例如磅码单、计量记录等。验收完毕，双方签字盖章。

4）发货。接收的货物，要妥善包装，每箱要有装箱清单，装箱清单应该一式两份，箱内1份，货主留1份。在有些情况下还要在箱外贴物流条码，安全搬运上车，每个都要合理堆码，固紧，活塞填充物，防止运输途中发生碰撞、倾覆而导致货物受损。车厢装满以后，还要填写运单。办好发运手续，并且在物料进度控制表中填写记录，做好商业记录，督促运输商按时发车。

5）运输途中控制。最好跟车押运。如果不能跟车，也要和运输部门取得联系，跟踪货物运行情况。无论跟车或不跟车，都要随时掌握物料运输进度，并且记录物料进度控制表，做好记录。

6）货物中转。运输途中，可能会因运输工具改变、运输路段改变而需要中转。中转有不同情况，有的是整车重新编组以后再发运，有的是要卸车、暂存仓库一段时间后再装车发运。中转点最容易发生问题，例如，整车漏挂、错挂、卸车损坏、错存、错装、少装、延时装车、延时发运等，所以，最好亲自前往监督。并填写好物料控制进度表，做好商业记录。

7）购买方与运输方的交接。货物运到家门口，购买方要从运输方手中接收货物。这个时候，要做好运输验收。这个验收主要是看有没有包装箱受损、开箱、缺少、货物散失等。如果包装箱完好无损，数量不少，就可以接收。如果包装箱受损、遗失或货物散失，就要弄清楚受损或遗失的数量，并且做好商业记录，双方认证签字，凭此向运输方索赔。

8）进货责任人与仓库保管员的交接，即入库。这是采购中最实质性的一环。它是采购物资的实际接收关。验收入库完毕，货物就完全成为企业的财产，这次采购任务也基本结束。因此，要严格做好入库验收工作。数量上要认真清点，质量上要认真检查，按实际质量标准登记入账。验收完毕，双方在验收单上签字盖章。进货管理人员要填写物料进度控制表，做好商业记录。

至此，项目采购进货管理工作宣告结束。进货管理人员的物料控制进度表和商业记录应当存档，以备工作总结、取证查询之用。

二、项目采购进料验收工作内容

1. 待收料

物料管理收料人员于接到项目采购部门转来已核准的"订购单"时，按供应商、物料交货日期分别依序排列存档，并于交货前安排存放的库位，以方便收料作业。

2. 收料

（1）内购收料　材料进入施工现场后，收料人员必须依"订购单"的内容，并核对供应商送来的物料名称、规格、数量和送货单及发票并清查数量无误后，将到货日期及实收数量填记于"订购单"，办理收料。如果发觉所送来的材料与"订购单"上所核准的内容不符时，则应及时通知项目采购部门处理。原则上非"订购单"上所核准的材料不予接收，如果采购部门要收下该材料时，收料人员应告知主管，并于单据上注明实际收料状况，并会签采购部门。

（2）**外购材料** 材料进入施工现场后，物料管理收料人员即会同检验单位依"装箱单"及"订购单"开柜（箱）核对材料名称、规格并清点数量，并将到货日期及实收数量填入"订购单"。开柜（箱）后，如果发觉所载的材料与"装箱单"或"订购单"所记载的内容不同时，通知办理进货人员及采购部门处理。当发觉所装载的物料有异常时，经初步计算损失将超过5000元以上者（含5000元），收料人员及时通知采购人员联络公证处前来公证或通知代理商前来处理，并尽可能维持其状态以利公证处作业；未超过5000元者，依实际的数量办理收料，并于"采购单"上注明损失数量及情况；对于由公证处或代理商确认，物料管理收料人员开立"索赔处理单"呈主管核实后，送会计部门及采购部门督促办理。

（3）**材料待验** 进入施工现场待验的材料，必须于物品的外包装上贴上材料标签并详细注明料号、品名规格、数量及进入施工现场日期，具与已检验者分开储存，并规划"待验区"作为分区。收料后，收料人员应将每日所收料品汇总填入"进货日报表"，作为入账清单的依据。

（4）**超交处理** 交货数量超过"订购量"部分应予退回，但属买卖惯例，以重量或长度计算的材料，其超交量的3%以下，由物料管理部门于收料时，在备注栏注明超交数量，经请购部门主管同意后，始得收料，并通知采购人员。

（5）**短交处理** 交货数量未达订购数量时，以补足为原则，但经请购部门主管同意后，可免补交，若需补足时，物料管理部门应通知项目采购部门联络供应商处理。

（6）**急用品收料** 紧急材料于厂商交货时，若货仓部门尚未收到"请购单"时，收料人员应先洽询项目采购部门，确认无误后，依收料作业办理。

（7）**材料验收规范** 为利于材料检验收料的作业，品质管理部门就材料重要性特性等，适时召集使用部门及其他有关部门，依所需的材料品质研究制定"材料验收规范"，作为项目采购及验收的依据。

（8）材料检验结果的处理

1）检验合格的材料，检验人员于物品外包装上贴合格标签，以示区别，物料管理人员再将合格品入库定位。

2）不合验收标准的材料，检验人员于物品外包装上贴不合格标签，并于"材料检验报表"上注明不良原因，经主管核示处理对策并转项目采购部门处理及通知请购单位，再送回物料管理，凭此办理退货，如果是特殊采购则办理收料。

（9）退货作业 对于检验不合格的材料退货时，应开立"材料交运单"并检附有关的"材料检验报表"呈主管签认后，凭此异常材料出厂。

本项工作内容清单

序号		工作内容
1	项目采购计划	项目采购调查
		项目采购需求分析
		项目采购计划的编制
		发出采购订单
2	项目采购控制	项目采购作业控制
		项目采购进料验收

第五章

项目进度管理

| 第一节　项目进度管理概述 |

✓ 一、项目进度管理的概念

项目进度管理是根据工程项目的进度目标，编制经济合理的进度计划，并据以检查工程项目进度计划的执行情况，若发现实际执行情况与计划进度不一致，就及时分析原因，并采取必要的措施对原工程进度计划进行调整或修正的过程。项目进度管理的目的就是实现最优工期，多快好省地完成任务。

项目进度管理是一个动态、循环、复杂的过程，也是一项效益显著的工作。

项目进度管理的一个循环过程包括计划、实施、检查、调整四个过程。

（1）**计划**　计划是指根据施工项目的具体情况，合理编制符合工期要求的最优计划。

（2）**实施**　实施是指进度计划的落实与执行。

（3）**检查**　检查是指在进度计划的落实与执行过程中，跟踪检查实际进度，并与计划进度对比分析，确定两者之间的关系。

（4）**调整**　调整是指根据检查对比的结果，分析实际进度与计划进度之间的偏差对工期的影响，采取切合实际的调整措施，使计划进度符合新的实际情况，在新的起点上进行下一轮控制循环，如此循环进行下去，直到完成施工任务。

通过项目进度管理，可以有效地保证进度计划的落实与执行，减少各单位和部门之间的相互干扰，确保施工项目工期目标以及质量、成本目标的实现。

✅ 二、项目进度管理的原理

项目进度管理是以现代科学管理原理作为其理论基础的，主要有系统控制原理、动态控制原理、弹性原理和封闭循环原理、信息反馈原理等。

1. 系统控制原理

系统控制原理认为，建筑工程项目施工进度管理本身是一个系统工程，它包括项目施工进度计划系统、项目施工进度实施组织系统和项目进度管理组织系统等内容。项目经理必须按照系统控制原理，强化其控制全过程。

（1）**项目施工进度计划系统** 为做好项目施工进度管理工作，必须根据项目施工进度管理目标要求，制订出项目施工进度计划系统。根据需要，计划系统一般包括施工项目总进度计划、单位工程进度计划、分部分项工程进度计划和季、月、旬等作业计划。这些计划的编制对象由大到小，内容由粗到细，将进度管理目标逐层分解，保证了计划控制目标的落实。在执行项目施工进度计划时，应以局部计划保证整体计划，最终达到工程项目进度管理目标。

（2）**项目施工进度实施组织系统** 施工项目实施全过程的各专业队伍都是遵照计划规定的目标去努力完成一个个任务的。施工项目经理和有关劳动调配、材料设备、采购运输等各职能部门都按照施工进度规定的要求进行严格管理、落实和完成各自的任务。施工组织各级负责人，从项目经理到施工队长、班组长及其所属全体成员组成了施工项目实施的完整组织系统。

（3）**项目进度管理组织系统** 为了保证施工项目进度实施，还有一个项目进度的检查控制系统。自公司经理、项目经理，一直到作业班组都设有专门职能部门或人员负责检查汇报，统计整理实际施工进度资料，并与计划进度比较分析和进行调整。当然不同层次人员负有不同进度管理职责，分工协作，形成一个纵横连接的施工项目控制组织系统。事实上有的领导可能是计划的实施者又是计划的控制者。实施是计划控制的落实，控制是计划按期实施的保证。

2. 动态管理原理

项目进度管理随着施工活动向前推进，根据各方面的变化情况，应进行适时的动态控制，以保证计划符合变化的情况。同时，这种动态控制又是按照计划、实施、检查、调整这四个不断循环的过程进行控制的。在项目实施过程中，可分别以整个施工项目、单位工程、分部工程或分项工程为对象，建立不同层次的循环控制系统，并使其循环下去。这样每循环一次，其管理水平就会提高一步。

3. 弹性原理

项目进度计划工期长、影响进度的原因很多，其中有的已被人们掌握，因此要根据统计经验估计出影响的程度和出现的可能性，并在确定进度目标时，进行实现目标的风险分析。在计划编制者具备了这些知识和实践经验之后，编制施工项目进度计划时就会留有余地，使施工进度计划具有弹性。在进行项目进度管理时，便可以利用这些弹性，缩短有关工作的时间，或者改变它们之间的搭接关系，如检查之前拖延了工期，通过缩短剩余计划工期的方法，仍能达到预期的计划目标。这就是项目进度管理中对弹性原理的应用。

4. 封闭循环原理

项目进度管理是从编制项目施工进度计划开始的，由于影响因素的复杂和不确定性，在计划实施的全过程中，需要连续跟踪检查，不断地将实际进度与计划进度进行比较，如果运行正常可继续执行原计划；如果发生偏差，应在分析其产生的原因后，采取相应的解决措施和办法，对原进度计划进行调整和修订，然后再进入一个新的计划执行过程。这个由计划、实施、检查、比较、分析、纠偏等环节组成的过程就形成了一个封闭循环回路。而建筑工程项目进度管理的全过程就是在许多这样的封闭循环中得到有效的不断调整、修正与纠偏，最终实现总目标的。

5. 信息反馈原理

反馈是控制系统把信息输送出去，又把其作用结果返送回来，并对信息再输出施加影响，起到控制作用，以达到预期目的。

建筑工程项目进度管理的过程实质上就是对有关施工活动和进度的信息不断搜集、加工、汇总、反馈的过程。施工项目信息管理中心要对搜集的施工进度和相关影响因素的资料进行加工分析，由领导做出决策后，向下发出指令，指导施工或对原计划做出新的调整、部署；基层作业组织根据计划和指令安排施工活动，并将实际进度和遇到的问题随时上报。每天都有大量的内外部信息、纵横向信息流进流出，因而必须建立健全项目进度管理的信息网络，使信息准确、及时、畅通，反馈灵敏、有力，以便能正确运用信息对施工活动进行有效控制，这样才能确保施工项目的顺利实施和如期完成。

✅ 三、项目进度管理体系

1. 项目进度计划系统的内容

（1）施工准备工作计划　施工准备工作的主要任务是为建筑工程的施工创造必要的技术和物资条件，统筹安排施工力量和施工现场。施工准备工作的内容通常包括技术准备、物资准备、劳动组织准备、施工现场准备和施工场外准备。为落实各项施工准备工作，加强检查和监督，应根据各项施工准备工作的内容、时间和人员，编制施工准备工作计划。

（2）施工总进度计划　施工总进度计划是根据施工部署中施工方案和工程项目的开展程序，对全工地所有单位工程做出时间上的安排。其目的在于确定各单位工程及全工地性工程的施工期限及开竣工日期，进而确定施工现场劳动力、材料、成品、半成品、施工机械的需要数量和调配情况，以及现场临时设施的数量、水电供应量和能源、交通需求量。因此，科学、合理地编制施工总进度计划，是保证整个建筑工程按期交付使用，充分发挥投资效益，降低建筑工程成本的重要条件。

（3）单位工程施工进度计划　单位工程施工进度计划是在既定施工方案的基础上，根据规定的工期和各种资源供应条件，遵循各施工过程的合理施工顺序，对单位工程中的各施工过程做出时间和空间上的安排，并以此为依据，确定施工作业所必需的劳动力、施工机具和材料供应计划。因此，合理安排单位工程施工进度，是保证在规定的工期内完成符合质量要求的工程任务的重要前提。同时，为编制各种资源需求量计划和施工准备工作计划提供依据。

（4）**分部分项工程进度计划** 分部分项工程进度计划是针对工程量较大或施工技术比较复杂的分部分项工程，在依据工程具体情况所制定的施工方案的基础上，对其各施工过程所做出的时间安排。如大型基础土方工程、复杂的基础加固工程、大体积混凝土工程、大型桩基工程、大面积预制构件吊装工程等，均应编制详细的进度计划，以保证单位工程施工进度计划的顺利实施。

此外，为了有效地控制建筑工程施工进度，施工单位还应编制年度施工计划、季度施工计划和月（旬）作业计划，将施工进度计划逐层细化，形成一个旬保月、月保季、季保年的计划体系。

2. 项目进度管理目标体系

项目进度管理总目标是依据施工项目总进度计划确定的。对项目进度管理总目标进行层层分解，便形成实施进度管理、相互制约的目标体系。

项目进度目标是从总的方面对项目建设提出的工期要求，但在施工活动中，是通过对最基础的分部分项工程的施工进度管理来保证各单项（位）工程或阶段工程进度管理目标的完成，进而实现工程项目进度管理总目标的。因而需要将总进度目标进行一系列的从总体到细部、从高层次到基础层次的层层分解，一直分解到在施工现场可以直接调度控制的分部分项工程或作业过程的施工为止。在分解中，每一层次的进度管理目标都限定了下一层次的进度管理目标，而较低层次的进度管理目标又是较高层次进度管理目标得以实现的保证，于是就形成了一个自上而下层层约束，由下而上级级保证，上下一致的多层次的进度管理目标体系，如可以按单位工程或分包单位分解为交工分目标，按承包的专业或施工阶段分解为完工分目标，按年、季、月计划期分解为时间目标等。

◇ 四、项目进度管理目标

在确定施工进度管理目标时，必须全面、细致地分析与建筑工程进度有关的各种有利因素和不利因素，只有这样，才能制定出一个科学、合理的进度管理目标。确定施工进度管理目标的主要依据有建筑工程总进度目标对施工工期的要求、工期定额、类似工程项目的实际进度、工程难易程度和工程条件的落实情况等。

在确定施工进度分解目标时，还要考虑以下几个方面：

1）对于大型建筑工程项目，就根据尽早提供可动用单元的原则，集中力量分期分批建设，以便尽早投入使用，尽快发挥投资效益。这时，为保证每一动用单元能形成完整的生产能力，就要考虑这些动用单元交付使用时所必需的全部配套项目。因此，要处理好前期动用和后期建设的关系，每期工程中主体工程与辅助及附属工程之间的关系等。

2）结合本工程的特点，参考同类建筑工程的经验来确定施工进度目标，避免只按主观意愿盲目确定进度目标，从而在实施过程中造成进度失控。

3）合理安排土建与设备的综合施工。要按照它们各自的特点合理安排土建施工与设备基础、设备安装的先后顺序及搭接、交叉或平行作业，明确设备工程对土建工程的要求和土建工程为设备工程提供施工条件的内容及时间。

4）做好资金供应能力、施工力量配备、物资（材料、构配件、设备）供应能力与施工进度的平衡工作，确保工程进度目标的要求而不使其落空。

5）考虑外部协作条件的配合情况，包括施工过程中及项目竣工动用所需的水、电、气、通信、道路及其他社会服务项目的满足程度和满足时间。它们必须与有关项目的进度目标相协调。

6）考虑工程项目所在地区地形、地质、水文、气象等方面的限制条件。

✅ 五、项目进度管理程序

1）根据施工合同的要求确定施工进度目标，明确计划开工日期、计划总工期和计划竣工日期，确定项目分期分批的开竣工日期。

2）编制施工进度计划，具体安排实现计划目标的工艺关系、组织关系、搭接关系、起止时间、劳动力计划、材料计划、机械计划及其他保证性计划。分包人负责根据项目施工进度计划编制分包工程施工进度计划。

3）进行计划交底、落实责任，并向监理工程师提出开工申请报告，按监理工程师开工令确定的日期开工。

4）实施施工进度计划。项目经理应通过施工部署、组织协调、生产调度和指挥、改善施工程序和方法的决策等，应用技术、经济和管理手段实现有效的进度管理。项目经理部首先要建立进度实施、控制的科学组织系统和严密的工作制度，然后依据工程项目进度管理目标体系，对施工的全过程进行系统控制。正常情况下，进度实施系统应发挥监测、分析职能并循环运行，即随着施工活动的进行，信息管理系统会不断地将施工实际进度信息，按信息流动程序反馈给进度管理者，经过统计整理，比较分析后，确认进度无偏差，则系统继续运行；一旦发现实际进度与计划进度有偏差，系统将发挥调控职能，分析偏差产生的原因及对后续施工和总工期的影响。必要时，可对原进度计划做出相应的调整，提出纠正偏差的方案和实施技术、经济、合同的保证措施，以及取得相关单位支持与配合的协调措施，确认切实可行后，将调整后的新进度计划输入到进度实施系统，施工活动继续在新的控制下运行。当新的偏差出现后，再重复上述过程，直到施工项目全部完成。进度管理系统也可以处理由于合同变更而需要进行的进度调整。

5）全部任务完成后，进行进度管理总结并编写进度管理报告。

第二节 项目流水作业进度计划

一、流水施工的原理

1. 流水施工的概念

流水施工是行之有效的科学组织施工的计划方法，在建筑施工中被广泛应用。它是将拟建工程项目的整个建造过程分解成若干个施工过程，也就是划分成若干个工作性质相同的分部、分项工程或工序；同时将拟建工程项目在平面上划分成若干个劳动量大致相等的施工段；在竖向上划分成若干个施工层，按照施工过程分别建立相应的专业工作队；各专业工作队按照一定的施工顺序投入施工，在完成第一个施工段上的施工任务后，在专业工作队的人数、使用的机具和材料不变的情况下，依次、连续地投入到第二、第三…直到最后一个施工段的施工，在规定的时间内，完成同样的施工任务；不同的专业工作队工作时间上最大限度、合理地搭接起来；当第一个施工层各个施工段上的相应施工任务全部完成后，专业工作队依次、连续地投入到第二、第三…直至最后一个施工层，保证拟建工程项目的施工全过程在时间上、空间上，有节奏、连续、均衡地进行下去，直到完成全部施工任务。

2. 流水施工的特点

1）尽可能地利用工作面进行施工，工期比较短。

2）各工作队实现了专业化施工，有利于提高技术水平和劳动生产率，也有利于提高工程质量。

3）专业工作队能够连续施工，同时使相邻专业队的开工时间能够最大限度地搭接。

4）单位时间内投入的劳动力、施工机具、材料等资源量较为均衡，有利于资源供应的组织。

5）为施工现场的文明施工和科学管理创造了有利条件。

在建筑工程项目施工过程中，采用流水施工所需的工期比依次施工短，资源消耗的强度比平行施工少，最重要的是各专业班组能连续、均衡地施工，前后施工过程尽可能平行搭接施工，能比较充分地利用施工工作面。

3. 流水施工的优越性

流水施工方式是一种先进、科学的施工方式。由于在工艺过程划分、时间安排和空间布置上进行统筹安排，将会体现出优越的技术经济效果。其具体可归纳为以下几点：

1）由于流水施工的连续性，减少了专业工作的间隔时间，达到了缩短工期的目的，可使拟建工程项目尽早竣工，交付使用，发挥投资效益。

2）便于改善劳动组织，改进操作方法和施工机具，有利于提高劳动生产率。

3）专业化的生产可提高工人技术水平，使工程质量相应提高。

4）工人技术水平和劳动生产率的提高，可以减少用工量和施工临时设施的建造量，降低工程成本，提高利润水平。

5）可以保证施工机械和劳动力得到充分、合理的利用。

6）由于工期短、效率高、用人少、资源消耗均衡，可以减少现场管理费和物资消耗，实现合理储存与供应，有利于提高项目经理部的综合经济效益。

✔ 二、流水施工的组织形式

1. 全等节拍流水施工

全等节拍流水施工是指在组织流水施工时，如果所有的施工过程在各个施工段上的流水节拍彼此相等，这种流水施工组织方式称为全等节拍流水施工，也称为固定节拍流水施工或同步距流水施工。

（1）全等节拍流水施工特点

1）所有施工过程在各个施工段上的流水节拍相等。

2）相邻施工过程的流水步距相等，且等于流水节拍。

3）专业工作队数等于施工过程数，即每一个施工过程成立一个专业工作队，由该队完成相应施工过程所有施工段上的任务。

4）各个专业工作队在各施工段上能够连续作业，施工段之间不留空闲时间。

（2）全等节拍流水施工组织步骤

1）确定施工起点及流向，分解施工过程。

2）确定施工顺序，划分施工段。划分施工段时，其数目 m 的确定如下：

①无层间关系或无施工层时，取 $m = n$（n 为实际工作数目）。

②有层间关系或有施工层时，施工段数目 m 分两种情况确定：

a. 无技术和组织间歇时，取 $m = n$。

b. 有技术和组织间歇时，为了保证各专业工作队能连续施工，应取 $m > n$。此时，每层施工段空闲数为 $m-n$，一个空闲施工段的时间为 t，则每层的空闲时间为

$$（m-n）t =（m-n）K \tag{5-1}$$

若一个楼层内各施工过程间的技术、组织间歇时间之和为 $\sum Z_1$，

楼层间技术、组织间歇时间为 Z_2。如果每层的 $\sum Z_1$ 均相等，Z_2 也相等，而且为了保证连续施工，施工段上除 $\sum Z_1$ 和 Z_2 外无空闲，则

$$(m-n)K = \sum Z_1 + Z_2$$

每层的施工段数 m 由上式可得：

$$m = n + \frac{\sum Z_1}{K} + \frac{Z_2}{K} \quad (5\text{-}2)$$

如果每层的 $\sum Z_1$ 不完全相等，Z_2 也不完全相等，应取各层中最大的 $\sum Z_1$ 和 Z_2，并按下式确定施工段数：

$$m = n + \frac{\max(\sum Z_1)}{K} + \frac{\max(Z_2)}{K} \quad (5\text{-}3)$$

3）确定流水节拍，此时 $t_i^j = t$。

4）确定流水步距，此时 $K_{j,\,j+1} = K = t$。

5）计算流水施工工期。

①有间歇时间的全等节拍流水施工。间歇时间是指相邻两个施工过程之间由于工艺或组织安排需要而增加的额外等待时间，包括工艺间歇时间（$G_{j,\,j+1}$）和组织间歇时间（$Z_{j,\,j+1}$）。对于有间歇时间的全等节拍流水施工，其流水施工工期 T 可按下式计算：

$$T = (n-1)t + \sum G_{j,\,j+1} + \sum Z_{j,\,j+1} + mt = (m+n-1)t + \sum G_{j,\,j+1} + \sum Z_{j,\,j+1}$$
$$(5\text{-}4)$$

②有提前插入时间的全等节拍流水施工。提前插入时间（$C_{j,\,j+1}$）是指相邻两个专业工作队在同一施工段上共同作业的时间。在工作面允许和资源有保证的前提下，专业工作队提前插入施工，可以缩短流水施工工期。对于有提前插入时间的全等节拍流水施工，其流水施工工期 T 可按下式计算：

$$T = (n-1)t + \sum G_{j,\,j+1} + \sum Z_{j,\,j+1} - \sum C_{j,\,j+1} + mt$$
$$= (m+n-1)t + \sum G_{j,\,j+1} + \sum Z_{j,\,j+1} - \sum C_{j,\,j+1} \quad (5\text{-}5)$$

6）绘制流水施工进度图。

（3）全等节拍流水施工的应用

【例 5-1】某工程由 A、B、C、D 四个分项工程组成，它在平面上划分为四个施工段，各分项工程在各个施工段上的流水节拍均为 3d。试编制流水施工方案。

【解】根据题设条件和要求，该题只能组织全等节拍流水施工。

1）确定流水步距。

$$K = t = 3d$$

2）计算总工期。

$$T = (m + n - 1)t = (4 + 4 - 1) \times 3d = 21d$$

3）绘制流水施工进度图，如图 5-1 所示。

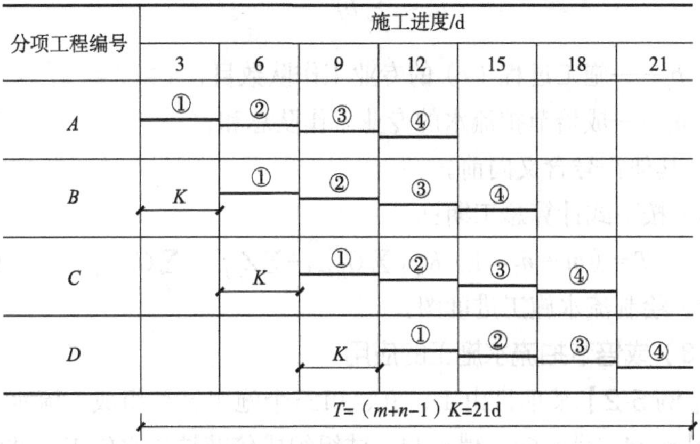

分项工程编号	施工进度/d						
	3	6	9	12	15	18	21
A	①	②	③	④			
B	K	①	②	③	④		
C		K	①	②	③	④	
D			K	①	②	③	④

$$T = (m+n-1)K = 21d$$

图 5-1　全等节拍流水施工进度图

2. 成倍节拍流水施工

（1）成倍节拍流水施工特点

1）同一施工过程在其各个施工段上的流水节拍均相等；不同施工过程的流水节拍不等，但其值为倍数关系。

2）相邻施工过程的流水步距相等，且等于流水节拍的最大公约数（K）。

3）专业工作队数大于施工过程数，即有的施工过程只成立一个专业工作队，而对于流水节拍大的施工过程，可按其倍数增加相应专业工作队数目。

4）各个专业工作队在施工段上能够连续作业，施工段之间没有空闲时间。

（2）成倍节拍流水施工组织步骤

1）确定施工起点流向，划分施工段。

2）分解施工过程，确定施工顺序。

3）按以上要求确定每个施工过程的流水节拍。

4）按下式确定流水步距：

$$K_b = 最大公约数\{各施工过程流水节拍\} \qquad (5-6)$$

式中　K_b——成倍节拍流水的流水步距。

5）按下列公式确定专业工作队数目：

$$b_j = t_i^j / K_b$$

$$n_1 = \sum_{j=1}^{n} b_j \qquad (5-7)$$

式中　b_j——施工过程（j）的专业工作队数目，$n \geq j \geq 1$；

　　　n_1——成倍节拍流水的专业工作队总和；

　　　其他符号含义同前。

6）按下式计算总工期：

$$T = (m + n_1 - 1) K_b + \sum G_{j,j+1} + \sum Z_{j,j+1} - \sum C_{j,j+1} \qquad (5-8)$$

7）绘制流水施工进度图。

（3）成倍节拍流水施工的应用

【**例 5-2**】某项目由Ⅰ、Ⅱ、Ⅲ三个施工过程组成，流水节拍分别为 $t^{Ⅰ} = 2d$，$t^{Ⅱ} = 6d$，$t^{Ⅲ} = 4d$，试组织成倍节拍流水施工，并绘制流水施工进度图。

【**解**】1）由式（5-6）确定流水步距：

$K_b = 最大公约数\{2, 6, 4\} = 2d$。

2）由式（5-7）确定工作队数：

$$b_Ⅰ = t^Ⅰ / K_b = (2/2) 个 = 1 个$$

$$b_Ⅱ = t^Ⅱ / K_b = (6/2) 个 = 3 个$$

$$b_Ⅲ = t^Ⅲ / K_b = (4/2) 个 = 2 个$$

$$n_1 = \sum_{j=1}^{3} b_j = (1 + 3 + 2) 个 = 6 个$$

3）计算施工段数。为了使各专业工作队都能连续工作，取

$$m = n_1 = 6 段$$

4）计算总工期：

$$T = (m + n_1 - 1) K_b = (6 + 6 - 1) \times 2d = 22d$$

5）绘制流水施工进度图，如图 5-2 所示。

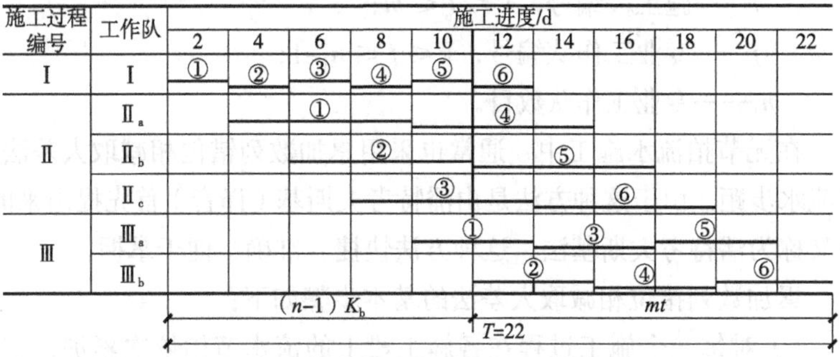

施工过程编号	工作队	施工进度/d										
		2	4	6	8	10	12	14	16	18	20	22
I	I	①	②	③	④	⑤	⑥					
II	II$_a$			①			④					
	II$_b$				②			⑤				
	II$_c$					③			⑥			
III	III$_a$						①		③		⑤	
	III$_b$							②		④		⑥

$(n-1)K_b$ mt

$T=22$

图 5-2 成倍节拍流水施工进度图

3. 无节拍流水施工

（1）无节拍流水施工特点

1）每个施工过程在各个施工段上的流水节拍不尽相等。

2）在多数情况下，流水步距彼此不相等，而且流水步距与流水节拍之间存在着某种函数关系。

3）各专业工作队都能连续施工，个别施工段可能有空闲。

（2）无节拍流水施工组织步骤

1）确定施工起点流向，划分施工段。

2）分解施工过程，确定施工顺序。

3）确定流水节拍。

4）按下式确定流水步距：

$$K_{j,j+1} = \max\left\{ k_i^{j,j+1} = \sum_{i=1}^{i} \Delta t_i^{j,j+1} + t_i^{j+1} \right\} (1 \leq j \leq n_1 - 1; 1 \leq i \leq m)$$

（5-9）

式中 $K_{j,j+1}$——专业工作队（j）与（$j+1$）之间的流水步距；

    max——取最大值；

    $k_i^{j,j+1}$——（j）与（$j+1$）在各个施工段上的"假定段步距"；

    $\sum_{i=1}^{i}$——由施工段（1）至（i）依次累加，逐段求和；

    $\Delta t_i^{j,j+1}$——（j）与（$j+1$）在各个施工段上的"段时差"，即

$$\Delta t_i^{j,j+1} = t_i^j - t_i^{j+1}$$

    t_i^j——专业工作队（j）在施工段（i）的流水节拍；

    t_i^{j+1}——专业工作队（$j+1$）在施工段（i）的流水节拍；

i——施工段编号，$1 \leqslant i \leqslant m$；

j——专业工作队编号，$1 \leqslant j \leqslant n_1-1$；

n_1——专业工作队数目。

在无节拍流水施工中，通常也采用累加数列错位相减取大差法计算流水步距。由于这种方法是由潘特考夫斯基（译音）首先提出来的，故又称为潘特考夫斯基法。这种方法快捷、准确、便于掌握。

累加数列错位相减取大差法的基本步骤如下：

1）对每一个施工过程在各施工段上的流水节拍依次累加，求得各施工过程流水节拍的累加数列。

2）将相邻施工过程流水节拍累加数列中的后者错后一位，相减后求得一个差数列。

3）在差数列中取最大值，即为这两个相邻施工过程的流水步距。

4）按下式计算总工期：

$$T = \sum_{j=1}^{n_1} K_{j,j+1} + \sum_{i=1}^{m} t_i^{n_1} + \sum Z_{j,j+1} + \sum G_{j,j+1} - \sum C_{j,j+1} \qquad （5-10）$$

式中　T——流水施工方案的计算总工期；

$t_i^{n_1}$——最后一个专业工作队（n_1）在各个施工段上的流水节拍；

　其他符号含义同前。

5）绘制流水施工进度图。

【例 5-3】某工厂需要修建 4 台设备的基础工程，施工过程包括基础开挖、基础处理和浇筑混凝土。因设备型号与基础条件等不同，使得 4 台设备（施工段）的施工过程各有不同的流水节拍（单位：周），见表 5-1。

表 5-1　设备基础工程流水节拍

施工过程	施工段			
	设备 A	设备 B	设备 C	设备 D
基础开挖	2	3	2	2
基础处理	4	4	2	3
浇筑混凝土	2	3	2	3

【解】从流水节拍的特点可以看出，本工程应按无节拍流水施工的方式组织施工。

1）确定施工流向由设备 $A \rightarrow B \rightarrow C \rightarrow D$，施工段数 $m = 4$。

2）确定施工过程数 $n = 3$，包括基础开挖、基础处理和浇筑混凝土。

3）采用"累加数列错位相减取大差法"求流水步距。

$$2, \quad 5, \quad 7, \quad 9$$
$$-） \quad 4, \quad 8, \quad 10, \quad 13$$

$$K_{1,2} = \max \{ 2, \ 1, \ -1, \ -1, \ -13 \} = 2$$

$$4, \quad 8, \quad 10, \quad 13$$
$$-） \quad 2, \quad 5, \quad 7, \quad 10$$

$$K_{2,3} = \max \{ 4, \ 6, \ 5, \ 6, \ -10 \} = 6$$

4）计算流水施工工期：

$$T = \sum_{j=1}^{n_1} K_{j, j+1} + \sum_{i=1}^{m} t_i^{n_1}$$

$$= （2 + 6）周 + （2 + 3 + 2 + 3）周 = 18 周$$

5）绘制流水施工进度图，如图 5-3 所示。

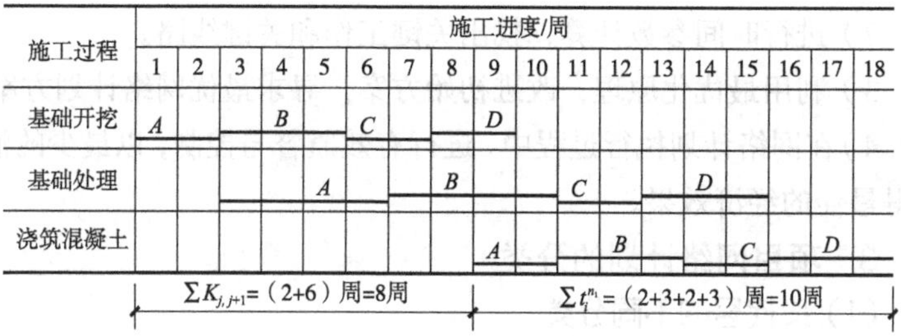

施工过程	施工进度/周																	
	1	2	3	4	5	6	7	8	9	10	11	12	13	14	15	16	17	18
基础开挖	A			B		C			D									
基础处理					A			B				C		D				
浇筑混凝土									A			B				C		D
	$\sum K_{j, j+1} = （2+6）周 = 8 周$								$\sum t_i^{n_1} = （2+3+2+3）周 = 10 周$									

图 5-3　设备基础工程流水施工进度图

<h1 align="center">｜　第三节　项目网络计划　｜</h1>

✅ 一、项目网络计划概述

1. 网络计划技术的概念

网络图是由箭线和节点组成的，用来表示工作流程的有向、有序的网状图形。在网络图上加注工作的时间参数而编成的进度计划，称为网络计划。

在工程项目管理中，应用网络计划将一个工程项目的各个工序（工作、活动）用箭线或节点表示，依其先后顺序和相互关系绘成网络图，再通过各种计算找出网络图中的关键工序、关键线路和工期，求出最优计划方案，并在计划执行过程中进行有效的控制和监督，以保证最合理地使用人力、物力、财力，充分利用时间和空间，多快好省地完成任务。由于这种方法是建立在网络模型的基础上的，且主要用来进行计划和控制，因此称为网络计划技术。

网络计划技术主要有关键线路法（CPM）和计划评审法（PERT）两种。两者分别适用于工序间的逻辑关系和工序需用时间肯定的情况和不能肯定的情况。

2. 项目网络计划的原理

1）把一项工程的全部建造过程分解为若干项工作，并按其开展顺序和相互制约、相互依赖的关系，绘制出网络图。

2）进行时间参数计算，找出关键工作和关键线路。

3）利用最优化原理，改进初始方案，寻求最优网络计划方案。

4）在网络计划执行过程中，进行有效监督与控制，以最少的消耗，获得最佳的经济效果。

3. 项目网络计划的分类

（1）按代号的不同分类

1）双代号网络计划。它是以双代号网络图表示的网络计划。双代号网络图是以箭线及其两端节点的编号来表示工作的网络图。

2）单代号网络计划。它是以单代号网络图表示的网络计划。单代号网络图是以节点及编号表示工作、以箭线表示工作之间逻辑关系的网络图。

（2）按是否肯定分类

1）肯定型网络计划。它是指工作、工作与工作之间的逻辑关系以及工作持续时间都肯定的网络计划。在这种网络计划中，各项工作的持续时间都是确定的单一的数值，整个网络计划有确定的计划总工期。

2）非肯定型网络计划。它是指工作、工作与工作之间的逻辑关系和工作持续时间中一项或多项不肯定的网络计划。在这种网络计划中，各项工作的持续时间只能按概率方法确定出三个值，整个网络计划无确定的计划总工期。计划评审技术和图示评审技术就属于非肯定型网络计划。

（3）按目标分类

1）单目标网络计划。它是指只有一个终点节点的网络计划，即网络图只具有一个最终目标。如一个建筑物的施工进度计划只具有一个工期目标的网络计划。

2）多目标网络计划。它是指终点节点不止一个的网络计划。此种网络计划具有若干个独立的最终目标。

（4）按有无时间坐标分类

1）时标网络计划。它是指以时间坐标为尺度绘制的网络计划。在网络图中，每项工作箭线的水平投影长度，与其持续时间成正比。如编制资源优化的网络计划即为时标网络计划。

2）非时标网络计划。它是指不按时间坐标绘制的网络计划。在网络图中，工作箭线长度与持续时间无关，可按需要绘制。通常绘制的网络计划都是非时标网络计划。

（5）按层次和包含的范围分类

1）分级网络计划。它是根据不同管理层次的需要而编制的范围大小不同、详细程度不同的网络计划。

2）总网络计划。它是以整个计划任务为对象编制的网络计划，如群体网络计划或单项工程网络计划。

3）局部网络计划。它是以计划任务的某一部分为对象编制的网络计划，如分部工程网络图。

（6）按工作衔接特点分类

1）普通网络计划。工作间关系均按首尾衔接关系的网络计划称为普通网络计划，如单代号、双代号和概率网络计划。

2）搭接网络计划。按照各种规定的搭接时距绘制的网络计划称为搭接网络计划，网络图中既能反映各种搭接关系，又能反映相互衔接关系，如前导网络计划。

3）流水网络计划。充分反映流水施工特点的网络计划称为流水网络计划，包括横道流水网络计划、搭接流水网络计划和双代号流水网络计划。

4. 项目网络计划的优势

网络计划技术可以为施工管理提供许多信息，有利于加强施工管理，有助于管理人员全面了解、重点掌握、灵活安排、合理组织，不断提高管理水平，具体优势如下：

1）利用网络计划中反映出的各项工作的时间储备，可以更好地调配人力、物力，以达到降低成本的目的。

2）方便从许多可行方案中选出最优方案。

3）网络图把施工过程的各有关工作组成了一个有机的整体，能全面且明确地表达出各项工作开展的先后顺序和反映出各项工作之间的逻辑关系。

4）能确定关键线路，抓住主要矛盾，确保工期，避免盲目施工。

5）能进行各种时间参数的计算。

6）在计划的执行过程中，某一工作由于某种原因推迟或者提前完成时，可以预见到它对整个计划的影响程度，而且能根据变化的情况，迅速进行调整，保证自始至终对计划进行有效的控制和监督。

7）网络计划技术的出现与发展使现代化的计算工具——计算机在建筑施工计划管理中得以应用。

✓ 二、双代号网络计划

1. 双代号网络图的组成

双代号网络图由若干表示工作的箭线和节点所组成，其中每一项工作都用一根箭线和两个节点来表示。每个节点都编以号码，箭线前后两个节点的号码代表该箭线的工作。"双代号"的名称由此而来。箭线应画成水平直线、折线或斜线，以水平直线为主，其水平投影的方向应自左向右，表示工作的进行方向。

2. 双代号网络图的符号

双代号网络图中的基本符号是圆圈、箭线及编号，如图 5-4 所示。

（1）箭线

1）一条箭线与其两端的节点

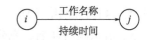

图 5-4　双代号网络图的表示方法

表示一项工作，又称为工序、作业，如支模板、绑钢筋、浇筑混凝土，但包括的工作范围可大可小，视情况而定。

2）一项工作要占用一定的时间，一般都消耗一定的资源（劳动力、机具、设备、材料）。因此，凡占用一定时间的过程，都应作为一项工作看待。

3）在无时标的网络图中，箭线的长短并不反映该工作占用时间的长短。同一张网络图中，箭线的画法要求统一，图面整齐醒目，以水平线和折线为好。

4）箭线所指的方向表示工作的进行方向，箭尾表示该工作的开始，箭头表示该工作的线束。一条箭线表示工作的全部内容，工作名称应写在箭线上方，工作持续时间则注在下方。

5）两项工作前后进行时，代表两项工作的箭线前后画下去，平行的工作，箭线平行绘制，紧靠其前面的工作称为紧前工作，紧靠其后面的工作称紧后工作，与之平行的工作称为平行工作，该工作本身称为本工作。

6）在双代号网络图中，除有表示工作的实箭线外，还有一种一端带箭头的虚线，表示一项虚工作。虚工作不占时间，不耗资源，作用是解决工作之间联系，区分和断路的问题。

（2）节点

1）节点表示一项工作的开始或结束，用圆圈表示。

2）箭线尾部的节点称为箭尾节点，箭线头部的节点称为箭头节点，前者又称为开始节点，后者又称为结束节点。

3）节点只是一个瞬间，它既不消耗时间，也不消耗资源。

4）在网络图中对一个节点来讲，可能有许多箭线通向该节点，这些箭线称为内向箭线或内向工作，同样也可能有许多箭线由同一节点出发，这些箭线就称为外向箭线或外向工作。

5）网络图中的第一个节点称为起点节点，意味着一项工作的开始；最后一个节点称为终点节点，意味着一项工作的完成，网络中的其他节点称为中间节点。

（3）节点编号

1）一项工作是由一条箭线和两个节点表示的，为使网络图便于检查和计算，所有节点均应统一编号，一条箭线前后两个节点的号码就是该箭线所标示的工作代号。

2）在对网络图进行编号时，箭尾节点的号码一般应小于箭头节点的号码。

3．双代号网络图绘制规则

1）网络图应正确反映各工作之间的逻辑关系。

2）网络图严禁出现循环回路（图 5-5）。

3）网络图严禁出现双向箭线或无箭头的连线（图 5-6）。

4）网络图严禁出现没有箭尾节点或箭头节点的箭线（图 5-7）。

5）双代号网络图中，一项工作只能有唯一的一条箭线和相应的一对节点编号，箭尾的节点编号宜小于箭头节点编号；不允许出现代号相同的箭线（图 5-8）。

6）在绘制网络图时，应尽可能避免箭线交叉，不可能避免时，应采用过桥法或指向法（图 5-9）。

7）双代号网络图中的某些节点有多条外向箭线或多条内向箭线时，为使图面清楚，可采用母线法（图 5-10）。

8）网络图中，只允许有一个起点节点和一个终点节点。

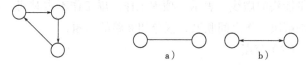

图 5-5　循环回路示意图图　　　图 5-6　箭线的错误画法

图 5-7　没有箭尾节点或和箭头节点的箭线

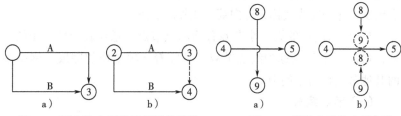

图 5-8　不允许出现代号相同的箭线　　　图 5-9　箭线交叉的表示方法

　　a）错误画法　b）正确画法　　　　　a）过桥法　b）指向法

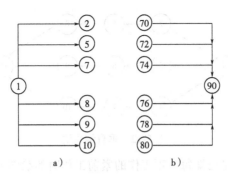

图 5-10 母线表示方法

4. 双代号网络图的绘制方法

当已知每一项工作的紧前工作时，可按下述步骤绘制双代号网络图：

1）绘制没有紧前工作的工作箭线，使它们具有相同的开始节点，以保证网络图只有一个起点节点。

2）依次绘制其他工作箭线。这些工作箭线的绘制条件是其所有紧前工作箭线都已经绘制出来。

3）当各项工作箭线都绘制出来之后，应合并那些没有紧后工作的工作箭线的结束节点，以保证网络图只有一个终点节点（多目标网络计划除外）。

4）按照各道工作的逻辑顺序将网络图绘好以后，就要给节点进行编号。编号的方法有水平编号法和垂直编号法两种。

①水平编号法就是从起点节点开始由上到下逐行编号，每行则自左向右按顺序编排，如图 5-11 所示。

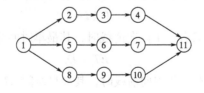

图 5-11 水平编号法

②垂直编号法就是从起点节点开始自左向右逐列编号，每列则根据编号规则的要求或自上而下，或自下而上，或先上下后中间，或先中间后上下进行编排，如图 5-12 所示。

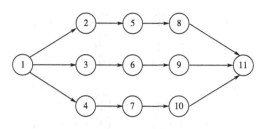

图 5-12   垂直编号法

以上所述是已知每一项工作的紧前工作时的绘图方法，当已知每一项工作的紧后工作时，也可按类似的方法进行网络图的绘制，只是其绘图顺序由前述的从左向右改为从右向左。

5. 双代号网络图时间参数的计算

双代号网络图时间参数的计算有分析计算法和图算法两种。

（1）分析计算法   分析计算法是根据各项时间参数计算公式，列式计算时间参数的方法。

1）节点时间的计算。

①节点最早时间（ET）的计算。节点最早时间是指从该节点开始的各工序可能的最早开始时间（再早，则由于紧前某些工序未完成而无法为紧后工序提供作业面或作业队，因而使紧后工序无法开始施工），等于以该节点为结束点的各工序可能最早完成的时间的最大值。节点最早时间可以统一表示以该节点为开始节点的所有工序最早的可能开工时间。

节点 i 的最早时间 ET_i 应从网络计划的起点节点开始，顺着箭线方向，依次逐项计算，并应符合下列规定：

a. 起点节点 i 如未规定最早时间 ET_i，其值应等于零，即

$$ET_i = 0 \ (i = 1) \tag{5-11}$$

b. 当节点 j 只有一条内向箭线时，其最早时间为

$$ET_j = ET_i + D_{i-j} \tag{5-12}$$

c. 当节点 j 有多条内向箭线时，其最早时间 ET_j 应为

$$ET_j = \max \{ ET_i + D_{i-j} \} \tag{5-13}$$

式中 ET_i——工作 i—j 的完成节点 i 的最早时间；

ET_j——工作 i—j 的完成节点 j 的最早时间；

D_{i-j}——工作 i—j 的持续时间。

②节点最迟时间（LT）的计算。节点最迟时间是指以某一节点为结束点的所有工序必须全部完成的最迟时间，也就是在不影响计划总工期的条件下，该节点必须完成的时间。它可以统一表示到该节点结束的任一工序必须完成的最迟时间，但却不能统一表示从该节点开始的各不同工序最迟必须开始的时间，所以也可以把它看作节点的各紧前工序最迟必须完成时间。

a. 节点 i 的最迟时间 LT_i 应从网络计划的终点节点开始，逆着箭线方向依次逐项计算，当部分工作分期完成时，有关节点的最迟时间必须从分期完成节点开始逆向逐项计算。

b. 终点节点 n 的最迟时间 LT_n 应按网络计划的计划工期 T_P 确定，即

$$LT_n = T_P \qquad\qquad (5\text{-}14)$$

分期完成节点的最迟时间应等于该节点规定的分期完成时间。

c. 其他节点 i 的最迟时间 LT_i 应为

$$LT_i = \min\{LT_j - D_{i-j}\} \qquad\qquad (5\text{-}15)$$

式中　LT_i——工作 i—j 的完成节点 i 的最迟时间；

　　　LT_j——工作 i—j 的完成节点 j 的最迟时间；

　　　D_{i-j}——工作 i—j 的持续时间。

2）工作时间的计算。工作时间是以工作为对象计算的。计算工作时间必须包括网络图中所有的工作，对虚工作最好也进行计算。

①工作最早开始时间（ES）的计算。工作最早开始时间是指各紧前工作（紧排在本工作之前的工作）全部完成后，本工作有可能开始的最早时刻。工作 i—j 的最早开始时间 ES_{i-j} 计算应符合下列规定：

a. 工作 i—j 的最早开始时间 ES_{i-j} 应从网络计划的起点节点开始，顺着箭线方向依次逐项计算。

b. 以起点节点 i 为箭尾节点的工作 i—j，当未规定其最早开始时间 ES_{i-j} 时，其值应等于零，即

$$ES_{i-j} = 0 \ (i = 1) \qquad\qquad (5\text{-}16)$$

c. 当工序 i—j 只有一项紧前工作 h—j 时，其最早开始时间 ES_{i-j} 应为

$$ES_{i-j} = ES_{h-i} + D_{h-i} \qquad\qquad (5\text{-}17)$$

d. 当工作 i—j 有多个紧前工作时，其最早开始时间 ES_{i-j} 应为

$$ES_{i-j} = \max \{ ES_{h-i} + D_{h-i} \} \qquad (5-18)$$

式中　ES_{i-j}——工作 $i—j$ 的最早开始时间；

　　　　ES_{h-i}——工作 $i—j$ 的紧前工作 $h—i$ 的最早开始时间；

　　　　D_{i-j}——工作 $i—j$ 的紧前工作 $h—i$ 的持续时间。

②工作最早完成时间（EF）的计算。工作最早完成时间是指各紧前工作完成后，本工作有可能完成的最早时刻。工作 $i—j$ 的最早完成时间 EF_{i-j} 应按下式进行计算：

$$EF_{i-j} = ES_{i-j} + D_{i-j} \qquad (5-19)$$

③工作最迟完成时间（LF）的计算。工作最迟完成时间是指在不影响整个任务按期完成的前提下，工作必须完成的最迟时刻。

a. 工作 $i—j$ 的最迟完成时间 LF_{i-j} 应从网络计划的终点节点开始，逆着箭线方向依次逐项计算。

b. 以终点节点（$j = n$）为结束节点的工作的最迟完成时间 LF_{i-n}，应按网络计划的计划工期 T_p 确定，即

$$LF_{i-n} = T_\mathrm{p} \qquad (5-20)$$

c. 其他工作 $i—j$ 的最迟完成时间 LF_{i-j} 应按下式计算：

$$LF_{i-j} = \min \{ LF_{j-k} + D_{j-k} \} \qquad (5-21)$$

式中　LF_{j-k}——工作 $i—j$ 的各项紧后工作 $j—k$ 的最迟开始时间；

　　　　D_{j-k}——工作 $i—j$ 的各项紧后工作（紧排在本工作之后的工作）的持续时间。

④工作最迟开始时间（LS）的计算。工作最迟开始时间是指在不影响整个任务按期完成的前提下，工作必须开始的最迟时刻。

工作 $i—j$ 的最迟开始时间 LS_{i-j} 应按下式计算：

$$LS_{i-j} = LF_{i-j} - D_{i-j} \qquad (5-22)$$

3）时差的计算。时差就是一个工作在施工过程中可以灵活机动使用而又不影响总工期的一段时间。

①总时差（TF）的计算。在网络图中，工作只能在最早开始时间与最迟完成时间内活动。在这段时间内，除了满足本工作作业时间所需之外还可能有富裕的时间，这富裕的时间是工作可以灵活机动的总时间，称为工作的总时差。由此可知，工作的总时差是不影响本工作按最迟开始时间开工而形成的机动时间，其计算公式为

$$TF_{i-j} = LF_{i-j} - EF_{i-j} = LS_{i-j} - ES_{i-j} = LT_j - (ET_i + D_{i-j}) \qquad (5-23)$$

式中　$TF_{i—j}$——工作 $i—j$ 的总时差。

其他符号含义同前。

②自由时差（FF）的计算。自由时差就是在不影响其紧后工作最早开始时间的条件下，某工作所具有的机动时间。某工作利用自由时差，变动其开始时间或增加其工作持续时间均不影响其紧后工作的最早开始时间。

工作自由时差的计算应按以下两种情况分别考虑：

a. 对于有紧后工作的工作，其自由时差等于本工作的紧后工作最早开始时间减本工作最早完成时间所得之差的最小值，即

$$FF_{i—j} = \min\{ES_{j—k} - EF_{i—j}\} = \min\{ES_{j—k} - ES_{i—j} - D_{i—j}\} \quad （5-24）$$

式中　$FF_{i—j}$——工作 $i—j$ 的自由时差。

其他符号含义同前。

b. 对于无紧后工作的工作，也就是以网络计划终点节点为完成节点的工作，其自由时差等于计划工期与本工作最早完成时间之差，即

$$FF_{i—n} = T_p - EF_{i—n} = T_p - ES_{i—n} - D_{i—n} \quad （5-25）$$

式中　$FF_{i—n}$——以网络计划终点节点 n 为完成节点的工作 $i—n$ 的自由时差；

　　　T_p——网络计划的计划工期；

　　　$EF_{i—n}$——以网络计划终点节点 n 为完成节点的工作 $i—n$ 的最早完成时间；

　　　$ES_{i—n}$——以网络计划终点节点 n 为完成节点的工作 $i—n$ 的最早开始时间。

　　　$D_{i—n}$——以网络计划终点节点 n 为完成节点的工作 $i—n$ 的持续时间。

需要指出的是，对于网络计划中以终点节点为完成节点的工作，其自由时差与总时差相等。此外，由于工作的自由时差是其总时差的构成部分，所以，当工作的总时差为零时，其自由时差必然为零，可不必进行专门计算。

4）关键线路和关键工作确定。在网络计划中，总时差最小的工作为关键工作。当网络计划的计划工期等于计算工期，总时差为零的工作就是关键工作。

找出关键工作之后，将这些关键工作首尾相连，便构成从起点节

151

点到终点节点的通路，位于该通路上各项工作的持续时间总和最大，这条通路就是关键线路。在关键线路上可能有虚工作存在。

关键线路一般用粗箭线或双箭线标出，也可以用彩色箭线标出。关键线路上各项工作的持续时间总和应等于网络计划的计算工期，这一特点也是判别关键线路是否正确的准则。

（2）图算法 图算法是按照各项时间参数计算公式的程序，直接在网络图上计算时间参数的方法。由于计算过程在图上直接进行，不需列计算式，既快又不易出错，计算结果直接标注在网络图上，一目了然，同时也便于检查和修改，故此比较常用。

1）各种时间参数在图上的表示方法。节点时间参数通常标注在节点的上方或下方，其标注方法如图 5-13a 所示。工作时间参数通常标注在工作箭线的上方或左侧，如图 5-13b 所示。

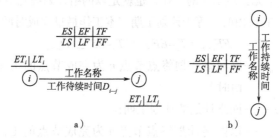

图 5-13　双代号网络图时间参数标注方法

2）计算方法。

①计算节点最早时间（ET）。与分析计算法一样，从起点节点顺箭线方向逐节点计算，起点节点的最早时间规定为 0，其他节点的最早时间可采用"沿线累加、逢圈取大"的计算方法。也就是从网络图的起点节点开始，沿着每条线路将各工作的作业时间累加起来，在每一个圆圈（即节点）处选取到达该圆圈的各条线路累计时间的最大值，这个最大值就是该节点最早的开始时间。终点节点的最早时间是网络图的计划工期，为醒目起见，将计划工期标在终点节点边的方框中。

②计算节点最迟时间（LT）。与分析计算法一样，从终点逆箭线方向逐节点计算，终点节点最迟时间的规定等于网络图的计划工期，其他节点的最迟时间可采用"逆线累减、逢圈取小"的计算方法。也就是从网络图的终点节点开始逆着每条线路将计划工期依次减去各工

作的作业时间，在每一圆圈处取其后续线路累减时间的最小值，就是该节点的最迟时间。

第四节　项目进度计划实施

✅ 一、项目进度计划实施要求

1）经批准的进度计划，应向执行者进行交底并落实责任。

2）进度计划执行者应制定实施计划方案。

3）在实施进度计划的过程中应进行下列工作：

①跟踪检查，收集实际进度数据。

②将实际数据与进度计划进行对比。

③分析计划执行的情况。

④对产生的进度变化，采取相应措施进行纠正或调整计划。

⑤检查措施的落实情况。

⑥进度计划的变更必须与有关单位和部门及时沟通。

✅ 二、项目进度计划实施步骤

为了保证项目进度计划的实施，并且尽量按照编制的计划时间逐步实现，项目进度计划的实施应按以下步骤进行：

1. 向执行者进行交底并落实责任

要把计划贯彻到项目经理部的每一个岗位、每一个职工，要保证进度的顺利实施，就必须做好思想发动工作和计划交底工作。项目经理部要把进度计划讲解给广大职工，让他们心中有数，并且要提出贯彻措施，针对贯彻进度计划中的困难和问题，提出克服这些困难和解决这些问题的方法和步骤。

为保证进度计划的贯彻执行，项目管理层和作业层都要建立严格的岗位责任制，要严肃纪律、奖罚分明，项目经理部内部积极推行生产承包经济责任制，贯彻按劳分配的原则，使职工群众的物质利益同项目经理部的经营成果结合起来，激发群众执行进度计划的自觉性和主动性。

2. 制定实施计划方案

进度计划执行者应制定工程项目进度计划的实施计划方案，具体来讲，就是编制详细的施工作业计划。

由于施工活动的复杂性，在编制施工进度计划时，不可能考虑到施工过程中的一切变化情况，因而不可能一次安排好未来施工活动中的全部细节，所以施工进度计划可能是比较概括的，很难作为直接下达施工任务的依据。因此，还必须有更为符合当时情况、更为细致具体的、短时间的计划，这就是施工作业计划。施工作业计划是根据施工组织计划和现场具体情况，灵活安排，平衡调度，以确保实现施工进度和上级规定的各项指标任务的具体的执行计划。

施工作业计划一般可分为月作业计划和旬作业计划。施工作业计划一般应包括以下三个方面的内容：

1）明确本月（旬）应完成的施工任务，确定其施工进度。月（旬）作业计划应保证年、季度计划指标的完成，一般要按一定的规定填写作业计划表，见表5-2。

表5-2 月（旬）作业计划表

施工单位　　　　　　　　　　　　　　　　　年　　季　　月

编号	工程地点及名称	计量单位	月计划					上旬		中旬		下旬		形象进度要求							
			数量	单价	合价	定额	工天	数量	工天	数量	工天	数量	工天	26	27	…	30	1	2	…	25

编制　　年　　月　　日

2）根据本月（旬）施工任务及其施工进度，编制相应的资源需求量计划。

3）结合月（旬）作业计划的具体实施情况，落实相应的提高劳动生产率和降低成本的措施。

编制作业计划时，计划人员应深入施工现场，检查项目实施的实际进度情况，并且要深入施工队组，了解其实际施工能力，同时了解设计要求，把主观和客观因素结合起来，征询各有关施工队组的意见，进行综合平衡，修正不合时宜的计划安排，提出作业计划指标。最后，召开计划会议，通过施工任务书将作业计划下达到施工队组。

3. 跟踪记录，收集实际进度数据

在计划任务完成的过程中，各级施工进度计划的执行者都要跟踪做好施工记录，记录计划中的每项工作开始日期、工作进度和完成日期，为施工项目进度检查分析提供信息，因此，要求实事求是记载，并填好有关图表。

收集数据的方式有两种：一是以报表的方式；二是进行现场实地检查。收集的数据质量要高，不完整或不正确的进度数据将导致不全面或不正确的决策。

收集到的施工项目实际进度数据，要进行必要的整理，按计划控制的工作项目进行统计，形成与计划进度具有可比性的数据、相同的量纲和形象进度。一般可以按实物工程量、工作量和劳动消耗量以及累计百分比整理和统计实际检查的数据，以便与相应的计划完成量相对比。

4. 将实际数据与计划进度对比

主要是将实际的数据与计划的数据进行比较，如将实际的完成量、实际完成的百分比与计划的完成量、计划完成的百分比进行比较。通常可利用表格形成各种进度比较报表或直接绘制比较图形来直观地反映实际与计划的差距。通过比较了解实际进度比计划进度拖后、超前还是与计划进度一致。

5. 做好施工中的调度工作

施工调度是指在施工过程中不断组织新的平衡，建立和维护正常的施工条件及施工程序所做的工作。主要任务是督促、检查工程项目计划和工程合同执行情况，调度物资、设备、劳力，解决施工现场出现的矛盾，协调内外部的配合关系，促进和确保各项计划指标的落实。

为保证完成作业计划和实现进度目标，有关施工调度涉及多方面的工作，包括：

1）执行施工合同中对进度、开工及延期开工、暂停施工、工期延误、工程竣工的承诺。

2）落实控制进度措施应具体到执行人、目标、任务、检查方法和考核办法。

3）监督检查施工准备工作、作业计划的实施，协调各方面的进度关系。

4）督促资料供应单位按计划供应劳动力、施工机具、材料构配件、运输车辆等，并对临时出现问题采取相应措施。

5）由于工程变更引起资源需求的数量变更和品种变化时，应及时调整供应计划。

6）按施工平面图管理施工现场，遇到问题做必要的调整，保证文明施工。

7）及时了解气候和水、电供应情况，采取相应的防范和调整保证措施。

8）及时发现和处理施工中各种事故和意外事件。

9）协助分包人解决项目进度控制中的相关问题。

10）定期、及时召开现场调度会议，贯彻项目主管人的决策，发布调度令。

11）当发包人提供的资源供应进度发生变化不能满足施工进度要求时，应督促发包人执行原计划，并对造成的工期延误及经济损失进行索赔。

第五节 项目进度计划的检查与调整

一、项目进度计划的检查

在项目进度计划的实施过程中，由于各种因素的影响，为了进行进度控制，进度控制人员应经常、定期地对执行情况进行动态检查，主要是收集施工项目进度材料，进行统计整理和对比分析，确定实际进度与计划进度之间的关系，并分析进度偏差产生的原因，以便为施工进度计划的调整提供必要的信息。

1. 项目进度计划检查的内容

1）工作量的完成情况。

2）工作时间的执行情况。

3）资源使用及进度的互配情况。

4）对上次检查提出问题的处理情况。

2. 项目进度计划检查的方式

在项目施工过程中，可以通过以下方式获得项目施工实际进展情况：

1）定期、经常地收集由承包单位提交的有关进度报表资料。

项目施工进度报表资料不仅是对工程项目实施进度控制的依据，同时也是核对工程进度的依据。在一般情况下，进度报表格式由监理单位提供给施工承包单位，施工承包单位按时填写完后提交给监理工程师核查。报表的内容根据施工对象及承包方式的不同而有所区别，但一般应包括工作的开始时间、完成时间、持续时间、逻辑关系、实物工程量和工作量，以及工作时差的利用情况等。承包单位若能准确地填报进度报表，监理工程师就能从中了解到建筑工程的实际进展情况。

2）由驻地监理人员现场跟踪检查建筑工程的实际进展情况。

为了避免施工承包单位超报已完工程量，驻地监理人员有必要进行现场实地检查和监督。至于每隔多长时间检查一次，应视建筑工程的类型、规模、监理范围及施工现场的条件等多方面的因素而定。可以每月或每半月检查一次，也可每旬或每周检查一次。如果在某一施工阶段出现不利情况时，甚至需要每天检查。

除上述两种方式外，由监理工程师定期组织现场施工负责人开现场会议，也是获得工程项目实际进展情况的一种方式。通过这种面对面的交谈，监理工程师可以从中了解到施工过程中潜在的问题，以便及时采取相应的措施加以预防。

3. 项目进度计划检查的方法

项目进度计划检查的主要方法是比较法。常用的检查方法有横道图比较法、S形曲线比较法、香蕉形曲线比较法、前锋线比较法和列表比较法。

（1）**横道图比较法**　横道图比较法将项目实施过程中检查收集到的实际进度数据，经加工整理后直接用横道线平行绘于原计划的横道线处，进行实际进度与计划进度的比较方法。采用横道图比较法，可以形象、直观地反映实际进度与计划进度的比较情况。

【**例 5-4**】某工程的计划进度与截止到第 10d 的实际进度，如图 5-14 所示。其中粗实线表示计划进度，双线条表示实际进度。

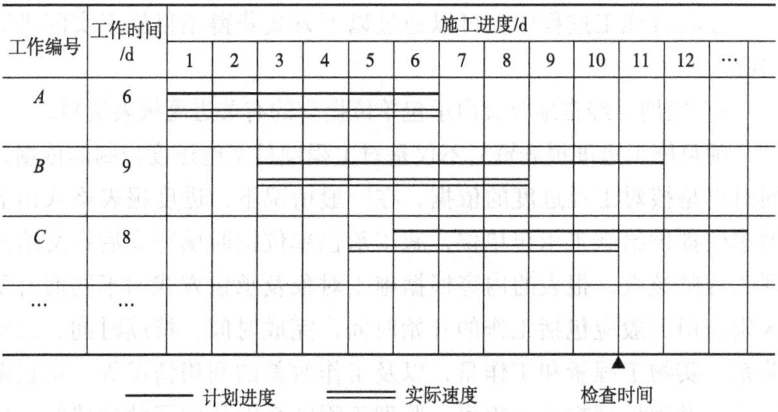

图 5-14　某工程实际进度与计划进度比较图

【**解**】从图中可以看出：在第 10d 检查时，A 工程按期完成计划；B 工程进度落后 2d；C 工程因早开工 1d，实际进度提前了 1d。

图 5-14 所示表达的比较方法仅适用于工程项目中的各项工作都是均匀开展的情况，即每项工作在单位时间内完成的任务量都相等。事实上，工程项目中各项工作的进展不一定是匀速的。根据工程项目中各项工作的进展是否匀速，可分别采用以下几种方法进行实际进度与计划进度的比较：

1）匀速进展横道图比较法。匀速进展是指在工程项目中，每项工作在单位时间完成的任务量都是相等的，即工作的进展速度是均匀的。此时，每项工作累计完成的任务量与时间量是线性关系，如图 5-15 所示。完成的任务量可以用实物工程量、劳动消耗量或费用支出表示。为了便于比较，通常用上述物理量的百分比表示。

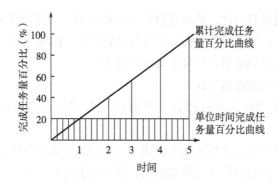

图 5-15 匀速进展工作时间与完成任务量关系曲线图

采用匀速进展横道图比较法时，其步骤如下：

①编制横道图进度计划。

②在进度计划上标出检查日期。

③将检查收集到的实际进度数据经加工整理后按比例用涂黑的粗线标于计划进度的下方，如图5-16所示。

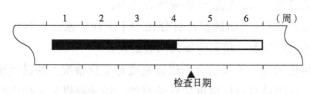

图 5-16 匀速进展横道图比较法

④对比分析实际进度与计划进度：

a. 如果涂黑的粗线右端落在检查日期左侧，表明实际进度拖后。

b. 如果涂黑的粗线右端落在检查日期右侧，表明实际进度超前。

c. 如果涂黑的粗线右端与检查日期重合，表明实际进度与计划进度一致。

必须指出，该方法仅用于工作从开始到结束的整个过程中，其进展速度均匀为固定不变的情况。如果工作的进展速度是变化的，则不能采用这种方法进行实际进度与计划进度的比较，否则会得出错误的结论。

2）双比例单侧横道图比较法。双比例单侧横道图比较法是适用于工作的进度按变速进展的情况，对实际进度与计划进度进行比较的一种方法。该方法在表示工作实际进度的同时，并标出其对应时刻完

第五章 项目进度管理

159

成任务的累计百分比，将该百分比与其同时刻计划完成任务的累计百分比相比较，判断工作的实际进度与计划进度之间的关系。

双比例单侧横道图比较法具体步骤为：

①编制横道图进度计划。

②在横道线上方标出各主要时间工作的计划完成任务累计百分比。

③在横道线下方标出相应日期工作的实际完成任务累计百分比。

④用涂黑粗线标出实际进度线，由开工日标起，同时反映出实际过程中的连续与间断情况。

⑤对照横道线上方计划完成任务累计量与同时刻的下方实际完成任务累计量，比较出实际进度与计划进度的偏差，可能有三种情况：

a. 同一时刻上下两个累计百分比相等，表明实际进度与计划进度一致。

b. 同一时刻上面的累计百分比大于下面的累计百分比，表明该时刻实际进度拖后，拖后的量为两者之差。

c. 同一时刻上面的累计百分比小于下面的累计百分比，表明该时刻实际进度超前，超前的量为两者之差。

这种比较法，不仅适合于进展速度是变化情况下的进度比较，同样的，除标出检查日期进度比较情况外，还能提供某一指定时间两者比较的信息。当然，这要求实施部门按规定的时间记录当时的任务完成情况。

【例 5-5】某工程项目中的基槽开挖工作按施工进度计划安排需要 7 周完成，每周计划完成的任务量百分比，如图 5-17 所示。

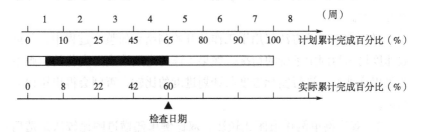

图 5-17　双比例单侧横道图比较法

【解】①编制横道图进度计划，如图 5-17 所示。

②在横道线上方标出基槽开挖工作每周计划累计完成任务量的百分比，分别为 10%、25%、45%、65%、80%、90% 和 100%。

③在横道线下方标出第 1 周至检查日期（第 4 周）每周实际累计完成任务量的百分比，分别为 8%、22%、42%、60%。

④用涂黑粗线标出实际投入的时间。图 5-17 表明，该工作实际开始时间晚于计划开始时间，在开始后连续工作，没有中断。

⑤比较实际进度与计划进度。从图 5-17 中可以看出，该工作在第一周实际进度比计划进度拖后 2%，以后各周末累计拖后分别为 3%、3% 和 5%。

3）双比例双侧横道图比较法。双比例双侧横道图比较法也是适合用于工作进度按变速进展的情况，对工作实际进度与计划进度进行比较的一种方法。它是双比例单侧横道图比较法的改进和发展，是将表示工作实际进度的涂黑粗线，按照检查的期间和完成的累计百分比交替地绘制在计划横道线上下两面，其长度表示该时间内完成的任务量。工作的实际完成累计百分比标于横道线下面的检查日期处，通过两个上下相对的百分比相比较，判断该工作的实际进度与计划进度之间的关系。这种比较方法从各阶段的涂黑粗线的长度可以看出各期间实际完成的任务量及其本期间的实际进度与计划进度之间的关系。

双比例双侧横道图比较方法的步骤为：

①编制横道图进度计划。

②在横道图上方标出各工作主要时间的计划完成任务累计百分比。

③在计划横道线的下方标出工作相对应日期实际完成任务累计百分比。

④用涂黑粗线分别在横道线上方和下方交替地绘制出每次检查实际完成的百分比。

⑤比较实际进度与计划进度。通过标在横道线上下方两个累计百分比，比较各时刻的两种进度的偏差。

【例 5-6】某工程项目，计划工期为 8 个月。每月计划完成的工作量如图 5-18 所示。若该项工程每月末抽查一次，用双比例双侧横道图比较法进行施工实际进度与计划进度比较。

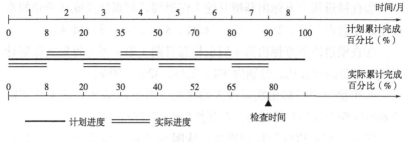

图 5-18　双比例双侧横道图比较法

【解】①编制横道图进度计划，如图 5-18 所示。

②在计划横道线的下方标出工作按月检查的实际完成任务百分比，第 1 月末到第 7 月末分别为：8%、20%、30%、40%、52%、65%、80%。

③在计划横道线的上方标出工作每月计划累计完成任务量的百分比，第 1 月末到第 7 月末分别为：8%、20%、35%、50%、70%、80%、90%。

④用涂黑粗线分别按规定比例在横道线上下方交替画出上述百分比。

⑤比较实际进度与计划进度。7 月末计划应完成计划的 90%，但实际只完成了计划的 80%，与 6 月末计划要求相同，故拖延工期 1 个月；进度计划的完成程度为 89%（＝80%/90%），少完成了 10%（＝90%–80%）。

以上介绍的三种横道图比较方法，由于其形象直观，作图简单，容易理解，因而被广泛用于工程项目的进度监测中，供不同层次的进度控制人员使用。并且由于在计划执行过程中不需要修改，因而使用起来也比较方便。但由于其以横道图进度计划为基础，因而带有不可克服的局限性。在横道图进度计划中，各项工作之间的逻辑关系表达不明确，关键工作和关键线路无法确定。一旦某些工作实际进度出现偏差时，难以预测其对后续工作和工程总工期的影响，也就难以确定相应的进度计划调整方法。因此，横道图比较法主要用于工程项目中某些工作实际进度与计划进度的局部比较。

（2）S 形曲线比较法　S 形曲线比较法与横道图比较法不同，它不是在编制的横道图进度计划上进行实际进度与计划进度的比较。

它是以横坐标表示进度时间，纵坐标表示累计完成任务量，绘制出一条按计划时间累计完成任务量的 S 形曲线，将施工项目的各检查时间实际完成的任务量与 S 形曲线进行实际进度与计划进度相比较的一种方法。

从整个工程项目实际进展全过程来看，施工过程是变速的，故计划线呈曲线形态。若施工速度（单位时间完成工程任务）是先快后慢，计划累计曲线呈抛物线形态；若施工速度是先慢后快，计划累计曲线呈指数曲线形态；若施工速度是快慢相间，计划累计曲线呈上升的波浪线形态；若施工速度是中期快首尾慢，计划累计曲线呈 S 形曲线形态，见表 5-3。其中后者居多，故而得名。

表 5-3　施工速度与累计完成任务量的关系

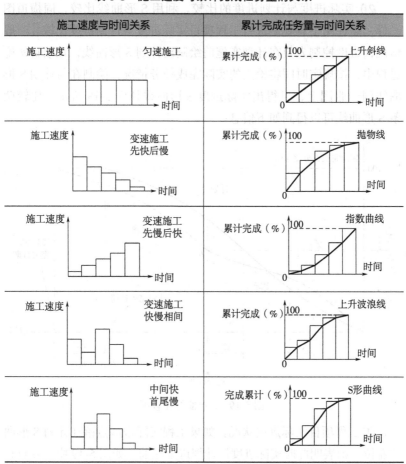

1）S形曲线的编制方法。

①确定工程进展速度曲线。在实际工程中计划进度曲线，可以根据每单位时间内完成的实物工程量或投入的劳动力与费用，计算出计划单位时间的量值 q_j，则 q_j 为离散型的。

②累计单位时间完成的工程量（或工作量），可按下式确定：

$$Q_j = \sum_{i=1}^{j} q_j \qquad (5\text{-}26)$$

式中　Q_j——某时间 j 计划累计完成的任务量；

　　　q_j——单位时间 j 计划完成的任务量；

　　　j——某规定计划时刻。

③绘制单位时间完成的工程量曲线和S形曲线。

2）实际进度与计划进度的比较。利用S形曲线比较，同横道图一样，是在图上直观地进行工程项目实际进度与计划进度比较。一般情况，进度控制人员在计划实施前绘制出计划S形曲线，在项目实施过程中，按规定时间将检查的实际完成任务情况，绘制在与计划S形曲线同一张图上，可得出实际进度S形曲线如图5-19所示。比较两条S形曲线可以得到如下信息：

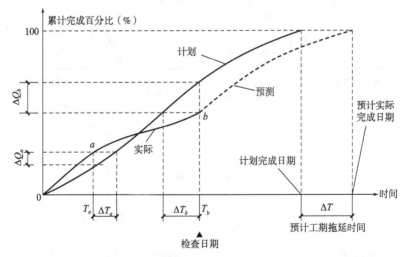

图5-19　S形曲线比较图

①工程项目实际进展状况。如果工程实际进展点落在计划S形曲线左侧，则表明此时实际进度比计划进度超前，如图5-19中的 a 点；

如果工程实际进展点落在计划 S 形曲线右侧，则表明此时实际进度拖后，如图 5-19 中的 b 点；如果工程实际进展点正好落在计划 S 形曲线上，则表示此时实际进度与计划进度一致。

②工程项目实际进度超前或拖后的时间。在 S 形曲线比较图中可以直接读出实际进度比计划进度超前或拖后的时间。如图 5-19 所示，ΔT_a 表示 T_a 时刻实际进度超前的时间；ΔT_b 表示 T_b 时刻实际进度拖后的时间。

③工程项目实际超额或拖欠的任务量。在 S 形曲线比较图中也可直接读出实际进度比计划进度超额或拖欠的任务量。如图 5-19 所示，ΔQ_a 表示 T_a 时刻超额完成的任务量；ΔQ_b 表示 T_b 时刻拖延的任务量。

④后期工程进度预测。如果后期工程按原计划速度进行，则可做出后期工程计划 S 形曲线，如图 5-19 中虚线所示，从而可以确定工期拖延预测值 ΔT。

（3）**香蕉形曲线比较法**　香蕉形曲线是两条 S 形曲线组合成的闭合图形。如前所述，工程项目的计划时间和累计完成任务量之间的关系都可用一条 S 形曲线表示。在工程项目的网络计划中，各项工作一般可分为最早和最迟开始时间，于是根据各项工作的计划最早开始时间安排进度，就可绘制出一条 S 形曲线，称为 ES 曲线，而根据各项工作的计划最迟开始时间安排进度，绘制出的 S 形曲线称为 LS 曲线。这两条曲线都是起始于计划开始时间，终止于计划完成时间，因而图形是闭合的。一般情况下，在其余时刻，ES 曲线上各点均应在 LS 曲线的左侧，其图形如图 5-20 所示，因形似香蕉而得名。

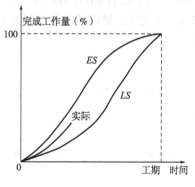

图 5-20　香蕉形曲线比较图

香蕉形曲线的绘制方法与 S 形曲线的绘制方法基本相同，所不同之处在于香蕉形曲线是以工作按最早开始时间安排进度和按最迟开始时间安排进度分别绘制的两条 S 形曲线组合而成。其绘制步骤如下：

1）以工程项目的网络计划为基础，计算各项工作的最早开始时间和最迟开始时间。

2）确定各项工作在各单位时间的计划完成任务量。分别按以下两种情况考虑：

①根据各项工作按最早开始时间安排的进度计划，确定各项工作在各单位时间的计划完成任务量。

②根据各项工作按最迟开始时间安排的进度计划，确定各项工作在各单位时间的计划完成任务量。

3）计算工程项目总任务量，即对所有工作在各单位时间计划完成的任务量累加求和。

4）分别根据各项工作按最早开始时间、最迟开始时间安排的进度计划，确定工程项目在各单位时间计划完成的任务量，即将各项工作在某一单位时间内计划完成的任务量求和。

5）分别根据各项工作按最早开始时间、最迟开始时间安排的进度计划，确定不同时间累计完成的任务量或任务量的百分比。

6）绘制香蕉形曲线。分别根据各项工作按最早开始时间、最迟开始时间安排的进度计划而确定的累计完成任务量或任务量的百分比描绘各点，并连接各点得到 ES 曲线和 LS 曲线，由 ES 曲线和 LS 曲线组成香蕉形曲线。

【例 5-7】已知某工程项目网络计划如图 5-21 所示，有关网络计划时间参数见表 5-4；完成任务量以劳动量消耗数量表示，见表 5-5。试绘制香蕉形曲线。

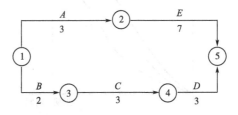

图 5-21　某施工项目网络计划

表 5-4　网络计划时间参数

i	工作编号	工作名称	D_i/d	ES_i	LS_i
1	1—2	A	3	0	0
2	1—3	B	2	0	2
3	3—4	C	3	2	4
4	4—5	D	3	5	7
5	2—5	E	7	3	3

表 5-5　劳动量消耗数量

q_{ij}（工日）　　j/d　　　i	q_{ij}^{ES}										q_{ij}^{LS}									
	1	2	3	4	5	6	7	8	9	10	1	2	3	4	5	6	7	8	9	10
1	3	3	3										3	3	3					
2	3	3											3	3						
3			3	3	3										3	3	3			
4						2	2	1										2	2	1
5				3	3	3	3	3	3	3				3	3	3	3	3	3	3

【解】施工项目工作数 $n = 5$，计划每天检查一次 $m = 10$，则

①计算工程项目的总劳动消耗量 Q。

$$Q = \sum_{i=1}^{5} \sum_{j=1}^{10} q_{ij}^{ES} = 50 \qquad （5-27）$$

②计算到 j 时刻累计完成的总任务量 Q_{ij}^{ES} 和 Q_{ij}^{LS}，见表 5-5。

③计算到 j 时刻累计完成的总任务量百分比 μ_j^{ES}、μ_j^{LS}，见表 5-6。

表 5-6　完成的总任务量及其百分比

j/d	1	2	3	4	5	6	7	8	9	10
Q_j^{ES}（工日）	6	12	18	24	30	35	40	44	47	50
Q_j^{LS}（工日）	3	6	12	18	24	30	36	41	46	50
μ_j^{ES}（%）	12	24	36	48	60	70	80	88	94	100
μ_j^{LS}（%）	6	12	24	36	48	60	72	82	92	100

④根据 μ_j^{ES}、μ_j^{LS} 及相应的 j 绘制 ES 曲线和 LS 曲线，得香蕉形曲线，

如图 5-22 所示。

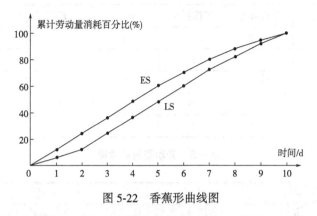

图 5-22　香蕉形曲线图

（4）前锋线比较法　前锋线比较法也是一种简单地进行工程实际进度与计划进度的比较方法。它主要适用于时标网络计划。其主要方法是从检查时刻的时标点出发，首先连接与其相邻的工作箭线的实际进度点，由此再去连接该箭线相邻工作箭线的实际进度点，依此类推，将检查时刻正在进行工作的点都依次连接起来，组成一条一般为折线的前锋线。按前锋线与箭线交点的位置判定工程实际进度与计划进度的偏差。简而言之，前锋线比较法就是通过工程项目实际进度前锋线，比较工程实际进度与计划进度偏差的方法。

采用前锋线比较法进行实际进度与计划进度的比较时，其步骤如下：

1）绘制时标网络计划图。工程项目实际进度前锋线是在时标网络计划图上标示，为清楚起见，可在时标网络计划图的上方和下方各设一时间坐标。

2）绘制实际进度前锋线。一般从时标网络计划图上方时间坐标的检查日期开始绘制，依次连接相邻工作的实际进展位置点，最后与时标网络计划图下方坐标的检查日期相连接。

3）比较实际进度与计划进度。前锋线明显地反映出检查日有关工作实际进度与计划进度的关系，有以下三种情况：

①工作实际进度点位置与检查日时间坐标相同，则该工作实际进度与计划进度一致。

②工作实际进度点位置在检查日时间坐标右侧，则该工作实际进

度超前，超前天数为两者之差。

③工作实际进度点位置在检查日时间坐标左侧，则该工作实际进度拖后，拖后天数为两者之差。

以上比较是指匀速进展的工作，对于非匀速进展的工作比较方法较复杂。

【例 5-8】某建筑工程项目时标网络计划如图 5-23 所示。该计划执行到第 6 周末检查实际进度，发现工作 A 和 B 已经全部完成，工作 D 和 E 分别完成计划任务量的 20% 和 50%，工作尚需 3 周完成，试用前锋线法进行实际进度与计划进度的比较。

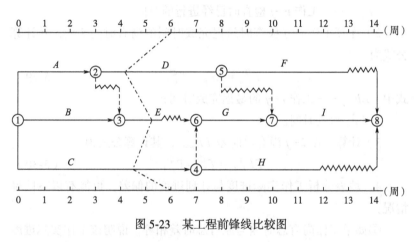

图 5-23　某工程前锋线比较图

【解】根据第 6 周末实际进度的检查结果绘制前锋线，如图 5-23 中间画线所示。通过比较可以看出：

1）工作 D 实际进度拖后 2 周，将使其后续工作 F 的最早开始时间推迟 2 周，并使总工期延长 1 周。

2）工作 E 实际进度拖后 1 周，既不影响总工期，也不影响其后续工作的正常进行。

3）工作 C 实际进度拖后 2 周，将使其后续工作 G、H、I 的最早开始时间推迟 2 周。由于工作 G、I 开始时间的推迟，从而使总工期延长 2 周。

综上所述，如果不采取措施加快进度，该工程项目的总工期将延长 2 周。

（5）列表比较法　当工程进度计划用非时标网络图表示时，可以采用列表比较法进行实际进度与计划进度的比较。这种方法是记录检查日期应该进行的工作名称及其已经作业的时间，然后列表计算有关时间参数，并根据工作总时差进行实际进度与计划进度比较的方法。

采用列表比较法进行实际进度与计划进度的比较时，其步骤如下：

1）计算检查时正在进行的工作 $i{-}j$ 尚需作业时间 $T_{i-j}^{②}$，其计算公式为

$$T_{i-j}^{②} = D_{i-j} - T_{i-j}^{①} \qquad (5\text{-}28)$$

式中　D_{i-j}——工作 $i{-}j$ 的计划持续时间；

　　　$T_{i-j}^{①}$——工作 $i{-}j$ 检查时已经进行的时间。

2）计算工作 $i{-}j$ 检查时最迟完成时间的尚有时间 $T_{i-j}^{③}$，其计算公式为

$$T_{i-j}^{③} = LF_{i-j} - T_{i-j}^{②} \qquad (5\text{-}29)$$

式中　LF_{i-j}——工作 $i{-}j$ 的最迟完成时间；

　　　$T_{i-j}^{②}$　检查时间。

3）计算工作 $i{-}j$ 尚有总时差 $TF_{i-j}^{①}$，其计算公式为

$$TF_{i-j}^{①} = T_{i-j}^{③} - T_{i-j}^{②} \qquad (5\text{-}30)$$

4）填表分析工作实际进度与计划进度的偏差。可能有以下四种情况：

①如果工作尚有总时差与原有总时差相等，说明该工作实际进度与计划进度一致。

②如果工作尚有总时差大于原有总时差，说明该工作实际进度超前，超前的时间为两者之差。

③如果工作尚有总时差小于原有总时差，且仍为非负值，说明该工作实际进度拖后，拖后的时间为两者之差，但不影响总工期。

④如果工作尚有总时差小于原有总时差，且为负值，说明该工作实际进度拖后，拖后的时间为两者之差，此时工作实际进度偏差将影响总工期。

4. 工程项目进度报告

项目进度计划检查后应按下列内容编制进度报告：

1）进度执行情况的综合描述。

2）实际进度与计划进度的对比资料。

3）进度计划的实施问题及原因分析。

4）进度执行情况对质量、安全和成本等的影响情况。

5）采取的措施和对未来计划进度的预测。

✦ 二、项目进度计划的调整

项目进度计划的调整应依据进度计划检查结果，在进度计划执行发生偏离的时候，通过对工程量、起止时间、工作关系、资源供应和必要的目标进行调整，或通过局部改变施工顺序，重新确认作业过程相互协作方式等工作关系进行的调整，更充分利用施工的时间和空间进行合理交叉衔接，并编制调整后的施工进度计划，以保证施工总目标的实现。

1. 分析进度偏差的影响

在建筑工程项目实施过程中，当通过实际进度与计划进度的比较，发现有进度偏差时，需要分析该偏差对后续工作及总工期的影响，从而采取相应的调整措施对原进度计划进行调整，以确保工期目标的顺利实现。进度偏差的大小及其所处的位置不同，对后续工作和总工期的影响程度是不同的，分析时需要利用网络计划中工作总时差和自由时差的概念进行判断。其分析步骤如下：

1）分析进度偏差的工作是否为关键工作。在工程项目的施工过程中，若出现偏差的工作为关键工作，则无论偏差大小，都对后续工作及总工期产生影响，必须采取相应的调整措施；若出现偏差的工作不为关键工作，需要根据偏差值与总时差和自由时差的大小关系，确定对后续工作和总工期的影响程度。

2）分析进度偏差是否大于总时差。在工程项目施工过程中，若工作的进度偏差大于该工作的总时差，说明此偏差必将影响后续工作和总工期，必须采取相应的调整措施；若工作的进度偏差小于或等于该工作的总时差，说明此偏差对总工期无影响，但它对后续工作的影响程度，需要根据比较偏差与自由时差的情况来确定。

3）分析偏差是否大于自由时差。在工程项目施工过程中，若工作的偏差大于该工作的自由时差，说明此偏差对后续工作产生影响，应该如何调整，应根据后续工作允许影响的程度而定；若工作的进度偏差小于或等于该工作的自由时差，则说明此偏差对后续工作无影响，因此，原进度计划可以不做调整。

经过如此分析，进度控制人员可以确认应该调整产生进度偏差的工作和调整偏差值的大小，以便确定调整采取的新措施，获得新的符合实际进度情况和计划目标的新进度计划。

2. 项目进度计划调整方法

当工程项目施工实际进度影响到后续工作、总工期而需要对进度计划进行调整时，通常采用以下两种方法：

（1）改变后续工作间的逻辑关系 当工程项目实施中产生的进度偏差影响到总工期，且有关工作的逻辑关系允许改变时，可以改变关键线路和超过计划工期的非关键线路上的有关工作之间的逻辑关系，达到缩短工期的目的。例如，将顺序进行的工作改为平行作业、搭接作业以及分段组织流水作业等，都可以有效地缩短工期。对于大型群体工程项目，单位工程间的相互制约相对较小，可调幅度较大；对于单位工程内部，由于施工顺序和逻辑关系约束较大，可调幅度较小。

【例 5-9】某建筑工程项目基础工程包括基槽、做垫层、砌基础、回填土四个施工过程，各施工过程的持续时间分别为 21d、15d、18d 和 9d，如果采取顺序作业方式进行施工，则其总工期为 63d。为缩短该基础工程总工期，如果在工作面及资源供应允许的条件下，将基础工程划分为工程量大致相等的三个施工段组织流水作业，试绘制该基础工程流水作业网络计划，并确定其计算工期。

【解】某基础工程流水作业网络计划如图 5-24 所示。通过组织流水作业，使得该基础工程工期由 63d 缩短为 35d。

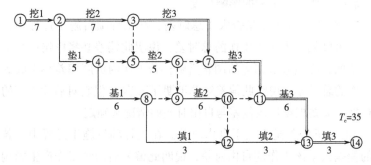

图 5-24　某基础工程流水施工网络计划

（2）**缩短后续工作的持续时间**　当进度偏差影响计划工期时，不改变后续工作逻辑关系，压缩后续工作的持续时间同样能使进度加快而使工期如期完成。

缩短持续时间的工作应是位于因工作实际进度拖延而引起计划工期延长的关键线路或某些非关键线路上的工作，且这些工作应切实具有压缩持续时间的余地。本方法通常是在网络图中借助图上分析计算直接进行，主要是通过计算到计划执行过程中某一检查时刻剩余网络时间参数的计算结果来确定工作进度偏差对计划工期的实际影响程度，再以此为据反过来推算有关工作持续时间的压缩幅度，计算分析步骤为：

1）删去截止计划执行情况检查时刻已完成的工作，将检查计划时的当前日期作为剩余网络的开始日期形成剩余网络。

2）将处于进行过程中工作的剩余持续时间标注于剩余网络图中。

3）计算剩余网络的各项时间参数。

4）再根据剩余网络时间参数的计算结果推算出有关工作持续时间的压缩幅度。

注意：采用缩短后续工作的持续时间来达到实现工期要求的方法应从工程实际情况考虑，以避免工程质量、费用、资源等方面的影响。

【**例5-10**】以图5-25所示网络为例，如果在计划执行到第40天下班时刻检查时，其实际进度如图5-26所示前锋线，试分析目前实际进度对后续工作和总工期的影响，并提出相应的进度调整措施。

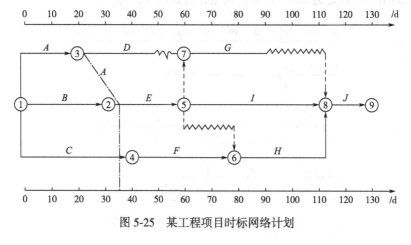

图5-25　某工程项目时标网络计划

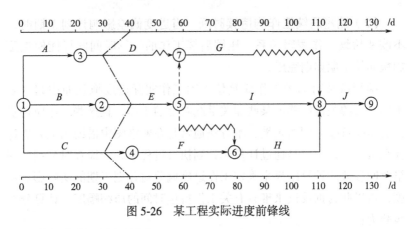

图 5-26　某工程实际进度前锋线

【解】从图中可看出：

1）工作 D 实际进度拖后 10d，但不影响其后续工作，也不影响总工期。

2）工作 E 实际进度正常，既不影响后续工作，也不影响总工期。

3）工作 C 实际进度拖后 10d，由于其为关键工作，故其实际进度将使总工期延长 10d，并使其后续工作 F、H 和 J 的开始时间推迟 10d。

如果该工程项目总工期不允许拖延，则为了保证其按原计划工期 130d 完成，必须采用工期优化的方法，缩短关键线路上后续工作的持续时间。现假设工作 C 的后续工作 F、H 和 J 均可压缩 10d，通过比较，压缩工作 H 的持续时间所需付出的代价最小，故将工作 H 的持续时间由 30d 缩短为 20d。调整的网络计划如图 5-27 所示。

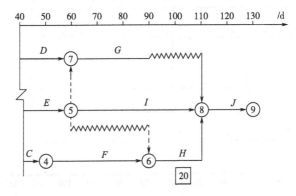

图 5-27　调整后工期不拖延的网络计划

三、项目进度拖延的原因及补救方法

1. 项目进度拖延的原因

项目经理对预定的项目计划定期评审进展情况时，如果发现进度拖延，应依据实际工程信息认真分析拖延的原因。项目进度拖延的主要原因可归纳如下：

（1）计划失误　计划失误是进度拖延常见的原因。其包括计划遗漏部分工作、计划值（例如计划工作量、持续时间）、估算不足、资源供应能力不足或资源有限制、出现计划中未能考虑到的风险和状况，未能使工程实施达到预定的效率等。

另外，在现代工程中，业主、投资者、企业主管通常在一开始就提出很紧迫的、不切实际的工期要求，使承包商或设计单位、供应商的工期显得太紧。更有许多业主为了缩短工期，常常压缩承包商的投标期、前期准备的时间。

（2）管理失误

1）业主没有集中资金的供应，拖欠工程款，或业主的材料、设备供应不及时。

2）由于其他方面未完成项目计划规定的任务造成拖延。例如设计单位拖延设计、运输不及时、上级机关拖延批准手续、质量检查拖延、业主不果断处理问题等。

3）承包商没有集中力量施工，材料供应拖延，资金缺乏，工期控制不紧。这可能是由于承包商同期工程太多、力量不足造成的。

4）计划部门与实施者之间，总分包商之间，业主与承包商之间缺少沟通。

5）项目管理者缺乏工期意识。例如，项目组织者拖延了图纸的供应和批准手续，任务下达时缺乏必要的工期说明和责任落实，拖延了工程活动。

6）项目参加者对各个活动（各专业工程和物资供应）之间的逻辑关系（活动链）没有清楚的了解，下达任务时也没有做详细的解释，同时对活动必要的前提条件准备不足，各单位之间缺少协调和信息沟通，许多工作脱节，资源供应出现问题。

（3）偶然变化　偶然变化会让管理者始料不及，又是实际工程

中常出现的事,通常有:

1)(政府、上层系统)对项目新的要求或限制,设计标准的提高可能造成项目资源的缺乏,使得工程无法及时完成。

2)环境条件的变化,例如不利的施工条件不仅对工程实施过程造成干扰,有时还直接要求调整原来已确定的计划。

3)工作量的变化。工程量的变化是由于设计的修改或错误、业主新的要求、修改项目的目标及系统范围的扩展造成的。

4)发生不可抗力事件,如地震、台风、动乱、战争等。

2. 项目进度拖延的补救方法

当项目进度出现拖延现象,应立即采取积极的补救方法,例如调整后期计划、赶工,从而改变施工拖延问题。通常采取的赶工措施有:

1)修改项目实施的方案,例如将现浇混凝土改为场外预制、现场安装,这样可以提高施工速度。当然这一方面必须有可用的资源,另一方面又要考虑会造成成本的超支。

2)改变网络计划中工程活动的逻辑关系,例如将前后顺序工作改为平行工作,或采用流水施工的方法。

3)转一部分任务给其他单位做或将原计划生产的结构构件改为外购等。

4)提高生产效率。

①将项目小组在时间上和空间上合理地组合和搭接。

②避免项目组织中的矛盾,多沟通。

③注意工人级别与工人技能的协调。

④加强培训,通常培训应尽可能地提前。

⑤改善工作环境及项目的公用设施(需要花费)。

⑥工作中的激励机制,例如奖金、小组精神发扬、个人负责制、目标明确。

5)重新进行资源分配,例如将服务部门的人员投入到生产中去,投入风险准备资源,采用加班或多班制工作。

6)增加资源投入,例如增加劳动力和材料、周转材料及设备的投入量。这是最常用的办法。但会带来一些负面影响:

①加剧资源供应的困难。如有些资源没有增加的可能性,从而加剧了项目之间或工作之间对资源激烈的竞争。

②造成费用的增加，如增加人员的调遣费用、周转材料一次性费用、设备的进出场费。

③造成资源使用效率的降低。

7）减少工作范围，包括减少工程量或删去一些工作包或分项工程。这可能会产生以下影响：

①损害工程的完整性、经济性、安全性、运行效率，或提高项目运行费用。

②由于必须经过上层管理者，如投资者、业主的批准，可能会造成工程待工，增加拖延。

本项工作内容清单

序号	工作内容	
1	制订项目进度计划	
2	分析选择施工组织形式	
3	绘制项目网络计划图	
4	实施项目进度计划	向执行者交底落实责任
		制定实施方案
		跟踪记录，收集实际进度数据
		对比实际数据与计划数据
		督促、检查工程项目计划和工程合同的执行情况
		检查计划
		调整计划
		进度拖延补救

第六章

项目质量管理

| 第一节 项目质量管理概述 |

✅ 一、质量与质量管理

1. 质量

质量指的是产品或服务满足明确或隐含需要的特征和特性的总和，即产品或服务能够满足用户需要的那些特征、特性。传统习惯所说的质量，一般是指产品质量。全面质量与此不同，其含义除包括产品质量外，还包含工序质量和工作质量等。

2. 质量管理

质量管理是指在确定质量方针、目标和职责并在质量体系中通过诸如质量控制、质量策划、质量保证和质量改进使其实施的全部管理职能的所有活动。

（1）**质量方针** 它体现了该组织的质量意识和质量追求，施工组织内部的行为准则，体现了顾客的期待和对顾客做出的承诺。常与组织的总方针相一致，并为制定质量目标提供框架。

（2）**质量目标** 质量目标是与质量有关的、所追求的或作为目的的事物。质量目标应覆盖那些为了使产品满足要求而确定的各种需求。质量目标一般是按年度提出的在产品质量方面要达到的具体目标。质量目标是比较具体的、定量的要求，是可测的，并且应该与质量方针与持续改进的承诺相一致。

（3）**质量控制** 质量控制是指为达到质量要求所采取的作业技术和活动。

1）质量控制的对象是过程。控制的结果应能使被控制对象达到规定的质量要求。

2）为使被控制对象达到规定的质量要求，应必须采取适宜的有效的措施，包括作业技术和方法。

（4）质量策划 质量策划是质量管理中致力于设定质量目标并规定必要的作业过程和相关资源以实现其质量目标的部分。最高管理者应对实现质量方针、目标和要求所需的各项活动和资源进行质量策划。质量策划是质量管理中的筹划活动，是组织领导和管理部门的职责之一。必须根据市场信息、用户反馈意见、国内外发展动向等因素，对老产品改进和新产品开发进行筹划，即研制什么样的产品，应具有什么样的性能，达到什么样的水平，提出明确的目标和要求，并进一步为如何达到这样的目标和这些要求从技术、组织等方面进行策划。

（5）质量保证 质量保证是指为了提供足够的信任表明实体能够满足质量要求，而在质量体系中实施并根据需要进行证实的全部有计划和有系统的活动。质量保证定义的关键是"信任"，对达到预期质量要求的能力提供足够的信任。质量保证不是买到不合格产品以后的保修、保换、保退。而信任的依据是质量体系的建立和运行。因为这样的质量体系将所有影响质量的因素，包括技术、管理和人员方面的因素，都采取了有效的方法进行控制，因而具有减少、消除特别是预防不合格的机制。因此质量保证体系具有持续稳定地满足规定质量要求的能力。

（6）质量改进 质量改进是指质量管理中致力于提高有效性和效率的部分。质量改进的目的是向自身和顾客提供更多的利益，如更低的消耗、更低的成本、更多的收益以及更新的产品和服务等。

质量改进是通过整个组织范围内的活动和过程的效果以及效率的提高来实现的。组织内的任何一个活动和过程的效果及效率的提高都会导致一定程度的质量改进。

质量改进与产品、质量、过程以及质量环等概念直接相关，也与质量损失、纠正措施、预防措施、质量管理、质量体系、质量控制等概念有着密切的联系。质量改进是通过不断减少质量损失而为本组织和顾客提供更多的利益，也是通过采取纠正措施、预防措施提高活动和过程的效果及效率。质量改进通常在质量控制的基础上得以实现。

二、项目质量管理的基本特征、原则、过程及程序

1. 项目管理的基本特征

由于项目施工涉及面广，是一个极其复杂的综合过程，再加上项目位置固定、生产流动、结构类型不一、质量要求不一、施工方法不一、体型大、整体性强、建设周期长、受自然条件影响大等特点，项目的质量管理比一般工业产品的质量管理更难以实施，主要表现在以下几个方面：

（1）**影响质量的因素多** 如设计、材料、机械设备、地形、地质、水文、气象、施工工艺、施工操作方法、技术、措施、管理制度等，均可直接影响工程建设项目质量。在实际质量管理过程中，设计原因引起的质量问题能占 40% 以上，为了减少因设计影响工程质量的程度应做到：

1）通过设计招标，优选设计单位。

2）保证初步设计、技术设计、施工图设计均符合项目决策阶段确定的质量要求。

3）保证工程各组成部分的设计均符合有关技术法规和技术标准的规定。

4）保证各专业设计之间的相互协调关系。

5）保证设计文件、图纸符合现场施工的实际条件，其深度应能满足施工的要求。

（2）**易产生质量变异** 因项目施工不像工业产品生产，有固定的自动性和流水线，有规范化的生产工艺和完善的检测技术，有成套的生产设备和稳定的生产环境，有相同系列规格和相同功能的产品。同时，由于影响施工项目质量的偶然性因素和系统性因素都较多，因此，很容易产生质量变异。如材料性能微小的差异、机械设备正常的磨损、操作微小的变化、环境微小的波动等，均会引起偶然性因素的质量变异。当使用的材料的规格、品种有误，施工方法不妥，操作不按规程，机械故障，仪表失灵，设计计算错误等，则会引起系统性因素的质量变异，造成工程质量事故。为此，在施工中要严

防出现系统性因素的质量变异，要把质量变异控制在偶然性范围内。

（3）**容易产生判断错误**　施工项目由于工序交接多，中间产品多，隐蔽工程多，若不及时检查实质，事后再看表面，就容易产生第二判断错误，也就是说，容易将不合格的产品，认为是合格的产品，反之，若检查不认真，测量仪表不准确，读数有误，就会产生第一判断错误，也就是说容易将合格产品，认为是不合格的产品。这点，在进行质量检查验收时，应特别注意。

（4）**检查不能解体、拆卸**　工程项目建成后，不可能像某些工业产品那样，再拆卸或解体检查内在的质量，或重新更换零件。即使发现质量有问题，也不可能像工业产品那样实行"包换"或"退款"。

（5）**受投资及进度的制约**　施工项目的质量受投资、进度的制约较大，如一般情况下，投资大进度慢，质量就好。反之则差。因此，项目在施工中，还必须正确处理质量、投资、进度三者之间的关系，使其达到对立统一。

2. 项目质量管理的原则

对项目而言，质量控制就是为了确保合同、规范所规定的质量标准，所采取的一系列检测、监控措施、手段和方法。在进行项目质量管理过程中，应遵循以下原则：

（1）**坚持"质量第一，用户至上"**　建筑产品作为一种特殊的生产商品，使用年限较长，是"百年大计"，直接关系到人民生命财产安全。所以，工程项目在施工中应自始至终地把"质量第一，用户至上"作为质量控制的基本原则。

（2）**"以人为核心"**　人是质量的创造者，质量控制必须"以人为核心"，把人作为控制的动力，调动人的积极性、创造性。增强人的责任感，树立"质量第一"的观念。提高人的素质，避免人的失误，以人的工作质量保工序质量、保工程质量。

（3）**"以预防为主"**　"以预防为主"就是要从对质量的事后检查把关，转向对质量的事前控制、事中控制。从对产品质量的检查，转向对工作质量的检查、对工序质量的检查、对中间产品的质量检查。这是确保施工项目的有效措施。

（4）**坚持质量标准、严格检查，一切用数据说话**　质量标准是评价产品质量的尺度，数据是质量控制的基础和依据。产品质量是否符合质量标准，必须通过严格检查，用数据说话。

（5）**贯彻科学、公正、守法的职业规范**　建筑施工企业的项目经理，在处理质量问题过程中，应尊重客观事实，尊重科学，正直、公正，不持偏见；遵纪、守法、杜绝不正之风。既要坚持原则、严格要求、秉公办事，又要谦虚谨慎、实事求是、以理服人、热情帮助。

3. 项目质量管理的过程

任何施工项目都是由分项工程、分部工程和单位工程所组成的，而工程项目的建设则通过一道道工序来完成。所以，施工项目的质量管理是从工序质量到分项工程质量、分部工程质量、单位工程质量的系统控制过程，如图 6-1 所示；也是一个由对投入原材料的质量控制开始，直到完成工程质量检验为止的全过程的系统过程，如图 6-2 所示。

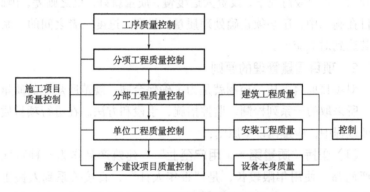

图 6-1　施工项目质量管理过程（一）

图 6-2　施工项目质量管理过程（二）

为了加强项目的质量管理，明确整个质量管理过程中的重点所在，可将工程项目质量管理的过程分为事前控制、事中控制和事后控制三个阶段，如图 6-3 所示。

（1）**事前控制**　事前控制是指对工程施工前准备阶段进行的质量控制。它是指在各工程对象正式施工活动开始前，对各项准备工作及影响质量的各因素和有关方面进行的质量控制。

1）施工技术准备工作的质量控制应符合以下要求：

①组织图纸会审及技术交底。应要求勘察设计单位按国家现行的有关规定、标准和合同规定，建立健全质量保证体系，完成符合质量要求的勘察设计工作。

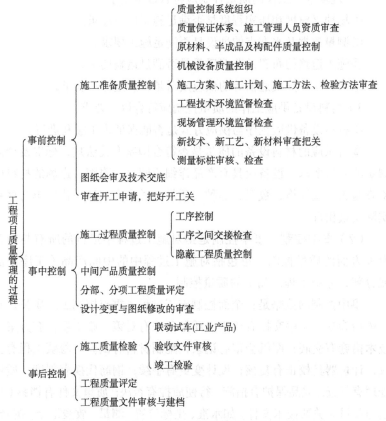

图 6-3　工程项目质量管理的过程

在图纸审核中，审核图纸资料是否齐全，标准尺寸有无矛盾及错误，供图计划是否满足组织施工的要求及所采取的保证措施是否得当。

设计采用的有关数据及资料是否与施工条件相适应，能否保证施工质量和施工安全。

进一步明确施工中具体的技术要求及应达到的质量标准。

②核实资料。核实和补充对现场调查及收集的技术资料，应确保

可靠性、准确性和完整性。

③审查施工组织设计或施工方案。重点审查施工方法与机械选择、施工顺序、进度安排及平面布置等是否能保证组织连续施工，审查所采取的质量保证措施。

④建立保证工程质量的必要的试验设施。

2）现场准备工作的质量控制应符合以下要求：

①场地平整度和压实程度是否满足施工质量要求。

②测量数据及水准点的埋设是否满足施工要求。

③施工道路的布置及路况质量是否满足运输要求。

④水、电、热及通信等的供应质量是否满足施工要求。

3）材料设备供应工作的质量控制应符合以下要求：

①材料设备供应程序与供应方式是否能保证施工顺利进行。

②所供应的材料设备的质量是否符合国家有关法规、标准及合同规定的质量要求。设备应具有产品详细说明书及附图。进场的材料应检查验收，验规格、数量、品种、质量，做到合格证、化验单与材料实际质量相符。

（2）事中控制　事中控制是指对施工过程中进行的所有与施工有关方面的质量控制，也包括对施工过程中的中间产品（工序产品或分部、分项工程产品）的质量控制。

事中控制的策略是：全面控制施工过程，重点控制工序质量。其具体措施是：工序交接有检查；质量预控有对策；施工项目有方案；技术措施有交底；图纸会审有记录；配制材料有试验；隐蔽工程有验收；计量器具校正有复核；设计变更有手续；钢筋代换有制度；质量处理有复查；成品保护有措施；行使质控有否决；质量文件有档案（凡是与质量有关的技术文件，如水准、坐标位置、测量、放线记录，沉降、变形观测记录，图纸会审记录，材料合格证明、试验报告，施工记录，隐蔽工程记录，设计变更记录，调试、试压运行记录，试车运转记录，竣工图等都要编目建档）。

（3）事后控制　事后控制是指对通过施工过程所完成的具有独立功能和使用价值的最终产品（单位工程或整个建设项目）及其有关方面（例如质量文档）的质量进行控制。其目的是对工程产品进行验收把关，以避免不合格产品投入使用。其具体工作内容有：

1）组织联动试车。

2）准备竣工验收资料，组织自检和初步验收。

3）按规定的质量评定标准和办法，对完成的分项工程、分部工程、单位工程进行质量评定。

4）组织竣工验收，其标准是：

①按设计文件规定的内容和合同规定的内容完成施工，质量达到国家质量标准，能满足生产和使用的要求。

②主要生产工艺设备已安装配套，联动负荷试车合格，形成设计生产能力。

③交工验收的建筑物要窗明、地净、水通、灯亮、气来、供暖通风设备运转正常。

④交工验收的工程内净外洁，施工中的残余物料运离现场，灰坑填平，临时建（构）筑物拆除，2m 以内地坪整洁。

⑤技术档案资料齐全。

4. 项目质量管理的程序

在进行建筑产品施工的全过程中，项目管理者要对建筑产品施工生产进行全过程、全方位的监督、检查与管理，它与工程竣工验收不同，它不是对最终产品的检查、验收，而是对生产中各环节或中间产品进行监督、检查与验收。

✔ 三、项目质量监督管理

1. 项目质量政府监督管理

政府监督管理的体制为：国务院建设行政主管部门对全国的建设工程质量实施统一监督管理。国务院铁路、交通、水利等有关部门按国务院规定的职责分工，负责对全国的有关专业建设工程的质量进行监督管理。县级以上地方人民政府建设行政主管部门对本行政区域内的建设工程质量实施监督管理。县级以上地方人民政府交通、水利等有关部门在各自职责范围内，负责本行政区域内的专业建设工程质量监督管理。

2. 建设监理单位的质量监督管理

工程项目实行建设监理制度，是我国在建设领域管理体制改革中推行的一项科学管理制度。建设监理单位受业主的委托，在监理合同授权范围内，依据国家的法律、规范、标准和工程建设合同文件，对工程建设进行监督和管理。

在施工阶段，监理人员不仅要进行合同管理、信息管理、进度控制和投资控制，而且要对施工全过程中各道工序进行严格的质量控制。国家规定，凡进入施工现场的机械设备和原材料，必须经过监理人员检验合格后才可使用。每道施工工序都必须按批准的程序和工艺进行施工，经施工企业的"三检"（初检、复检、终检），并经监理人员检查认证合格，方可进入下道工序。工程的其他部位或关键工序，施工企业必须在监理人员到场的情况下才能施工。所有的单位工程、分部工程、分项工程，必须由监理人员参加验收。

3. 工程质量监督机构的主要任务

1）制定质量监督工作方案。

①确定负责该项工程的质量监督工程师和助理质量监督师。

②根据有关法律、法规和工程建设强制性标准，针对工程特点，明确监督的具体内容、监督方式。

③在方案中对地基基础、主体结构和其他涉及结构安全的重要部位和关键过程，做出实施监督的详细计划安排，并将质量监督工作方案通知建设、勘察、设计、施工和监理单位。

2）检查施工现场工程建设各方主体的质量行为。

①检查施工现场工程建设各方主体及有关人员的资质或资格。

②检查勘察、设计、施工、监理单位的质量管理体系和质量责任制落实情况。

③检查有关质量文件、技术资料是否齐全、符合规定。

3）检查建筑工程实体质量。

①按照质量监督工作方案，对建筑工程地基基础、主体结构和其他涉及安全的关键部位进行现场实地抽查，对用于工程的主要建筑材料、构配件的质量进行抽查。

②对地基基础分部、主体结构分部和其他涉及安全的分部工程的质量验收进行监督。

4）负责向委托部门报送工程质量监督报告。报告的内容应包括对地基基础和主体结构质量检查的结论，工程施工验收的程序、内容和质量检验评定是否符合有关规定，及历次抽查该工程的质量问题和处理情况等。

5）监督工程质量验收。监督建设单位组织的工程竣工验收的组织形式、验收程序以及在验收过程中提供的有关资料和形成的质量评定文件是否符合有关规定，实体质量是否存在严重缺陷，工程质量验收是否符合国家标准。

6）对预制建筑构件和商品混凝土的质量进行监督。

7）对受委托部门委托按规定收取工程质量监督费。

| 第二节　项目质量计划 |

☑ 一、项目质量计划的定义

项目质量计划是指针对特定的项目、产品、过程或合同，规定由谁及何时应使用哪些程序和相关资源的文件。对工程行业而言，项目质量计划主要是针对特定的工程项目编制的规定专门的质量措施、资源和活动顺序的文件，其作用是，对外可作为针对特定工程项目的质量保证，对内可作为针对特定工程项目质量管理的依据。

通过项目质量计划，可将某产品、项目合同的特定要求与现行的通用的质量体系程序相结合。项目质量计划引用的是质量手册和程序文件中的适用条款。项目质量计划应明确指出所开展的质量活动，并直接或间接通过相应程序或其他文件，指出如何实施这些活动。

☑ 二、项目质量计划的编制

1. 项目质量计划的编制依据

（1）**质量方针**　处于组织中的项目组在实施项目的过程中必须依照质量方针的要求，当然也可根据项目的特点做适当调整。要保证在质量方针上项目组与投资方达成共识。

（2）**项目范围说明书**　项目范围说明书阐述了客户的要求及项

目目标，理应成为编制项目质量计划的主要依据。

（3）**产品描述** 产品描述一般包括技术问题及可能影响工程项目质量计划的其他问题的细节。无论其形式和内容如何，其详细程度应能保证以后工程项目计划的进行，而且一般初步的产品描述由业主提供。

（4）**标准和规则** 标准和规则指可能对该工程项目产生影响的任何应用领域的专用标准和规则。许多工程项目在项目计划中常考虑通用标准和规则的影响。当这些标准和规则的影响不确定时，有必要在工程项目风险管理中加以考虑。

（5）**其他过程的结果** 其他过程的结果指其他领域所产生的可视为质量计划组成部分的结果，例如采购计划可能对承包商的质量要求做出规定。

2. 项目质量计划的编制要求

1）必须建立项目质量计划的编制小组。质量小组成员应具备丰富的知识，有实践经验，善于听取不同意见，有较强的沟通能力和创新精神。当项目质量计划编制完成后，在公布实施时，质量小组即可解散。

2）最高领导者应亲自领导项目经理必须亲自主持和组织项目质量计划的编制工作。

3）编制项目质量计划的指导思想是：始终以用户为关注焦点。

4）准确无误地找出关键质量问题。

5）反复征询对项目质量计划草案的意见。

6）项目质量计划应成为对外质量保证、对内质量控制的依据。

3. 项目质量计划的编制要求内容

项目质量计划应由项目经理主持编制。项目质量计划作为对外质量保证和对内质量控制的依据，应体现工程项目从分项工程、分部工程到单位工程的过程控制，同时也要体现从资源投入到完成工程质量最终检验和试验的全过程控制。项目质量计划编写的内容如下：

（1）**质量目标** 合同范围内的全部工程所有使用功能符合设计图或更改要求。分项工程、分部工程、单位工程质量达到既定的施工质量验收统一标准，合格率100%，其中专项达到：

1）所有隐蔽工程为业主质检部门验收合格。

2）卫生间、地下室、地面不出现渗漏，所有门窗不渗漏雨水。

3）所有保温层、隔热层不出现冷热桥。

4）所有高级装饰达到有关设计规定。

5）所有的设备安装、调试符合有关验收规范。

6）特殊工程的规定。

7）工程交工后维修期为一年，其中屋面防水维修期为三年。

（2）管理职责

1）项目经理是本工程实施的最高负责人，对工程符合设计、验收规范、标准要求负责，对各阶段、各工号按期交工负责。

项目经理委托项目质量副经理或技术负责人负责本工程质量计划和质量文件的实施及日常质量管理工作。当有更改时，负责更改后的质量文件实施的控制和管理。

①对本工程的准备、施工、安装、交付和维修整个过程质量活动的控制、管理、监督、改进负责。

②对进场材料、机械设备的合格性负责。

③对分包工程质量的管理、监督、检查负责。

④对设计和合同有特殊要求的工程和部位负责组织有关人员、分包商和用户按规定实施，指定专人进行相互联络，解决相互间接口发生的问题。

⑤对施工图、技术资料、项目质量文件、记录的控制和管理负责。

2）项目生产副经理对工程进度负责，调配人力、物力保证按图纸和规范施工，协调同业主、分包商的关系，负责审核结果、整改措施、质量纠正措施和实施。

3）队长、工长、测量员、计量员在项目质量副经理的直接指导下，负责所管部位和分项施工全过程质量，使其符合图纸和规范要求，有更改者符合更改要求，有特殊规定者符合特殊要求。

4）材料员、机械员对进场的材料、构件、机械设备进行质量验收或退货、索赔，有特殊要求的物资、构件、机械设备执行质量副经理的指令。对业主提供的物资和机械设备负责按合同规定进行验收。对分包商提供的物资和机械设备按合同规定进行验收。

（3）资源提供 规定项目经理部管理人员及操作工人的岗位任职标准及考核认定方法。规定项目人员流动时进出人员的管理程序。

规定人员进场培训（包括供方队伍、临时工、新进场人员）的内容、考核、记录等。规定对新技术、新结构、新材料、新设备修订的操作方法和操作人员进行培训并记录等。规定施工所需的临时设施（含临建、办公设备、住宿房屋等）、支持性服务手段、施工设备及通信设备等。

（4）**工程项目实现过程策划**　规定施工组织设计或专项项目质量的编制要点及接口关系。规定重要施工过程的技术交底和质量策划要求。规定新技术、新材料、新结构、新设备的策划要求。规定重要过程验收的准则或技艺评定方法。

（5）**材料、机械、设备、劳务及试验等采购控制**　由企业自行采购的工程材料、工程机械设备、施工机械设备、工具等，质量计划做如下规定：

1）参考供方产品标准及质量管理体系的要求。

2）选择、评估、评价和控制供方的方法。

3）必要时参用供方质量计划的要求及引用的质量计划。

4）不违反采购的法规要求。

5）有可追溯性（追溯所考虑对象的历史、应用情况或所处场所的能力）要求时，要明确追溯内容的形成，记录、标志的主要方法。

6）认真检验特殊质量保证证据。

（6）**施工全过程控制**　对工程从合同签订到交付全过程的控制方法做出规定。对工程的总进度计划、分段进度计划、分包工程的进度计划、特殊部位进度计划、中间交付的进度计划等做出过程识别的管理规定。

1）规定工程实施全过程各阶段的控制方案、措施、方法及特别要求等。主要包括下列过程：

①施工准备。

②土石方工程施工。

③基础和地下室工程。

④主体工程施工。

⑤设备安装。

⑥装饰装修。

⑦附属建筑施工。

⑧分包工程施工。

⑨冬期、雨期施工。

⑩特殊工程施工。

⑪交付。

2）规定工程实施过程需用的程序文件、作业指导书（如工艺标准、操作规程、工法等），作为方案和措施必须遵循的办法。

3）规定对隐蔽工程、特殊工程进行控制、检查、鉴定验收、中间交付的方法。

4）规定工程实施过程需要使用的主要施工机械、设备、工具的技术和工作条件，运行方案，操作人员上岗条件和资格等内容，作为对施工机械设备的控制方式。

5）规定对各分包单位项目上的工作表现及其工作质量进行评估的方法、评估结果送交有关部门，对分包单位的管理办法等，以此控制分包单位。

（7）搬运、储存、包装、成品保护和交付过程的控制

1）规定工程实施过程在形成的分项工程、分部工程、单位工程的半成品、成品保护方案、措施、交接方式等内容，作为保护半成品、成品的准则。

2）规定工程期间交付、竣工交付、工程的收尾、维护、验评、后续工作处理的方案、措施，作为管理的控制方式。

3）规定重要材料及工程设备的包装防护的方案及方法。

（8）对安装和调试过程的控制　对于工程水、电、暖、电信、通风、机械设备等的安装、检测、调试、验评、交付、不合格的处置等内容规定方案、措施、方式。由于这些工作同土建交叉配合较多，因此对于交叉接口程序、验证哪些特性、交接验收、检测、试验设备要求、特殊要求等内容要做明确规定，以便各方面实施遵循。

（9）检验、试验和测量的过程控制　规定材料、构件、施工条件、结构形式在什么条件、什么时间必须进行检验、试验、复验，以验证是否符合质量和设计要求，如钢材进场必须进行型号、钢种、炉号、批量等内容的检验，不清楚时要进行取样试验或复验。

1）规定施工现场必须设立试验室（员）配置相应的试验设备，完善试验条件，规定试验人员资格和试验内容。对于特定要求要规定

试验程序及对程序过程进行控制的措施。

2）当企业和现场条件不能满足所需各项试验要求时，要规定委托上级试验或外单位试验的方案和措施。当有合同要求的专业试验时，应规定有关的试验方案和措施。

3）对于需要进行状态检验和试验的内容，必须规定每个检验试验点所需检验、试验的特性、所采用程序、验收准则、必需的专用工具、技术人员资格、标识方式、记录等要求。例如结构的荷载试验等。

4）当有业主亲自参加见证或试验的过程或部位时，要规定该过程或部位的所在地，见证或试验时间，如何按规定进行检验试验，前后接口部位的要求等内容。例如屋面、卫生间的渗漏试验。

5）当有当地政府部门要求进行或亲临的试验、检验过程或部位时，要规定该过程或部位在何处、何时、如何按规定由第三方进行检验和试验。例如搅拌站空气粉尘含量测定、防火设施验收、压力容器使用验收、污水排放标准测定等。

6）对于施工安全设施、用电设施、施工机械设备安装、使用、拆卸等，要规定专门的安全技术方案、措施、使用的检查验收标准等内容。

7）要编制现场计量网络图，明确工艺计量、检测计量、经营计量的网络，计量器具的配备方案，检测数据的控制管理和计量人员的资格。

8）编制控制测量、施工测量的方案，制定测量仪器配置，人员资格、测量记录控制、标识确认、纠正、管理等措施。

9）要编制分项工程、分部工程、单位工程和项目检查验收、交付验评的方案，作为交验时进行控制的依据。

（10）检验、试验、测量设备的过程控制　规定要在本工程项目上使用所有检验、试验、测量和计量设备的控制和管理制度，包括：

1）设备的标识方法。

2）设备校准的方法。

3）标明、记录设备准状态的方法。

4）明确哪些记录需要保存，以便一旦发现设备失准时，确定以前的测试结果是否有效。

（11）不合格品的控制

1）要编制工种、分项工程、分部工程不合格产品出现的方案、措施，以及防止与合格之间发生混淆的标识和隔离措施。规定哪些范围不允许出现不合格。明确一旦出现不合格，哪些允许修补返工，哪些必须推倒重来，哪些必须局部更改设计或降级处理。

2）编制控制质量事故发生的措施及一旦发生后的处置措施。

规定当分项工程、分部工程和单位工程不符合设计图（更改）和规范要求时，项目和企业各方面对这种情况的处理有以下职权：

①质量监督检查部门有权提出返工修补处理、降级处理或做不合格品处理。

②质量监督检查部门以图纸（更改）、技术资料、检测记录为依据用书面形式向以下各方发出通知；当分部工程不合格时通知项目质量副经理和生产副经理；当分项工程不合格时通知项目经理；当单位工程不合格时通知项目经理和公司生产经理。

对于上述返工修补、降级处理或不合格品的处理，接收通知方有权接受和拒绝这些要求；当通知方和接收通知方意见不能调解时，则上级质量监督检查部门、公司质量主管负责人，乃至经理裁决；若仍不能解决时申请由当地政府质量监督部门裁决。

| 第三节　项目质量控制 |

◇ 一、项目质量控制的定义

项目质量控制就是为了保证达到工程合同设计文件和标准规范规定的质量标准而采取的一系列措施、手段和方法。

建筑工程项目质量控制按其实施者不同，包括三方面：一是业主方面的质量控制；二是政府方面的质量控制；三是承建商方面的质量控制。这里的质量控制主要指承建商方面的内部的、自身的控制。

✓ 二、项目质量控制的目标

项目质量控制是指采取有效措施，确保实现合同（设计承包合同、施工承包合同与订货合同等）商定的质量要求和质量标准，避免常见的质量问题，达到预期目标。一般来说，项目质量控制的目标要求是：

1）工程设计必须符合设计承包合同规定的规范标准的质量要求、投资额、建设规模应控制在批准的设计任务书范围内。

2）设计文件、图纸要清晰完整，各相关图纸之间无矛盾。

3）工程项目的设备选型、系统布置要经济合理、安全可靠、管线紧凑、节约能源。

4）环境保护措施、"三废"处理、能源利用等要符合国家和地方政府规定的指标。

5）施工过程与技术要求相一致，与计划规范相一致，与设计质量要求相一致，符合合同要求和验收标准。

工程项目的质量控制在项目管理中占有特别重要的地位。确保工程项目的质量，是工程技术人员和项目管理人员的重要使命。近年来，国家已明确规定把建筑工程优良品率作为考核建筑施工企业的一项重要指标，要求施工企业在施工过程中推行全面质量管理、价值工程等现代管理方法，使工程质量明显提高。但是，目前我国建筑业的质量管理仍不尽人意，还存在不少施工质量问题，这些问题的出现，大大影响了用户的使用效果，严重的甚至还造成人身伤亡事故，给建筑业造成了极大的损失。为了确保项目的质量，应下大力气抓好质量控制。

✓ 三、项目质量控制的措施

（1）增强质量意识　要增强所有参加工程项目施工的全体职工（包括分包单位和协作单位）的质量意识，特别是工程项目领导班子成员的质量意识，认识到"质量第一"是个重大政策，树立"百年大计，质量第一"的思想。要有对国家、对人民负责的高度责任感和事业心，把工程项目质量的优劣作为考核工程项目的重要内容，以优良的工程质量来提高企业的社会信誉和竞争能力。

（2）落实企业质量体系的各项要求，明确质量责任制　工程项目要认真贯彻落实本企业建立的文件化质量体系的各项要求，贯彻工程项目质量计划。工程项目领导班子成员、各有关职能部门或工作人员都要明确自己在保证工程质量工作中的责任，各尽其职，各负其责，以工作质量来保证工程质量。

（3）**提高职工素质** 这是搞好工程项目质量的基本条件。参加工程项目的职能人员是管理者，工人是操作者，都直接决定着工程项目的质量。必须努力提高参加工程项目职工的素质，加强职业道德教育和业务技术培训，提高施工管理水平和操作水平，努力创出一流的工程质量。

（4）**搞好工程项目质量管理的基础工作** 其主要包括质量教育、标准化、计量和质量信息工作。

1）质量教育工作。要对全体职工进行质量意识的教育，使全体职工明确质量对国家四化建设的重大意义，质量与人民生活密切相关，质量是企业的生命。进行质量教育工作要持之以恒，有计划、有步骤地实施。

2）标准化工作。对工程项目来说，从原材料进场到工程竣工验收，都要有技术标准和管理标准，要建立一套完整的标准化体系。技术标准是根据科学技术水平和实践经验，针对具有普遍性和重复出现的技术问题提出的技术准则。在工程项目施工中，除了要认真贯彻国家和上级颁发的技术标准、规范外，还应结合本工程的情况制定工艺标准，作为指导施工操作和工程质量要求的依据。管理标准是对各项管理工作的规定，如各项工作的办事守则、职责条例、规章制度等。

3）计量工作。计量工作是保证工程质量的重要手段和方法。要采用法定计量单位，做好量值传递，保证量值的统一。对本工程项目中采用的各项计量器具，要建立台账，按国家和上级规定的周期，定期进行检定。

4）质量信息工作。质量信息反映工程质量和各项管理工作的基本数据和情况。在工程项目施工中，要及时了解建设单位、设计单位、质量监督部门的信息，及时掌握各施工班组的质量信息，认真做好原始记录，如分项工程的自检记录等，便于项目经理和有关人员及时采取对策。

◇✓ 四、项目质量控制的数理统计方法

1. 数理统计的基本概念

数据是进行质量管理的基础，"一切用数据说话"才能做出科学的判断。数理统计就是用统计的方法，通过收集、整理质量数据，帮助我们分析、发现质量问题，从而及时采取对策措施，纠正和预防质量事故。

利用数理统计方法控制质量可以分为三个步骤，即统计调查和整理、统计分析以及统计判断。

第一步，统计调查和整理。根据解决某方面质量问题的需要收集数据，将收集到的数据加以整理和归档，用统计表和统计图的方法，并借助于一些统计特征值（如平均数、标准偏差等）来表达这批数据所代表的客观对象的统计性质。

第二步，统计分析。对经过整理、归档的数据进行统计分析，研究它的统计规律。例如判断质量特征的波动是否出现某种趋势或倾向，影响这种波动的又是什么因素，其中有无异常波动等。

第三步，统计判断。根据统计分析的结果对总体的现状或发展趋势做出有科学根据的判断。

2. 数据统计的内容

（1）母体 母体又称为总体、检查批或批，指研究对象全体元素的集合。母体分有限母体和无限母体两种。有限母体有一定数量表现，如一批同牌号、同规格的钢材或水泥等。无限母体则没有一定数量表现，如一道工序，它源源不断地生产出某一产品，本身是无限的。

（2）子样 从母体中取出来的部分个体，也称为试样或样本。子样分随机取样和系统抽样。前者多用于产品验收，即母体内各个体都有相同的机会或有可能被抽取。后者多用于工序的控制，即每经一定的时间间隔，每次连续抽取若干产品作为子样，以代表当时的生产情况。

（3）母体与子样、数据的关系 子样的各种属性都是母体特性的反映。在产品生产过程中，子样所属的一批产品（有限母体）或工序（无限母体）的质量状态和特性值，可从子样取得的数据来推测、

判断。母体与子样、数据的关系，如图 6-4 所示。

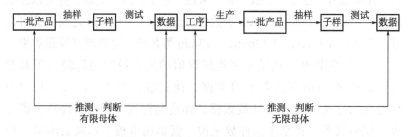

图 6-4　母体与子样、数据的关系

（4）**随机现象**　在日常生产、生活的实践活动中，在基本条件不变的情况下，经常会碰到一些不确定的，时而出现这种结果，时而又出现那种结果的现象，这种现象称为随机现象。例如，配制混凝土时，同样的配合比，同样的设备，同样的生产条件，混凝土抗压强度可能偏高，也可能偏低。这就是随机现象。随机现象实质上是一种不确定的现象。然而，随机现象并不是不可以认识的。概率论就是研究这种随机现象规律性的一门学科。

（5）**随机事件**　为了仔细考察一个随机现象，就需要分析这个现象的各种表现。如某一道工序加工产品的质量，可以表现为合格，也可以表现为不合格。我们把随机现象的每一种表现或结果称为随机事件（简称为事件）。这样"加工产品合格""加工产品不合格"就是随机现象中的两个随机事件。在某一次试验中既定的随机事件可能出现也可能不出现，但经过大量重复的试验后，它却具有某种规律的表现或结果。

（6）**随机事件的频率**　频率是衡量随机事件发生可能性大小的一种数量标志。在试验数据中，随机事件发生的次数称为"频数"，它与数据总数的比值称为"频率"。

3. 质量数据

（1）**质量数据的分类**　质量数据是指由个体产品质量特性值组成的样本（总体）的质量数据集，在统计上称为变量。个体产品质量特性值称为变量值。根据质量数据的特点，可以将其分为计量数据和计数数据。

1）计量数据。凡是可以连续取值的或者说可以用测量工具具体测读出小数点以下数值的这类数据称为计量数据。如长度、容积、重量、化学成分、温度等。就拿长度来说，在 1～2mm 之间，还可以连续测出 1.1mm、1.2mm、1.3mm 等数值，而在 1.1～1.2mm 之间，又可以进一步测得 1.11mm、1.12mm、1.13mm 等数值。这些就是计量数据。

2）计数数据。凡是不能连续取值的或者说即使用测量工具测量，也得不到小数点以下的数据，而只能得到 0、1、2、3、4…自然数的这类数据称为计数数据。如废品件数、不合格件数、疵点数、缺陷数等。就拿废品件数来说，就是用卡板、塞规去测量，也只能得到 1 件、2 件、3 件…废品数。计数数据还可以细分为计件数据和计点数据。计件数据是指按件计数的数据，如不合格品件数、不合格品率等。计点数据是指按点计数的数据，如疵点数、焊缝缺陷数、单位缺陷数等。

（2）质量数据的收集方法

1）全数检验。全数检验是对总体中的全部个体逐一观察、测量、计数、登记，从而获得对总体质量水平评价结论的方法。全数检验一般比较可靠，能提供大量的质量信息，但要消耗很多人力、物力、财力和时间，特别是不能用于具有破坏性的检验和过程质量控制，应用上具有局限性。在有限的总体中，对重要的检测项目，当可采用简易快速的不破损检验方法时可选用全数检验方案。

2）随机抽样检验。随机抽样检验是按照随机抽样的原则，从总体中抽取部分个体组成样本，根据对样品进行检测的结果，推断总体质量水平的方法。随机抽样检验抽取样品不受检验人员主观意愿的支配，每一个个体被抽中的概率都相同，从而保证了样本在总体中的分布比较均匀，有充分的代表性。同时它还具有节省人力、物力、财力、时间和准确性高的优点。它又可用于破坏性检验和生产过程的质量控制，完成全数检验无法进行的检测项目，具有广泛的应用空间。随机抽样的具体方法有：

①单纯随机抽样法。这种方法适用于对母体缺乏基本了解的情况下，按随机的原则直接从母体 N 个单位中抽取 n 个单位作为样本。样本的获取方式常用的有两种。一是利用随机数表和一个六面体骰子作为随机抽样的工具。通过掷骰子所得的数字，相应地查对随机数表上的数值，然后确定抽取试样编号。二是利用随机数骰子，一般为正六

面体。六个面分别标 1 ~ 6 的数字。在随机抽样时，可将产品分成若干组，每组不超过 6 个，并按顺序先排列好，标上编号，然后掷骰子，骰子正面表现的数，即抽取的试样编号。

②分层随机抽样法。分层随机抽样就是事先把在不同生产条件下（不同的工人、不同的机器设备、不同的材料来源、不同的作业班次等）制造出来的产品归类分组，然后再按一定的比例从各组中随机抽取产品组成子样。

③整群随机抽样法。这种方法的特点不是一次随机抽取一个产品，而是一次随机抽取若干个产品组成子样。比如，对某种产品来说，每隔 20h 抽出其中一个小时的产品组成子样，或者是每隔一定时间抽取若干个产品组成子样。这种抽样的优点是手续简便，缺点是子样的代表性差，抽样误差大。这种方法常用在工序控制中。

④等距抽样法。等距抽样又称为机械抽样、系统抽样，是将个体按某一特性排队编号后均分为 n 组，这时每组有 $K = N/n$ 个个体，然后在第一组内随机抽取第一件样品，以后每隔一定距离（K 号）抽选出其余样品组成样本的方法。如在流水作业线上每生产 100 件产品抽出一件产品作为样品，直到抽出 n 件产品组成样本。在这里距离可以理解为空间、时间、数量的距离。若分组特性与研究目的有关，就可看作分组更细且等比例的特殊分层抽样，样品在总体中分布更均匀，更有代表性，抽样误差也最小；若分组特性与研究目的无关，就是纯随机抽样。进行等距抽样时特别要注意的是所采用的距离（K 值）不要与总体质量特性值的变动周期一致，如对于连续生产的产品按时间距离抽样时，相隔的时间不应是每班作业时间 8h 的约数或倍数，以避免产生系统偏差。

⑤多阶段抽样法。多阶段抽样又称为多级抽样。上述抽样方法的共同点是整个过程中只有一次随机抽样，因而统称为单阶段抽样。但是当总体很大时，很难一次抽样完成预定的目标。多阶段抽样是将各种单阶段抽样方法结合使用，通过多次随机抽样来实现的抽样方法。如检验钢材、水泥等质量时，可以对总体按不同批次分为 R 群，从中随机抽取 r 群，然而后在选中的 r 群中的 M 个个体中随机抽取 m 个个体，这是整群随机抽样与分层随机抽样相结合的二阶段抽样，它的随机性表现在群间和群内有两次。

4. 质量控制中常用的统计分析方法

（1）排列图法

1）绘制方法，如图 6-5 所示。

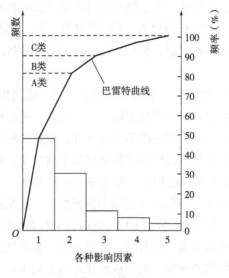

图 6-5　排列图

①图中有两个纵坐标，左侧纵坐标表示产品频数，即不合格品件数；右侧纵坐标表示频率，即不合格品累计百分数。

②图中横坐标表示影响产品质量的各个不良因素和项目，按影响质量程度的大小，从左到右依次排列。

③图中每个直方形的高度表示该因素影响的大小，图中曲线称为巴雷特曲线。

④在排列图上，通常把曲线的累计百分数分为三级，与此相对应的因素分三类：A 类因素对应于频率 0 ~ 80%，是影响产品质量的主要因素；B 类因素对应于频率 80% ~ 90%，为次要因素；C 类因素对应于频率 90% ~ 100%，属一般影响因素。

运用排列图，便于找出主次矛盾，使错综复杂问题一目了然，有利于采取对策，加以改善。

2）绘制步骤。绘制排列图需要以准确而可靠的数据为基础，一般按以下步骤进行：

①按照影响质量的因素进行分类。分类项目要具体、明确，一般

按产品品种、规格、不良品、缺陷内容或经济损失等情况而定。

②统计计算各类影响质量因素的频数和频率。

③画左右两条纵坐标，确定两条纵坐标的刻度和比例。

④根据种类影响因素出现的频数大小，从左到右依次排列在横坐标上。各类影响因素的横向间隔距离要相同，并画出相应矩形图。

⑤将各类影响因素发生的频率和累计频率逐个标注在相应的坐标点上，并将各点连成一条折线。

⑥在排列图的适当位置，注明统计数据的日期、地点、统计者等供参考的事项。

3）排列图绘制注意事项。

①注意所取数据的时间和范围。绘制排列图的目的是找出影响质量因素的主次因素，如果收集的数据不在发生时间内或不属本范围内的数据，绘制的排列图起不了控制质量的作用。所以，为了有利于工作循环和比较，说明对策的有效性，就必须注意所取数据的时间和范围。

②找出的主要因素最好是 1 ~ 2 个，最多不超过 3 个，否则失去了抓主要矛盾的意义。如遇到这类情况需要重新考虑因素分类。遇到项目较多时，可适当合并一般项目，不太重要的项目通常可以列入"其他"栏内，排在最后一项。

③针对影响质量的主要因素采取措施后，在 PDCA（P——计划、D——实施、C——检查、A——改进）循环过程中，为了检查实施效果需重新绘制排列图进行比较。

4）排列图的应用。

①按生产作业分类，可以找出生产不合格品最多的关键过程。

②按生产班组或单位分类，可以分析比较各单位的技术水平和质量管理水平。

③按排列图上不合格点的缺陷形式分类，可以分析出造成质量问题的薄弱环节。

④如果将采取提高质量措施前后的排列图对比，可以分析措施是否有效。

（2）直方图法

1）直方图图形分析。直方图形象直观地反映了数据分布情况，通过对直方图的观察和分析可以看出生产是否稳定，及其质量的情况。常见的直方图典型形状有以下几种，如图6-6所示：

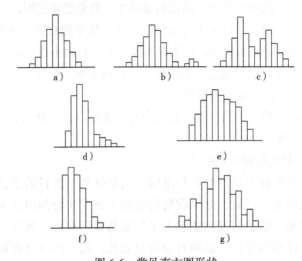

图6-6　常见直方图形状

a）对称型　b）孤岛型　c）双峰型　d）偏向型

e）平顶型　f）绝壁型　g）锯齿型

①对称型。中间为峰，两侧对称分散的直方图为对称型，如图6-6a所示。这是工序稳定正常时的分布状况。

②孤岛型。在远离主分布中心的地方出现小的直方图，形如孤岛，如图6-6b所示。孤岛的存在表明生产过程中出现了异常因素，例如原材料一时发生变化、有人代替操作、短期内工作操作不当等。

③双峰型。直方图呈现两个顶峰，如图6-6c所示。这往往是两种不同的分布混在一起的结果。例如两台不同的机床所加工的零件混在一起所造成的差异。

④偏向型。直方图的顶峰偏向一侧，故称为偏向型，如图6-6d所示。它往往是因计数值或计量值只控制一侧界限或剔除了不合格数据造成的。

⑤平顶型。在直方图顶部呈平顶状态，如图6-6e所示。一般是由多个母体数据混在一起造成的，或者在生产过程中有缓慢变化的因素在起作用所造成的。如操作者疲劳而造成直方图的平顶状。

⑥绝壁型。绝壁型是由于数据收集不正常，可能有意识地去掉下

限以下的数据，或是在检测过程中存在某种人为因素所造成的，如图 6-6f 所示。

⑦锯齿型。直方图出现参差不齐的形状，即频数不是在相邻区间减少，而是隔区间减少，形成了锯齿状，如图 6-6g 所示。造成这种现象的原因不是生产上的问题，而是绘制直方图时分组过多或测量仪器精度不够造成的。

2）直方图的绘制步骤。

①计算极差。收集一批数据（一般取 $n > 50$），在全部数据中找出最大值 x_{max} 和最小值 x_{min}，极差 R 可以按下式求得：

$$R = x_{max} - x_{min} \tag{6-1}$$

②确定分组的组数。一批数据究竟分为几组，并无一定规则，一般采用表 6-1 中的经验数值来确定。

表 6-1　数据分组参考表

数据个数（n）	组数（k）
50 以内	5～6
501～100	6～10
100～250	7～12
250 以上	10～20

③计算组距。组距是组与组之间的差距。分组要恰当，如果分得太多，则画出的直方图像"锯齿状"从而看不出明显的规律；如果分得太少，会掩盖组内数据变动的情况。组距可按下式计算：

$$h = \frac{R}{k} \tag{6-2}$$

式中　R——极差；

　　　k——组数。

④计算组界 r_i。一般情况下，组界计算方法如下：

$$r_1 = x_{min} - \frac{h}{2} \tag{6-3}$$

$$r_i = r_{i-1} + h \tag{6-4}$$

为了避免某些数据正好落在组界上，应将组界取得比数据多一位小数。

⑤频数统计。根据收集的每一个数据，用正字法计算落入每一组

界内的频数，据以确定每一个小直方的高度。以上做出的频数统计，已经基本上显示了全部数据的分布状况，再用图示则更加清楚。直方图的图形由横轴和纵轴组成。选用一定比例在横轴上画出组界，在纵轴上画出频数，绘制成柱形的直方图。

3）与质量标准对照比较。画好直方图后，除了观察直方图形状，分析质量分布状态外，再将正常型直方图与质量标准比较，从而判断实际生产过程能力。正常型直方图与质量标准相比较如图 6-7 所示。

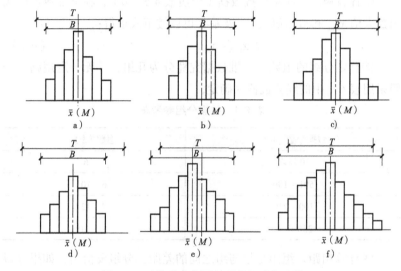

图 6-7　正常型直方图与质量标准相比较

T—质量标准要求界限　B—实际质量特性分布范围

①如图 6-7a 所示，B 在 T 内，质量分布中心 $\bar{x}$ 与质量标准中心 M 重合，实际数据分布与质量标准相比较两边还有一定余地。这样的生产过程质量是很理想的，说明生产过程处于正常的稳定状态，这种情况下生产出来的产品可认为全都是合格品。

②如图 6-7b 所示，B 虽然落在 T 内，但质量分布中心 $\bar{x}$ 与质量标准中心 M 不重合，偏向一边。生产过程一旦发生变化，就可能超出质量标准下限而出现不合格品。出现这种情况时就迅速采取措施使直方图移到中间。

③如图 6-7c 所示，B 在 T 内，且 B 的范围接近 T 的范围，没有余地，生产过程一旦发生小的变化，产品质量特性值就可能超出质量标准。

出现这种情况时，必须立即采取措施，以缩小质量分布范围。

④如图6-7d所示，B在T内，但两边余地太大，说明加工过于精细，不经济。在这种情况下，可以对原材料、设备、工艺、操作等控制要求适当放宽些，有目的地使B扩大，从而有利于降低成本。

⑤如图6-7e所示，质量分布范围B已超出标准下限，说明已出现不合格品。此时必须采取措施进行调整，使质量分布位于标准之内。

⑥如图6-7f所示，质量分布范围B已完全超出了标准上、下界限，散差太大，产生许多不合格品，说明过程能力不足，应提高过程能力，使质量分布范围B缩小。

4）直方图的应用。当直方图画好后，除了观察直方图的形状、质量分布状态，再将质量标准与正常型直方图加以比较，可以判断出实际生产过程能力。直方图主要有以下几种应用：

①可用于产品质量分析。将直方图与标准（规格）进行比较，易于发现异常，以便进一步分析原因，采取措施。

②作为反映质量情况的报告。

③可用于施工现场工序状态的管理控制。

④可用于计算工序能力。

（3）因果分析图法

1）因果分析绘制方法。以绘制混凝土强度不足的因果分析图为例，如图6-8所示。

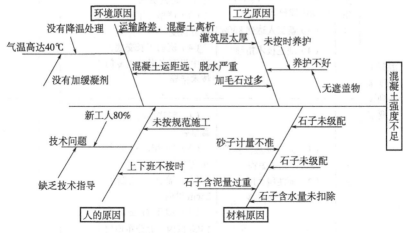

图6-8　混凝土强度不足的因果分析图

①明确质量问题—结果。本例分析的质量问题是"混凝土强度不足",作图时首先由左至右画出一条水平主干线,箭头指向一个矩形框,框内注明研究的问题,即结果。

②分析确定影响质量特性大的方面的原因。一般来说,影响质量因素有五大方面,即人、机械、材料、方法、环境等。另外,还可以按近产品的生产过程进行分析。

③将每种大原因进一步分解为中原因、小原因,直接分解的原因可以采取具体措施加以解决为止。

④检查图中的所列原因是否齐全,可以对初步分析结果广泛征求意见,并做出必要的补充及修改。

⑤选择出影响大的关键因素,做出标记"△",以便重点采取措施。表 6-2 是对策计划表。

表 6-2 对策计划表

单位工程名称:

分部分项工程:　　　　　　　　　　　　　　　　　年　月　日

质量存在问题	产生原因		采取对策及措施	执行者	期限	实效检查
混凝土强度未达到设计要求	操作者	(1)未按规范施工 (2)上下班不按时,劳动纪律松弛 (3)新工人达到80% (4)缺乏技术指导	(1)组织学习规范 (2)加强检查,对违反规范操作者必须立即停工,追究责任 (3)严格上下班及交接班制度 (4)班前工长交底,班中设两名老工人专门技术指导			
	工艺	(1)天气炎热,养护不及时,无遮盖物 (2)灌注层太厚 (3)加毛石过多	(1)新浇混凝土上加盖草袋 (2)前3d,白天每2h养护1次 (3)灌注层控制在25cm以内 (4)加毛石控制在15%以内,并分布均匀			

质量存在问题	产生原因		采取对策及措施	执行者	期限	实效检查
混凝土强度未达到设计要求	材料	（1）水泥短秤 （2）石子未级配 （3）砂子计量不准 （4）石子含水量未扣除 （5）砂子含泥量过重	（1）取消以包投料，改为重量投料 （2）石子按级配配料 （3）每日测定水灰比 （4）洗砂、调水灰比，认真负责计量			
	环境	（1）运输路不平，混凝土产生离析 （2）运距太远，脱水严重 （3）气温高达40℃，没有降温及缓凝处理	（1）修整道路 （2）改大车装运混凝土并加盖 （3）加缓凝剂拌制			

2）因果分析图绘制步骤。因果分析图的绘制一般按以下步骤进行：

①先确定要分析的某个质量问题（结果），然后由左向右画粗干线，并以箭头指向所要分析的质量问题（结果）。

②座谈议论、集思广益、罗列影响该质量问题的原因。谈论时要请各方面的有关人员一起参加。把谈论中提出的原因，按照人、机械、材料、方法、环境五大要素进行分类，然后分别填入因果分析图的大原因的线条里，再顺序地把中原因、小原因及更小原因同样填入因果分析图内。

③从整个因果分析图中寻找最主要的原因，并根据重要程度以顺序①、②、③…表示。

④画出因果分析图并确定主要原因后，必要时可到现场做实地调查，进一步搞清主要原因的项目，以便采取相应措施予以解决。

3）因果分析图绘制注意事项。

①制图并不难，但如果对工程没有比较全面和深入的了解，没有掌握有关专业技术，是画不好的。同时，需要组织有关人员共同讨论、研究、分析，集思广益，才能准确地找出问题的原因所在，制定行之有效的对策。

②对于特性产生的原因，要大原因、中原因、小原因、更小原因，一层一层地追下去，追根到底，才能抓住真正的原因。

（4）统计调查表法　在质量管理活动中，应用统计表是一种很好的收集数据的方法。统计表是为了掌握生产过程中或施工现场的情况，根据分层的设想做出的一类记录表。统计表的形式多种多样，使用场合不同、对象不同、目的不同、范围不同，其表格形式内容也不相同，可以根据实际情况自行选项或修改。常用的有以下几种：

1）分项工程作业质量分布调查表。

2）不合格项目调查表。

3）不合格原因调查表。

4）施工质量检查评定用调查表等。

混凝土空心板外面质量调查表见表6-3。

表 6-3　混凝土空心板外面质量调查表

产品名称	混凝土空心板		生产班组		
日生产总数	200块	生产时间	年　月　日	检查时间	年　月　日
检查方式	全数检查		检查员		
项目名称	检查记录			合计	
露筋	正正			9	
蜂窝	正正一			11	
孔洞	下			3	
裂缝	一			1	
其他	下			3	
总计				27	

（5）分层法　分层法又称为分类法或分组法，就是将收集到的质量数据，按统计分析的需要，进行分类，使之系统化，以便于找到产生质量问题的原因，及时采取措施加以预防。分层的结果使数据各层间的差异突出地显示出来，减少了层内的差异。在此基础上再进行层间、层内的比较分析，可以更深入地发现和认识质量问题的原因。

分层法的形式和制图方法与排列图基本一样。分层时，一般按以下方法进行划分：

1）按时间分：如按日班、夜班、日期、周、旬、月、季划分。

2）按人员分：如按新、老、男、女或不同年龄特征划分。

3）按使用仪器工具分：如按不同的测量仪器、不同的钻探工具等划分。

4）按操作方法分：如按不同的技术作业过程、不同的操作方法等划分。

5）按原材料分：如按不同材料成分、不同进料时间等划分。

（6）相关图法 相关图又称为散布图。在进行质量问题原因分析时，常常遇到一些变量共处于一个统一体中，它们相互联系、相互制约，在一定条件下又相互转化。这些变量之间的关系，有些是属于确定性关系，即它们之间的关系，可以用函数关系来表达；而有些则属于非确定性关系，即不能有一个变量的数值精确地求出另一个变量的数值。相关图就是将两个非确定性变量的数据对应列出，并用点画在坐标图上，来观察它们之间的关系的图。对它们进行的分析称为相关分析。

相关图可用于质量特性和影响质量因素之间的分析，质量特性和质量特性之间的分析，影响因素和影响因素之间的分析。例如混凝土的强度（质量特性）与水灰比、含砂率（影响因素）之间的关系；强度与抗渗性（质量特性）之间的关系；水灰比与含砂率（影响因素）之间的关系，都可用相关图来分析。

1）相关图的绘制方法。

①收集数据。要成对地收集两种质量数据，数据不得过少。

②绘制相关图。在直角坐标系中，一般 x 轴用来代表原因的量或较易控制的量，y 轴用来代表结果的量或不易控制的量，然后将数据中相应的坐标位置上描点，得到相关图。

2）相关图的类型。相关图是利用有对应关系的两种数值画出的坐标图。由于对应的数值反映出来的相关关系的不同，所以数据在坐标上的散布点也各不相同。因此，表现出来的分布状态有各种类型，大体归纳起来有六种类型，如图 6-9 所示。

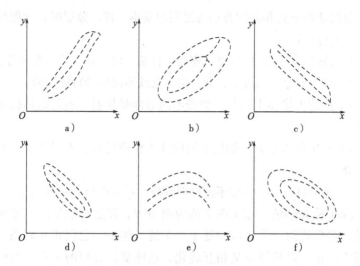

图 6-9　相关图的类型

a）强正相关　b）弱正相关　c）强负相关

d）弱负相关　e）曲线相关　f）不相关

①强正相关。它的特点是点的分布面较窄。当横轴上的 x 值增大时，纵轴上的 y 值也明显增大，散布点呈一条直线带，如图 6-9a 所示的 x 和 y 之间存在着相当明显的相关关系，称为强正相关。

②弱正相关。点在图上散布的面积较宽，但总的趋势是横轴上的 x 值增大时，纵轴上的 y 值也增大。如图 6-9b 所示其相关程度比较弱，称为弱正相关。

③强负相关。这种类型和强正相关所示的情况相似，也是点的分布面较窄，只是当横轴上的 x 值增大时，纵轴上的 y 是减小的，如图 6-9c 所示。

④弱负相关。这种类型和弱正相关所示的情况相似，只是当横轴上的 x 值增大时，纵轴上的 y 值却随之减小，如图 6-9d 所示。

⑤曲线相关。这种类型的散布点不是呈线性散布，而是呈曲线散布。它表明两个变量间具有某种非线性相关关系，如图 6-9e 所示。

⑥不相关。这种类型相关图上点的散布没有规律性。当横轴上的 x 值增大时，纵轴上的 y 值可能增大，也可能减小。x 和 y 间无任何关系，如图 6-9f 所示。

（7）控制图法　控制图又称为管理图。它是用于分析和判断施工生产工序是否处于稳定状态所使用的一种带有控制界限的图表。它的主要作用是反映施工过程的运动状况，分析、监督、控制施工过程，对工程质量的形式过程进行预先控制。所以，控制图法常用于工序质量的控制。

1）控制图的基本原理。控制图的基本原理就是根据正态分布的性质，合理确定控制上下限。如果实测的数据落在控制界限范围内，且排列无缺陷，则表明情况正常，工艺稳定，不会产生不合格品；如果实测的数据落在控制界限范围外，或虽未越界但排列存在缺陷，则表明生产工艺状态出现异常，应采取措施调整。

2）控制图的基本形式。如图6-10所示，横坐标为样本（子样）序号或抽样时间，纵坐标为被控制对象，即被控制的质量特性值。控制图上一般有三条线，在上面的一条虚线称为上控制界限，用符号UCL表示；在下面的一条虚线称为下控制界线，用符号LCL表示；中间的一条实线称为中心线，用符号CL表示。中心线标志着质量特性值分布的中心位置，上下控制界限标志着质量特性值允许波动范围。

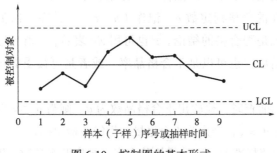

图6-10　控制图的基本形式

3）控制图的应用。控制图是用样本数据来分析判断生产过程是否处于稳定状态的有效工具。它的用途主要有：

①过程分析，即分析生产过程中是否稳定。为此，应随机连续收集数据，绘制控制图，观察数据点分布情况并判定生产过程状态。

②过程控制，即控制生产过程质量状态。定时抽样取得数据，将其变为点描在图上，发现并及时消除生产过程中的失调现象，预防不合格品的产生。

利用控制图进行分析判断时，应遵循以下两条准则：

①数据点都应在正常区内，不能超出控制界限。

②数据点的排列，不应有缺陷。

如果出现以下情况，则表示生产工艺中存在异常因素：

①数据点在中心线的一侧连续出现 7 次以上。

②连续 7 个以上的数据上升或下降。

③连续 11 个点中，至少有 10 个点（可以不连续）在中心线的同一侧。

④连续 3 个点中，至少有 2 个点（可以不连续）在控制界限外出现。

⑤数据点呈周期性变化。

（8）抽样检验方案法

1）抽样检验方案的基本原理。抽样检验方案的基本原理是根据检验项目特性确定抽样数量、接受标准和方法。如在简单的计数值抽样检验方案中，主要是确定样本容量 n 和合格判定数，即允许不合格品件数 c，记为方案（n，c）。

2）常用的抽样检验方案。

①计数值标准型一次抽样检验方案：规定在一定样本容量 n 时的最高允许的合格判定数 c，记作（n，c），并在一次抽检后给出判断检验批是否合格的结论。c 也可用 Ac 表示，c 值一般为可接受的不合格品数，也可以是不合格品率，或者是可接受的每百单位缺陷数。

当实际抽查时，检验出不合格品数为 d，则当 $d \leqslant c$ 时，判定为合格批；当 $d > c$，判定为不合格批，拒绝该检验批。

②计数值标准型二次抽样检验方案：规定两组参数，即第一次抽检样本容量 n_1 时的合格判定数 c_1 和不合格判定数 r_1（$c_1 < r_1$）；第二次抽检样本容量 n_2 时的合格判定数 c_2。在最多两次抽检后就能给出判断检验批是否合格的结论。

a. 第一次抽检 n_1 后，检验出不合格品数为 d_1，则当 $d_1 \leqslant c_1$ 时，接受该检验批；当 $d_1 \geqslant r_1$ 时，拒绝该检验批；$c_1 < d_1 < r_1$ 时，抽检第二个样本。

b. 第二次抽检 n_2 后，检验出不合格品数为 d_2，则当 $d_1+d_2 \leqslant c_2$ 时，接受该检验批。以上两种标准型抽样检验程序如图 6-11 和图 6-12 所示。

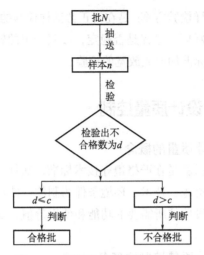

图 6-11 标准型一次抽样检验程序

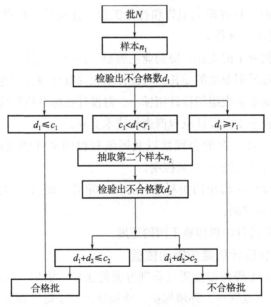

图 6-12 标准型二次抽样检验程序

③分选型抽样检验方案：与计数值标准型一次抽样检验方案相同，只是抽检后给出检验批是否合格的判断结论和处理有所不同。实际抽检时，检验出不合格品数为 d，则当 $d \leqslant c$ 时，接受该检验批；当 $d > c$ 时，则对该检验批余下的个体产品全数检验。

④调整型抽样检验方案：是在对正常抽样检验的结果进行分析后，根据产品质量的好坏，过程是否稳定，按照一定的转换规则对下一次抽样检验判断的标准加严或放宽的检验。

✓ 五、项目设计质量控制

1. 项目设计质量的概念

项目设计质量就是在严格遵守技术标准、法规的基础上，正确处理和协调资金、资源、技术、环境条件的制约，使建筑工程项目设计能更好地满足建设单位所需要的功能和使用价值，能充分发挥项目投资的经济效益。

2. 项目设计质量控制的任务

1）通过参加评标工作，选择设计中标的单位。

2）根据可行性研究报告和行业工程设计规范、标准、法规，编制"设计要求"文件。

3）根据业主的委托，协助业主编制设计招标文件。

4）通过根据业主的委托，与设计承包商签订设计承包合同。

5）协助业主在组织设计招标中，对设计投标者进行资质审查。

6）代表业主向设计承包商进行技术交底。

7）对设计方案的合理性以及图纸和说明文件的正确性予以确认，即进行设计过程的质量控制。

8）对设计中所用的资料进行分析、审查、确认，即进行设计准备阶段的质量控制。

9）控制设计中供应施工图的速度。

3. 项目设计质量控制的依据

1）有关工程建设及质量管理方面的法律、法规，如城市规划、建设用地、市政管理、环境保护、质量管理、投资管理等方面的法律和法规。

2）有关工程建设的技术标准，如各种设计规范、规程、标准、设计参数的定额及指标等。

3）反映项目建设过程中和建成后所需要的有关技术、资源、经济、社会协作等方面的协议、数据和资料等。

4）建设项目的审批文件，如项目建议书及其审批、项目可行性研究报告及其审批、项目建设选址报告及其审批、项目环境影响报告及其审批等。

5）建设项目设计的准备文件，如体现业主建设意图的规划设计大纲，设计纲要、设计合同，以及经业主审查同意的设计监理大纲和监理细则等。

6）建筑工程项目或个别建筑物的模型试验报告及其他相关试验报告。

7）设计方面的技术报告，例如工程测量报告、工程地质报告、水文地质报告、气象报告等。

4. 项目设计质量控制的措施

1）加强设计标准化工作。标准是对设计中的重要重复性事物和概念所做的统一规定，是以科学技术和先进经验的综合成果为基础，经有关方面协商一致，由主管机构批准，通过制定发布和实施，为设计提供共同遵守的技术准则和依据。它也是科研成果转化为生产力、推广应用国外先进技术的有效途径，在促进技术进步、科技创新，保证设计质量方面起着重要的作用。

重视企业标准的编制，推广工程项目标准设计的应用和国际专业标准的采用，跟踪先进设计技术和设计方法，确保工程项目设计质量的稳定提高。

2）编制好设计纲要等指导性文件。设计纲要是指针对合同项目而建立的质量目标，规定质量控制要求，重点是制订开展各项设计活动的计划，明确设计活动内容及其职责分工，配备合格人员和资源。项目设计策划要形成文件，通常以项目设计计划的形式编制，作为项目设计管理和控制的主要文件。文件应体现规划、设计意图，符合规范、规程的规定，满足可行性报告和设计任务书的要求，依据齐全可靠，方案合理可行，以统一技术条件与工作安排，同时积极改革传统的设计方法和手段，提高设计质量和效率。

3）建立健全原始资料。原始资料必须符合规范、规程的规定，及时编录、核对、整理，不得遗失或任意涂改。设计单位也要及时收集施工中和投产后对设计质量的意见，建立工程设计质量档案，进行分析研究，不断改进工作，提高设计质量。

4）设计接口控制。设计接口是为了使设计过程中设计部门以及设计各专业之间能做到协调和统一，必须明确规定并切实做好设计部门与其他部门（主要指采购部门）、设计内部各专业间以及装置（工区）间的设计接口。设计的组织接口和技术接口应制定相应的设计接口管理程序，由公司技术管理部门组织评审后实施。设计过程中要严格按照规定的程序进行设计接口管理，以保证设计的质量。

5）严把设计方案的选择与审核关。设计方案的合理性和先进性是项目设计质量的基础。重要项目的设计方案需认真研究讨论。设计方案包括总体方案和专业设计方案。对生产性建设项目，总体方案特别应注意设计规模、生产工艺及技术水平的审核。专业设计方案的选择与审核，重点是设计参数、设计标准、设备和结构选型、功能和使用价值等方面，是否满足适用、经济、美观、安全、可靠等要求。

6）设计验证。设计验证是确保设计输出满足设计输入的重要环节，是对设计产品的检查，通过检查和提供客观证据，证明设计输出是否满足了设计输入的要求。

只有符合资格要求的人员才能承担相应级别的验证工作。设计验证除上述方法外，还可采用其他方法进行：变换方法进行计算；将新设计与已证实的类似设计进行比较；进行试验和证实；对发表前的设计阶段文件进行评审。设计者按校审意见进行修改。完成修改并经检查确认的设计文件方能进入下一道工序。

7）建立健全成品校审制度。设计文件的校审是对设计所做的逐级检查和验证检查，以保证设计满足规定的质量要求。设计校审应按设计过程中规定的每一个阶段进行。对阶段性成果和最终成果的质量，按规定程序进行严格校审，具体包括对计算依据的可靠性，成果资料的数据和计算结果的准确性，论证证据和结论的合理性，现行标准规范的执行，各阶段设计文件的内容和深度，文字说明的准确性，图纸的清晰与准确，成果资料的规范化和标准化等内容。注册建筑师、注册结构工程师等注册执业人员应当在设计文件上签字，对设计文件负责。大型或地质条件复杂的工程，应组织会审。对检查、验收或审核不符合质量要求的设计成果都要推倒重来，不得盖章出图。设计人员必须按校审意见进行修改。没有校审记录和质量评定的设计文件不得入库。

8）建立健全设计文件会签制度。设计文件的会签是保证各专业设计相互配合和正确衔接的必要手段。通过会签，可以消除专业设计人员对设计条件或相互联系中的误解、错误或遗漏，是保证设计质量的重要环节。

9）设计更改控制。设计更改是在设计过程中或设计成品完成后，由于用户变更或项目变更而导致设计更改，这都将对设计进度、质量和费用产生直接的影响。因此，工程设计公司应制定设计更改的控制程序，一旦发生设计更改，应严格按规定的程序办理。

5. 审核设计方案

（1）总体方案的审核　对工程项目总体方案的审核包括：

1）审核设计规模。对生产性工程项目，所审核的设计规模是指年生产能力。对非生产性工程项目，则是指设计容量。如医院的床位数、学校的学生人数、歌剧院的座位数、住宅小区的户数等。

2）审核项目组成及工程布局。主要是总建筑面积及组成部分的面积分配。

3）审核方案是否符合当地城市规划及市政方面的要求。

4）审核采用的生产工艺和技术水平是否先进，主要看工艺设备选型等是否科学合理。

5）审核建筑平面造型及立面构图是否符合规范要求，主要看建筑总高度等是否达到标准。

（2）审核专业设计方案

1）审核建筑设计方案。审核建筑设计方案是专业设计方案审核中的关键，为以下各专业设计方案的审核打下良好基础，包括平面布置、空间布置、室内装修和建筑物理功能。

2）审核结构设计方案。审核结构设计方案包括建筑工程的先进性、安全性和可靠性，是专业设计方案的另一重点。具体内容有：主体结构体系的选择；结构方案的设计依据及设计参数；地基基础设计方案的选择、安全度、可靠性、抗震设计要求；结构材料的选择等。

3）审核给（排）水工程设计方案。主要内容有：给（排）水方案的设计依据和设计参数；给（排）水方案的选择；给（排）水管线的布置；所需设备、器材的选择等。

4）审核通风、空调工程设计方案。主要内容有：通风、空调方案的设计依据和设计参数；通风、空调方案的选择；通风管道的布置和所需设备的选择等。

5）审核供热工程设计方案。主要内容有：供热方案的设计依据和设计参数；供热方案的选择；供热管网的布置；所需设备、器材的选择等。

6）审核厂内运输设计方案。主要内容有：厂内运输的设计依据和设计参数；厂内运输方案的选择；运输线路及构筑物的布置和设计；所需设备、器材和工程材料的选择等。

7）审核通信工程设计方案。主要内容有：通信方案的设计依据和设计参数；通信方案的选择；通信线路的布置；所需设备、器材的选择等。

8）审核动力工程设计方案。主要内容有：动力方案的设计依据和设计参数；动力方案的选择；所需设备、器材的选择等。

9）审核三废治理工程设计方案。主要内容有：三废治理方案的设计依据和设计参数；三废治理方案的选择；工程构筑物及管网的布置与设计；所需设备、器材和工程材料的选择等。

对设计方案的审核应当综合分析研究，将技术与效果、方案与投资等有机地结合起来，通过多方案的技术经济的认证和审核，从中选择最优的方案。

6. 审核设计图

审核设计图是保证工程质量的关键环节。设计图的审核包括业主对设计图的审核和政府机构对设计图的审核。

(1) 业主对设计图的审核

1）初步设计阶段的审核。初步设计是决定工程采用技术方案的阶段，这个阶段设计图的审核，应侧重于工程所采用的技术方案是否符合总体方案的要求，以及是否能达到项目决策阶段确定的质量标准。

2）技术设计阶段的审核。技术设计是在初步设计的基础上，将初步设计方案具体化，所以，对技术设计阶段的图纸的审核，应侧重于各专业设计是否符合预定的质量标准和要求。

3）施工图设计的审核。施工图是对建筑物、设备、管线等所有工程对象的尺寸、布置、选用材料、构造、相互关系、施工及安装质量要求的详细和说明，也是指导施工的直接依据和设计阶段质量控制的一个重点。对于施工图设计的审核，应侧重于反映使用功能及质量要求是否得到满足。施工图设计的审核，主要包括建筑施工图、结构施工图、给排水施工图、电气施工图和供热供暖施工图的审核。

（2）政府机构对设计图的审核　政府机构对设计图的审核，是一种控制性的宏观审核，主要内容有：

1）审核其是否符合城市规划方面的要求。如工程项目的占地面积及界限，建筑红线，建筑层数及高度，立面造型及与所在地区的环境协调等。

2）审核其工程建设对象本身是否符合法定的技术标准。如在安全、防火、卫生、防震、三废治理等方面是否符合有关标准的规定。

3）审核有关专业工程。如对供水、排水、供电、供热、供天然气、交通道路、通信等专业工程的设计，应主要审核是否与工程所在地区的各项公共设施相协调与衔接等。

7. 审查设计文件

控制设计文件的质量是确保工程质量的基础。控制设计文件质量的主要方法就是定期地对设计文件进行审查，发现不符合质量标准和要求的，设计人员应当修改至符合质量标准。对设计文件审查的内容如下：

1）审查图纸的规范性。图纸规范性审查，是指审查图纸是否规范。如图纸的编号、名称、设计人、校核人、审定人、日期、版次等栏目是否齐全。

2）审查造型与立面设计。在考察选定的设计方案进入正式设计阶段后，须认真审查建筑造型与立面设计方面能否满足要求。

3）审查平面设计。平面设计是确定设计方案的重要组成部分。如房屋建筑平面设计，包括房间布置、面积分配、楼梯布置、总面积等是否满足要求。

4）审查空间设计。空间设计同平面设计一样，是确定建筑结构尺寸、形式的基本技术资料，如房屋建筑空间设计，包括层高、净高、空间利用等情况。

5）审查装修设计。审查装修设计包括外墙、楼地面、顶棚等装修设计标准和协调性是否满足业主的要求。

6）审查结构设计。主要审查结构方案的可靠性、经济性等情况。

如房屋建筑的结构，根据地基情况审查采用的基础形式，根据当地情况审查选用的建筑材料、构件（梁、板、柱）的尺寸及配筋情况；审查主要结构参数的取值情况；审查主要结构计算书；验证结构抗震的可靠度等。

审查结构设计是工程项目中设计审查的重中之重，它关系到整个工程项目的可靠性。

7）审查工艺流程设计。审查工艺流程设计主要审查其合理性、可行性和先进性等。

8）审查设备设计。审查设备设计主要包括设备的布置和选型，如电梯布置选型、锅炉布置选型、中央空调布置选型等。

9）审查水电自控设计。审查水电自控设计包括给水、排水、强电、弱电、自控消防等设计方面的合理性和先进性。

10）审查是否满足相关部门的要求。其主要包括对城市规划、环境保护、消防安全、人防工程、卫生标准等方面的要求。

11）审查各专业的协调情况。审查各专业的协调情况主要包括建筑、结构、设备等专业设计之间是否尺寸一致，各部位是否相符。

12）审查施工可行性。审查施工可行性主要审查图纸的设计意图能否在现有的施工条件和施工环境下得以实现。

8. 设计交底

为了让施工单位熟悉相关设计图，了解拟建项目的特点、设计意图和工艺与质量要求，减少图纸的差错，需要做设计交底。通常是设计单位向施工单位进行技术交底，内容有：

1）设计意图、设计思想、设计方案比较，基础处理方案、结构设计意图、设备安装和调试要求，施工进度安排等。

2）施工场地的地形、地貌、水文、气象、工程地质及水文地质等自然条件。

3）施工图设计依据：初步设计文件、规划、环境等要求、设计规范。

4）施工注意事项：对地基处理的要求，对建筑材料的要求，采用新结构、新工艺的要求，施工组织和技术保证措施等。

交底后，由施工单位提出图纸中的问题和疑点以及要解决的技术难题，且经协商研究，拟提出解决办法。

9. 图纸会审

为了确保建筑工程的设计质量，在工程正式施工之前，需实行各环节负责单位共同参加的联合会审制度，充分吸收多方面的意见，各方对设计图形成共识，提高设计的可操作性和安全性。

但在总承包的形式下，应由总承包商组织联合会审，其采购、施工、试车、设计各单位共同参加；在直接承包方式下，则由业主项目经理（监理工程师）组织联合会审，其采购、施工、试车、设计各单位共同参加。

图纸会审，实质上是对设计质量的最终控制，同时也是在工程施工前对设计进行的集体认可。通过图纸会审使设计更加完善、更加符合实际，从而成为各单位共同努力的目标的标准。图纸会审的内容主要有：

1）查看总平面布置图与施工图的几何尺寸、平面位置、结构形式、设计标高、选用材料等是否一致。

2）施工图中所列的各种标准图册，施工单位是否具备。不具备时，采取何种措施加以解决。

3）设计图是否符合质量目标中关于性能、寿命、经济、可靠、安全等五个方面的要求。

4）查看工程项目的设计图与设计说明是否齐全，有无分期供图的时间表，供图安排是否满足施工的要求。

5）查看工程项目的抗震设计是否满足要求，设计地震烈度是否符合国家和当地的要求。

6）如果工程设计由几个设计单位共同完成，应看看设计图相互间有无矛盾；查看专业图纸之间、平立剖面图之间有无矛盾；设计图中的标注有无遗漏。

7）查看建筑工程项目的地质勘探资料是否齐全，工程基础设计是否与地质勘察资料相符。

8）对设计单位再次进行资质审查，对设计的图纸确认是否存在无证设计或越级设计，查看设计图是否经设计单位正式签署。

9）检查建筑结构与各专业图纸本身是否有差错及矛盾；结构图与建筑图的平面尺寸及标高是否一致；建筑图与结构图的表示方法是否清楚；所有设计图是否符合制图标准；预埋件在图纸上是否表示清楚；有无钢筋明细表或钢筋的构造要求在图中是否表达清楚。

10）查看工程项目的防火、消防设计是否符合国家的有关规定，这是保证今后使用安全的非常重要的问题。

11）工艺管道、电气设备、设备安装、运输道路、施工平面布置与建筑物之间有无矛盾，布置是否科学合理。

12）材料来源有无保证，无保证时能否代换；图中所要求的条件现实能否满足；对新材料、新技术的应用有无把握。

13）地基处理方法是否合理，建筑与结构构造是否存在不能施工、不便于施工的技术问题，或容易导致质量、安全、工程费用增加等方面的问题。

14）施工安全措施是否有保证，施工对周围环境的影响是否符合有关规定。

六、项目施工质量控制

1. 项目施工质量控制目标

1）项目施工质量控制的总体目标是贯彻执行建筑工程项目质量法规和强制性标准，正确配置施工生产要素和采用科学管理的方法，实现工程项目预期的使用功能和质量标准。

2）建设单位的施工质量控制目标是通过施工全过程的全面质量监督和管理、协调和决策，保证竣工项目达到投资决策所确定的质量标准。

3）施工单位的施工质量控制目标是通过施工全过程的全面质量自控，保证交付满足施工合同及设计文件所规定的质量标准（含工程质量创优要求）。

4）监理单位的施工质量控制目标是通过审核施工质量文件、报告、报表及现场旁站检查、平行检测、施工指令和结算支付控制等手段的应用，监控施工承包单位的质量活动行为，协调施工关系，正确履行工程质量的监督责任，以保证工程质量达到施工合同和设计文件所规定的质量标准。

2. 项目施工质量控制的原则

工程施工阶段是使工程设计意图最终实现并形成工程实体的阶段，是最终形成工程产品质量和工程项目使用价值的重要阶段。在进行工程项目施工质量控制的过程中，应遵循以下原则：

1）坚持"质量第一"原则。建筑产品作为一种特殊的商品，使用年限长，直接关系到人民生命财产的安全。所以，应自始至终地把"质量第一"作为对工程项目质量控制的基本原则。

2）坚持以人为控制核心的原则。人是质量的创造者，质量控制必须"以人为核心"，把人作为质量控制的动力，发挥人的积极性、创造性，处理好业主、监理与承包单位各方面的关系，增强人的责任感，树立"质量第一"的思想，提高人的素质，避免人的失误，以人的工作质量保证工序质量和工程质量。

3）坚持以预防为主的原则。预防为主是指要重点做好质量的事前控制、事中控制，同时严格对工作质量、工序质量和中间产品质量的检查。这是确保工程质量的有效措施。

4）坚持质量标准的原则。质量标准是评价产品质量的尺度，数据是质量控制的基础。产品质量是否符合合同规定的质量标准，必须通过严格检查，以数据为依据。

5）贯彻科学、公正、守法的职业规范。在控制过程中，应尊重客观事实，尊重科学、客观、公正、不持偏见，遵纪守法，坚持原则，严格要求。

3. 项目施工质量控制系统过程

由于施工阶段是使工程设计最终实现并形成工程实体的阶段，是最终形成工程实体的质量的过程，所以项目施工质量控制系统过程是一个由对投入的资源和条件的质量控制，进而对生产过程及各环节质量进行控制，直到对所完成的工程产品的质量检验与控制为止的全过程的系统控制过程。这个过程根据三阶段控制原理分为三个环节。

（1）事前控制 事前控制指施工准备控制，即在各工程对象正式施工活动开始前，对各项准备工作及影响质量的各因素进行控制，这是确保施工质量的先决条件。

（2）事中控制 事中控制指施工过程控制，即在施工过程中对实际投入的生产要素质量及作业技术活动的实施状态和结果所进行的控制，包括作业者发挥技术能力过程的自控行为和来自有关管理者的监控行为。

（3）**事后控制** 事后控制指竣工验收控制，即对于通过施工过程所完成的具有独立的功能和使用价值的最终产品（单位工程或整个工程项目）及有关方面（例如质量文档）的质量进行控制。

上述三个环节的项目施工质量控制系统过程及其所涉及的主要方面，如图 6-13 所示。

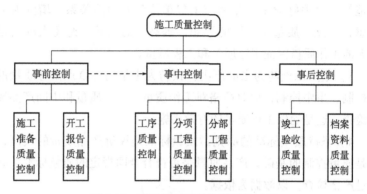

图 6-13　项目施工质量控制系统过程

4. 项目施工质量控制的措施

在施工阶段采取的质量控制措施有：

（1）**严格执行《工程建设标准强制性条文》** 严格执行《工程建设标准强制性条文》，贯彻《建设工程质量管理条例》和现行建筑工程施工质量验收规范、标准，确保工程质量和施工安全，规范建筑市场，完善市场运行，依法经营、科学管理。

（2）**以确保工作质量来保证工程质量的理念指导工作** 对工程质量的控制始终应"以人为本"，狠抓人的工作质量，避免人的失误，充分调动人的积极性，发挥人的主导作用，增强人的质量观和责任感，使每个人牢牢树立"百年大计，质量第一"的思想，认真负责地搞好本职工作，以优异的工作质量来创造优质的工程质量。

（3）**严格控制投入品的质量** 对投入品的订货、采购、检查、验收、取样、试验均应进行全面控制，从组织货源，优选供货厂家，直到使用认证，做到层层把关。对施工过程中所采用的施工方案要进行充分论证，做到工艺先进、技术合理、环境协调，这样才有利于安全文明施工，有利于提高工程质量。

（4）认真贯彻"以预防为主"的方针

1）预防为主就是要加强对影响质量的因素，对投入品质量的控制；就是要从对质量的事后检验把关，转向对质量的事前控制、事中控制。

2）从对产品质量的检查，转向对工作质量的检查，对工序质量的检查，对中间产品的检查。

3）全面控制施工过程，重点工序质量。工程质量是在工序中所创造的，要确保工程质量就必须重点确保工序质量，对每一道工序质量都必须进行严格检查，当上一道工序质量不符合要求时，决不允许进入到下一道工序，只要每一道工序质量符合要求，整个工程项目的质量就能得到保证。

4）严格把关检验批质量检验。检验批质量等级评定正确与否，会直接影响分项工程、分部工程、单位工程质量等级的真实性和可靠性。为此，在进行检验批质量检验评定时，一定要坚持质量标准，严格检查，用数据说话，避免出现第一、第二判断错误。

5. 项目施工质量控制的方法

项目施工质量控制的方法主要是审核有关技术文件、报告或报表，直接进行现场质量检查或必要的试验等。

（1）审核有关技术文件、报告或报表　对技术文件、报告、报表的审核，是项目经理对工程质量进行全面控制的重要手段，具体内容有：

1）审核有关技术资质证明文件。

2）审核开工报告，并经现场核实。

3）审核施工方案、施工组织设计和技术措施。

4）审核有关材料、半成品的质量检验报告。

5）审核反映工序质量动态的统计资料或控制图表。

6）审核设计变更、修改图纸和技术核定书。

7）审核有关质量问题的处理报告。

8）审核有关应用新工艺、新材料、新技术、新结构的技术核定书。

9）审核有关工序交接检查，分项工程、分部工程质量检查报告。

10）审核并签署现场有关技术签证、文件等。

（2）现场质量检查的要求及方法

1）现场质量检查的要求。

①开工前检查。目的是检查是否具备开工条件，开工后能否连续正常施工，能否保证工程质量。

②工序交接检查。对于重要的工序或对工程质量有重大影响的工序，在自检、互检的基础上，还要组织专职人员进行工序交接检查。

③隐蔽工程检查。凡是隐蔽工程均应检查认证后方能掩盖。

④停工后复工前的检查。因处理质量问题或某种原因停工后需复工时，应经检查认可后方能复工。

⑤分项工程、分部工程完工后，应经检查认可，签署验收记录后才许进行下一工程项目施工。

⑥成品保护检查。检查成品有无保护措施，或保护措施是否可靠。

⑦经常深入现场，对施工操作质量进行巡视检查，必要时，应进行跟踪或追踪检查。

2) 现场质量检查的方法。

①目测法。其手段可归纳为看、摸、敲、照四个字。

a. "看"就是根据质量标准进行外观目测。此种方法要求观察检验人员有丰富的经验，经过反复实践才能掌握标准、统一口径。所以这种方法虽然简单，但是却难度最大，应予以充分重视，加强训练。

b. "摸"就是手感检查，主要用于装饰工程的某些检查项目，如刷石、干粘石粘结牢固程度，油漆的光滑度，浆活是否掉粉，地面有无起砂等，均可通过手摸加以鉴别。

c. "敲"就是运用工具进行音感检查。对地面工程、装饰工程中的消磨石、面砖和大理石贴面等，均应进行敲击检查，通过声音的虚实确定有无空鼓。此外，用手敲玻璃，如发出颤动声响，一般是底灰不满或压条不实。

d. "照"就是对于难以看到或光线较暗的部位则可采用镜子反射或灯光照射的方法进行检查。

②实测法。实测法就是通过实测数据与施工规范及质量标准所规定的允许偏差对照，来判别质量是否合格。其手段可归纳为靠、吊、量、套四个字。

a. "靠"就是用直尺、塞尺检查墙面、地面、屋面的平整度。

b. "吊"就是用托线板以线锤吊线检查垂直度。

c. "量"就是利用测量工具和计量仪表等检查断面尺寸、轴线、标高、湿度、温度等的偏差。这种方法用得最多，主要是检查允许偏差项目。如外墙砌砖上下窗口偏移用经纬仪或吊线检查，钢结构焊缝余高用"量规"检查，管道保温厚度用钢针刺入保温层和尺量检查等。

d."套"就是以方尺套方，辅以塞尺检查。如对阴阳角的方正、踢脚线的垂直度、预制构件的方正等项目检查。对门窗口及构配件的对角线检查（窜角检查），也是套方的特殊手段。

③试验法。试验法是指必须通过试验手段，才能对质量进行判断的检查方法。如对桩或地基的静载试验，确定其承载力；对钢结构的稳定性试验，确定是否产生失稳现象；对钢筋对焊接头进行拉力试验，检验焊接的质量等。

6. 施工准备阶段的质量控制

（1）施工技术准备

1）研究和会审图纸及技术交底。通过研究和会审图纸，可以广泛听取使用人员、施工人员的正确意见，弥补设计上的不足，提高设计质量。可以使施工人员了解设计意图、技术要求、施工难点，为保证工程质量打好基础。技术交底是施工前的一项重要准备工作，以使参与施工的技术人员与工人了解承建工程特点、技术要求、施工工艺及施工操作要点。

2）施工组织设计和施工方案编制阶段。施工组织设计和施工方案是指导施工的全面性技术经济文件，保证工程质量的各项技术措施是其中重要的内容。这个阶段的主要工作有以下几点：

①签订承发包合同和总分包协议书。

②根据建设单位和设计单位提供的设计图和有关技术资料，结合施工条件编制施工组织设计。

③及时编制并提出施工材料、劳动力和专业技术工种培训，以及施工机具、仪器的需用计划。

④认真编制场地平整、土石方工程、施工场区道路和排水工程的施工作业计划。

⑤及时参加全部施工图的会审工作，对设计中的问题和有疑问之处应随时解决和弄清，要协助设计部门消除图纸差错。

⑥属于国外引进工程项目，应认真参加与外商进行的各种技术谈判和引进设备的质量检验，以及包装运输质量的检查工作。

⑦着重制订好质量管理计划，编制切实可行的质量保证措施和各项工程质量的检验方法，并相应地准备好质量检验测试器具。质量管理人员要参加施工组织设计的会审，以及各项保证质量技术措施的制定工作。

（2）施工物质准备

1）材料质量控制的要求。

①掌握材料信息，确保施工正常进行。

②合理组织材料供应，确保施工正常进行。

③合理地组织材料使用，减少材料的损失。

④加强材料检查验收，严把材料质量关。

a. 对用于工程的主要材料，进场时必须具备正式的出厂合格证的材质化验单。如不具备或对检验证明有影响，应补做检验。

b. 工程中所有构件，必须具有厂家批号和出厂合格证。钢筋混凝土和预应力钢筋混凝土构件，均应按规定的方法进行抽样检验。由于运输、安装等原因出现的构件质量问题，应分析研究，经处理鉴定后方能使用。

c. 凡标志不清或认为质量有问题的材料，对质量保证资料有怀疑或与合同规定不符的一般材料；由工程重要程度决定，应进行一定比例试验的材料；需要进行追踪检验，以控制和保证其质量的材料等，均应进行抽验。对于进口的材料设备和重要工程或关键施工部位所用的材料，应进行全部检验。

d. 材料质量抽样和检验的方法，应符合《建筑材料质量标准与管理规程》，要能反映该批材料的质量性能。对于重要构件或非匀质的材料，还应酌情增加采样的数量。

e. 在现场配制的材料，如混凝土、砂浆、防水材料、防腐材料、绝缘材料、保温材料等的配合比，应先提出试配要求，经试配检验合格后才能使用。

f. 对进口材料、设备应会同商检局检验，如核对凭证书发现问题，应取得供应方和商检人员签署的商务记录，按期提出索赔。

g. 高压电缆、电压绝缘材料要进行耐压试验。

⑤要重视材料的使用认证，以防错用或使用不合格的材料。

a. 对主要装饰材料及建筑配件，应在订货前要求厂家提供样品或看样订货；主要设备订货时，要审核设备清单，是否符合设计要求。

b. 对材料性能、质量标准、适用范围和对施工要求必须充分了解，以便慎重选择和使用材料。

c. 凡是用于重要结构、部位的材料，使用时必须仔细地核对、认证，其材料的品种、规格、型号、性能有无错误，是否适合工程特点和满足设计要求。

d. 新材料的应用，必须通过试验和鉴定；代用材料必须通过计算和充分的认证，并要符合结构构造的要求。

e. 材料认证不合格时，不许用于工程中。有些不合格的材料，如过期、受潮的水泥是否降级使用，需结合工程的特点予以论证，但决不允许用于重要的工程或部位。

2）材料质量控制的内容。材料质量控制的内容主要有：材料质量标准，材料的性能，材料取样、试验方法，材料的适用范围和施工要求。

①材料质量标准。材料质量标准是用以衡量材料质量的尺度，也是作为验收、检验材料质量的依据。不同的材料有不同的质量标准，掌握材料的质量标准，就便于可靠地控制材料和工程的质量。

②材料质量检验。材料质量检验的目的是通过一系列的检测手段，将所取得的材料数据与材料的质量标准相比较，借以判断材料质量的可靠性，能否用于工程中。同时，还有利于掌握材料信息。

3）材料的选择和使用。材料的选择和使用不当，均会严重影响工程质量或造成质量事故。为此，必须针对工程特点，根据材料的性能、质量标准、适用范围和对施工要求等方面进行综合考虑，慎重地选择和使用材料。

4）施工机械设备的选用。施工机械设备是实现施工机械化的重要物质基础，是现代化施工中必不可少的设备，对施工项目的质量有直接的影响。为此，施工机械设备的选用，必须综合考虑施工场地的条件、建筑结构形式、机械设备性能、施工工艺和方法、施工组织与管理、建筑经济等各种因素进行多方案比较，使之合理装备、配套使用、有机联系，以充分发挥施工机械设备的效能，力求获得较好的综合经济效益。

施工机械设备的选用，应着重从机械设备的选型、机械设备的主要性能参数和机械设备的使用与操作要求三方面予以控制。

①机械设备的选型。机械设备的选择，应本着因地制宜、因工程制宜，按照技术上先进、经济上合理、生产上适用、性能上可靠、使用上安全、操作方便和维修方便的原则，贯彻执行机械化、半机械化与改良工具相结合的方针，突出施工与机械相结合的特色，使其具有工程的适用性，具有保证工程质量的可靠性，具有使用操作的方便性和安全性。

②机械设备的主要性能参数。机械设备的主要性能参数是选择机械设备的依据，要能满足需要和保证质量的要求。

③机械设备的使用与操作要求。合理使用机械设备，正确地进行操作，是保证项目施工质量的重要环节。应贯彻"人机固定"的原则，实行定机、定人、定岗位责任的"三定"制度。操作人员必须认真执行各项规章制度，严格遵守操作规程，防止出现安全质量事故。机械设备在使用中，要尽量避免发生故障，尤其是预防事故损坏（非正常损坏），即指人为的损坏。造成事故损坏的主要原因有：操作人员违反安全技术操作规程和保养规程、操作人员技术不熟练或麻痹大意、机械设备保养或维修不良、机械设备运输和保管不当、施工使用方法不合理和指挥错误、气候和作业条件的影响等。这些都必须采取措施，严加防范，随时要以"五好"标准予以检查控制，即完成任务好、技术状况好、使用好、保养好和安全好。

（3）施工组织准备　施工组织准备包括建立项目组织机械、集结施工队伍、对施工队伍进行入场教育等。

（4）施工现场准备　施工现场准备包括控制网、水准点、标桩的测量、"五通一平"、生产和生活临时设施等的准备，组织机具和材料进场，拟定有关试验、试制和技术进步项目计划，编制季节性施工措施，制定施工现场管理制度等。

（5）择优选择分包商并对其进行分包培训　分包商是直接的操作者，只有他们的管理水平和技术实力提高了，工程质量才能达到既定的目标，因此要着重对分包队伍进行技术培训和质量教育，帮助分包商提高管理水平。项目对分包班组长及主要施工人员，按不同专业进行技术、工艺、质量综合培训，未经培训或培训不合格的分包队伍不允许进场施工。项目要责成分包商建立责任制，并将项目的质量保证体系贯彻落实到各自施工质量管理中，督促其对各项工作的落实。

7. 施工工序质量控制

（1）施工工序质量控制的概念　工程项目的施工过程，是由一系列相互关联、相互制约的工序所构成的。工序质量是基础，直接影响工程项目的整体质量。要控制工程项目施工过程的质量，首先必须控制工序质量。

工序质量是指施工中人、材料、工艺方法和环境等对产品综合起作用的过程的质量，又称为过程质量，它体现为产品质量。

工序质量包含两方面的内容：一是工序活动条件的质量；二是工序活动效果的质量。从质量管理的角度来看，这两者是互为关联的，一方面要管理工序活动条件的质量，即每道工序投入品的质量（即人、材料、机械、方法和环境的质量）是否符合要求；另一方面又要管理工序活动效果的质量，即每道工序施工完成的工程产品是否达到有关质量标准。

（2）施工工序质量控制的内容　施工工序质量控制主要包括两方面的控制，即对工序施工条件的控制和对工序施工效果的控制。

1）工序施工条件的控制。工序施工条件是指从事工序活动和各种生产要素及生产环境的条件。控制方法主要有检查、测试、试验、跟踪监督等方法。控制依据是要坚持设计质量标准、材料质量标准、机械设备技术性能标准、操作规程等。控制方法对工序准备的各种生产要素及环境条件宜采用事前质量控制的模式（即预控）。

工序施工条件的控制包括以下两个方面：

①施工准备方面的控制。施工准备方面的控制指在工序施工前，应对影响工序质量的因素或条件进行监控。要控制的内容一般包括：人的因素、材料因素、施工机械设备的条件、采用的施工方法及工艺、施工环境条件等。这些因素和条件应当符合规定的要求或保持良好状态。

②施工过程中对工序活动条件的控制。对影响工序产品质量的各因素的控制不仅体现在开工前的施工准备中，而且还应当贯穿于整个施工过程中，包括各工序、各工种的质量保证与强制活动。在施工过程中，工序活动是在经过审查认可的施工准备的条件下展开的，要注

意各因素或条件的变化，如果发现某种因素或条件向不利于工序质量方面变化，应及时予以控制或纠正。

在各种因素中，投入的物料如材料、半成品等，以及施工操作或工艺是最活跃和易变化的因素，应予以特别的监督与控制，使它们的质量始终处于控制之中，符合标准及要求。

2）工序施工效果的控制。工序施工效果主要反映在工序产品的质量特征和特性指标方面。对工序施工效果的控制就是控制工序产品的质量特征和特性指标是否达到设计要求和施工验收标准。工序施工效果质量控制一般属于事后质量控制，其控制的基本步骤包括实测、分析、判断、认可或纠偏。

①实测，即采用必要的检测手段，对抽取的样品进行检验，测定其质量特性指标（例如混凝土的抗拉强度）。

②分析，即对检测所得数据进行整理、分析，找出规律。

③判断。根据对数据分析的结果，判断该工序产品是否达到规定的质量标准，如果未达到，应找出原因。

④认可或纠偏。如发现质量不符合规定标准，应采取措施纠正，如果质量符合要求则予以确认。

（3）工序分析　概括地讲，就是要找出对工序的关键或重要质量特性起支配性作用的全部活动。对这些支配性要素，要制定成标准，加以重点控制。

1）工序分析的步骤。工序分析是施工现场质量体系的一项基础工作，可按三个步骤、八项活动进行：

第一步，应用因果分析图法进行分析，通过分析，在书面上找出支配性要素。该步骤包括五项活动：

①选定分析的工序。对关键、重要工序或根据过去资料认定经常发生问题的工序，可选定为工序分析对象。

②确定分析者，明确任务，落实责任。

③对经常发生质量问题的工序，应掌握现状和问题点，确定改善工序质量的目标。

④组织开会，应用因果分析图法进行工序分析，找出工序支配性要素。

⑤针对支配性要素拟订对策计划，决定试验方案。

第二步，实施对策计划。

按试验方案进行试验，找出质量特性和工序支配性要素之间的关系，经过审查，确定试验结果。

第三步，制定标准，控制工序支配性要素。

①将试验核实的支配性要素编入工序质量表，纳入标准或规范，落实责任部门或人员并经批准。

②各部门或有关人员对属于自己负责的支配性要素，按标准规定实行重点管理。

2）工序分析的方法。第一步书面分析，用因果分析图法；第二步进行试验核实，可根据不同的工序用不同的方法，如优选法等；第三步制定标准进行管理，主要应用系统图法和矩阵图法。

（4）工序施工质量的动态控制 施工管理者应当在整个工序活动中，连续地实施动态跟踪控制，通过对工序产品的抽样检验，判定其产品质量波动状态，若工序活动处于异常状态，应查找出影响质量的原因，采取措施排除系统性的干扰，使工序活动恢复到正常状态，从而保证工序活动及其产品的质量。

（5）质量控制点设置 质量控制点设置是指为了保证工序质量而确定的重点控制对象、关键部位或薄弱环节。

1）质量控制点设置的原则。质量控制点设置的原则，是根据工程重要程度，即质量特性值对整个工程质量的影响程度来确定。为此，在设置质量控制点时，首先要对施工的工程对象进行全面分析、比较，以明确质量控制点；之后进一步分析所设置的质量控制点在施工中可能出现的质量问题或造成质量隐患的原因，针对隐患的原因，相应地提出对策、措施予以预防。由此可见，设置质量控制点，是对工程质量进行预控的有力措施。

操作、材料、机械设备、施工顺序、技术参数、自然条件、工程环境等，均可作为质量控制点，主要是视其对质量特征影响的大小及危害程度而定。质量控制点一般设置在下列部位：

①重要的和关键性的施工环节和部位。

②质量不稳定、施工质量没有把握的施工工序和环节。

③施工技术难度大、施工条件差的部位或环节。

④质量标准或质量精度要求高的施工和项目。

⑤对后续施工或后续工序质量或安全有重要影响的施工工序或部位。

⑥采用新技术、新工艺、新材料施工的部位或环节。

2）质量控制点的实施要点。

①交底。将控制点的"控制措施设计"向操作班组进行认真交底，必须使工人真正了解操作要点，这是保证"制造质量"，实现"以预防为主"思想的关键一环。

②质量控制人员在现场进行重点指导、检查、验收。对重要的质量控制点，质量控制人员应当进行旁站指导、检查和验收。

③工人按作业指导书进行认真操作，保证操作中每个环节的质量。

④按规定做好检查并认真记录检查结果，取得第一手数据。

⑤运用数理统计方法不断进行分析与改进（实施 PDCA 循环），直至质量控制点验收合格。

3）见证点和停止点。所谓的"见证点"和"停止点"是国际上对于重要程度不同及监督控制要点不同的质量控制对象的一种区分方式。

①见证点。见证点是指重要性一般的质量控制点，在这种质量控制点施工之前，施工单位应提前通知监理单位派监理人员在约定的时间到现场进行见证，对该质量控制点的施工进行监督和检查，并在见证表上详细记录该质量控制点所在的建筑部位、施工内容、数量、施工质量和工时，并签字以作为凭证。如果在规定的时间监理人员未能到达现场进行见证和监督，施工单位可以认为已取得监理单位的同意，有权进行该见证点的施工。

②停止点。停止点是指重要性较高、其质量无法通过施工以后的检验来得到证实的质量控制点。对于这种质量控制点，在施工之前施工单位应提前通知监理单位，并约定施工时间，由监理单位派出监理人员到现场进行监督控制，如果在约定的时间监理人员未到现场进行监督和检查，施工单位应停止该质量控制点的施工，并按合同规定，等待监理人员，或另行约定该质量控制点的施工时间。

在实际工程实施质量控制时，通常是由工程承包单位在分项工程施工前制订施工计划，选定设置的质量控制点，并在相应的质量计划中再进一步明确哪些是见证点，哪些是停止点，施工单位应将该施工计划及质量计划提交监理工程师审批。如监理工程师对上述计划及见证点与停止点的设置有不同的意见，应书面通知施工单位，要求予以修改，修改后再上报监理工程师审批后执行。

8. 成品保护

成品保护一般是指在施工过程中，某些分项工程已经完成，而其他一些分项工程尚在施工，或者是在其分项工程施工过程中，某些部位已完成，而其他部位正在施工，在这种情况下，施工单位必须负责对已完成部分采取妥善措施予以保护，以免因成品缺乏保护或保护不善而造成损伤或污染，影响工程整体质量。

（1）**合理安排施工顺序** 合理安排施工顺序，按正确的施工流程组织施工，是进行成品保护的有效途径之一。

1）遵循"先地下后地上"、"先深后浅"的施工顺序，就不至于破坏地下管网和道路路面。

2）地下管道与基础工程相配合进行施工，可避免基础完工后再打洞挖槽安装管道，影响质量和进度。

3）先在室内回填土后再做基础防潮层，则可保护防潮层不受填土夯实损伤。

4）装饰工程采取自上而下的流水顺序，可以使房屋主体工程完成后，有一定沉降期。已做好的屋面防水层，可防止雨水渗漏。这些都有利于保护装饰工程质量。

5）先做地面，后做顶棚、墙面抹灰，可以保护下层顶棚、墙面抹灰不受渗水污染。但在已做好的地面上施工，需对地面加以保护。若先做顶棚、墙面抹灰，后做地面，则要求楼板灌缝密实，以免漏水污染墙面。

6）楼梯间和踏步饰面，宜在整个饰面工程完成后，再自上而下地进行。门窗扇的安装通常在抹灰后进行。一般先油漆，后安装玻璃。这些施工顺序，均有利于成品保护。

7）当采用单排外脚手砌墙时，由于砖墙上面有脚手洞眼，故一般情况下内墙抹灰需待同一层外粉刷完成，脚手架拆除，洞眼填补后，才能进行，以免影响内墙抹灰的质量。

8）先喷浆后安装灯具，可避免安装灯具后又修理浆活，从而污染灯具。

9）当铺贴连续多跨的卷材防水屋面时，应按先高跨、后低跨，先远（离交通进出口）、后近，先天窗油漆、玻璃，后铺贴卷材屋面的顺序进行。这样可避免在铺好的卷材屋面上行走和堆放材料、工具等物，有利于保护屋面的质量。

（2）成品保护措施　根据建筑产品特点的不同，可以分别对成品采取"防护""包裹""覆盖""封闭"等保护措施，以及合理安排施工顺序等来达到保护成品的目的。

| 第四节　工程施工质量验收 |

建筑工程施工质量的验收应根据现行《建筑工程施工质量验收统一标准》（GB 50200—2013）里的规定进行验收。

◇ 一、建筑工程施工质量验收要求

1）工程质量验收均应在施工单位自检合格的基础上进行。

2）参加工程施工质量验收的各方人员应具备相应的资格。

3）检验批的质量应按主控项目和一般项目验收。

4）对涉及结构安全、节能、环境保护和主要使用功能的试块、试件及材料，应在进场时或施工中按规定进行见证检验。

5）隐蔽工程在隐蔽前应由施工单位通知监理单位进行验收，并应形成验收文件，验收合格后方可继续施工。

6）对涉及结构安全、节能、环境保护和使用功能的重要分部工程，应在验收前按规定进行抽样检验。

7）工程观感质量应由验收人员现场检查，并应共同确认。

◇ 二、建筑工程施工质量验收合格规定

1）符合工程勘察、设计文件的要求。

2）符合《建筑工程施工质量验收统一标准》（GB 50300—2013）

和相关专业验收规范的规定。

✅ 三、检验批的质量检验方法

检验批的质量检验，可根据检验项目的特点在下列抽样方案中选取：

1）计量、计数或计量 - 计数的抽样方案。

2）一次、两次或多次抽样方案。

3）对重要的检验项目，当有简易快速的检验方法时，选用全数检验方案。

4）根据生产连续性和生产控制稳定性情况，采用调整型抽样方案。

5）经实践证明有效的抽样方案。

检验批抽样样本应随机可取，满足分布均匀、具有代表性的要求，抽样数量应符合有关专业验收规范的规定。当采用计数抽样时，最小抽样数量应符合表 6-4 的要求。

表 6-4　检验批最小抽样数量

检验批的容量	最小抽样数量	检验批的容量	最小抽样数量
2 ~ 15	2	151 ~ 280	13
16 ~ 25	3	281 ~ 500	20
26 ~ 90	5	501 ~ 1200	32
91 ~ 150	8	1201 ~ 3200	50

明显不合格的个体可不纳入检验批，但应进行处理，使其满足有关专业验收规范的规定，对处理的情况应予以记录并重新验收。

计量抽样的错判概率 α 和漏判概率 β 可下列规定采取：

1）主控项目：对于合格质量水平的 α 和 β 均不宜超过 5%。

2）一般项目：对于合格质量水平的 α 和 β 不宜超过 10%。

✅ 四、建筑工程质量验收的划分

建筑工程施工质量验收应划分为单位工程、分部工程、分项工程和检验批。

1. 单位工程划分原则

1）具备独立施工条件并能形成独立使用功能的建筑物或构筑物为一个单位工程。

2）对于规模较大的单位工程，可将其能形成独立使用功能的部分划分为一个单位工程。

2. 分部工程划分原则

1）可按专业性质、工程部位确定。

2）当分部工程较大或较复杂时，可按工种、材料、施工特点、施工顺序、专业系统及类别将分部工程划分为若干子分部工程。

3. 分项工程划分原则

分项工程可按主要工种、材料、施工工艺、设备类别进行划分。

4. 检验批划分原则

检验批可根据施工、质量控制和专业验收的需要，按工程量、楼层、施工段、变形缝进行划分。

建筑工程的分部工程、分项工程划分宜按《建筑工程施工质量验收统一标准》（GB 50200—2013）附录 B 采用。

施工前，应由施工单位制定分项工程和检验批的划分方案，并由监理单位审核。对于附录 B 及相关专业验收规范未涵盖的分项工程和检验批，可由建设单位组织监理、施工等单位协商确定。

室外工程可根据专业类别和工程规模按《建筑工程施工质量验收统一标准》（GB 50200—2013）附录 C 的规定划分子单位工程、分部工程和分项工程。

✓ 五、建筑工程质量验收合格规定

1. 检验批质量验收合格规定

1）主控项目的质量经抽样检验均应合格。

2）一般项目的质量经抽样检验合格。当采用计数抽样时，合格点率应符合有关专业验收规范的规定，且不得存在严重缺陷。对于计数抽样的一般项目，正常检验一次、二次抽样可按《建筑工程施工质量验收统一标准》附录 D 判定。

3）具有完整的施工操作依据、质量验收记录。

2. 分项工程质量验收合格规定

1）所含检验批的质量均应验收合格。

2）所含检验批的质量验收记录应完整。

3. 分部工程质量验收合格规定

1）所含分项工程的质量均应验收合格。

2）质量控制资料应完整。

3）有关安全、节能、环境保护和主要使用功能的抽样检验结果应符合相应规定。

4）观感质量应符合要求。

4. 单位工程质量验收合格规定

1）所含分部工程的质量均应验收合格。

2）质量控制资料应完整。

3）所含分部工程中有关安全、节能、环境保护和主要使用功能的检验资料应完整。

4）主要使用功能的抽查结果应符合相关专业验收规范的规定。

5）观感质量应符合要求。

工程的质量控制资料应完整。当部分资料缺失时，应委托有资质的检测机构按有关标准进行相应的实体检验或抽样试验。

✅ 六、建筑工程质量验收记录填写规定

1）检验批质量验收记录可按《建筑工程施工质量验收统一标准》（GB 50200—2013）附录 E 填写，填写时应具有现场验收检查原始记录。

2）分项工程质量验收记录可按《建筑工程施工质量验收统一标准》附录 F 填写。

3）分部工程质量验收记录可按《建筑工程施工质量验收统一标准》附录 G 填写。

4）单位工程质量竣工验收记录、质量控制资料核查记录、安全和功能检验资料核查及主要功能抽查记录、观感质量检查记录应按《建筑工程施工质量验收统一标准》附录 H 填写。

七、建筑工程施工质量不符合要求时的处理规定

当建筑工程施工质量不符合要求时，应按下列规定进行处理：

1）经返工或返修的检验批，应重新进行验收。

2）经有资质的检测机构检测鉴定能够达到设计要求的检验批，应予以验收。

3）经有资质的检测机构检测鉴定达不到设计要求、但经原设计单位核算认可能够满足安全和使用功能的检验批，可予以验收。

4）经返修或加固处理的分项、分部工程，满足安全及使用功能要求时，可按技术处理方案和协商文件的要求予以验收。

经返修或加固处理仍不能满足安全或重要使用功能要求的分部工程及单位工程，严禁验收。

八、建筑工程质量验收的程序和组织

1）检验批应由专业监理工程师组织施工单位项目专业质量检查员、专业工长等进行验收。

2）分项工程应由专业监理工程师组织施工单位项目专业技术负责人等进行验收。

3）分部工程应由总监理工程师组织施工单位项目负责人和项目技术负责人等进行验收。

勘察设计单位项目负责人和施工单位技术、质量部门负责人应参加地基与基础分部工程验收。

设计单位项目负责人和施工单位技术、质量部门负责人应参加主体结构、节能分部工程验收。

4）单位工程中的分包工程完工后，分包单位应对所承包的工程进行自检，并应按《建筑工程施工质量验收统一标准》（GB 50200—2013）规定的程序进行验收。验收时，总包单位应派人参加。分包单位应将所分包工程的质量控制资料整理完整，并移交给总包单位。

5）单位工程完工后，施工单位应组织有关人员进行自检。总监理工程师应组织各专业监理工程师对工程质量进行竣工预验收。存在施工质量问题时，应由施工单位整改，整改完毕后，由施工单位向建

设单位提交工程竣工报告，申请工程竣工验收。

建设单位收到工程竣工报告后，应由建设单位项目负责人组织监理、施工、设计、勘察等单位项目负责人进行单位工程验收。

| 第五节　工程质量改进　|

☑ 一、工程质量改进的含义

1）工程质量改进是通过改进过程来实现的。在工程施工中，每一分项工程或每一分部工程都含有一个或多个工序，每一个工序都可以通过更少的浪费和资源消耗来获得更好的效果和更高的效率。因此，应当不断寻求改进的机会，而不是等待问题出现了才去找机会。

2）不断提高质量和使顾客满意是持续进行质量改进的原动力。当今建筑市场的竞争已经逐渐演变为以质量竞争为主，工程质量已成为施工企业之间竞争的一种资格。只有不断地进行质量改进，才能获得更好的效果和更高的效率，从而既增强施工企业的竞争能力和职工的满意度，又为顾客提供更高的价值并使顾客满意，这对顾客、企业及其职工和整个社会都是有利的。

3）质量改进包括防守型改进和进攻型改进。防守型改进是通过控制，消除急性故障，维持现有的质量状况；进攻型改进是突破现状，消除影响企业素质的慢性故障，达到新的水平，即质量突破。

4）质量改进的措施有预防措施和纠正措施。通过预防措施和纠正措施来消除和减少问题产生的原因，从而使问题不再出现或出现的可能性减少，可见预防措施和纠正措施都是质量改进的关键。

☑ 二、工程质量改进的内容及基本规定

1. 工程质量改进的内容

1）创造保持有利于持续质量改进的环境。

2）对质量管理活动进行计划、组织、衡量和评审。

2. 质量改进的基本规定

1）项目经理部应定期对项目质量状况进行检查、分析，向组织提出质量报告，提出目前质量状况、发包人及其他相关方满意程度、产品要求的符合性以及项目经理部的质量改进措施。

2）组织应对项目经理部进行检查、考核，定期进行内部审核，并将审核结果作为管理评审的输入，促进项目经理部的质量改进。

3）组织应了解发包人及其他相关方对质量的意见，对质量管理体系进行审核，确定改进目标，提出相应措施并检查落实。

✅ 三、工程质量改进的方法

1）质量改进应坚持全面管理的 PDCA 循环方法。随着质量管理循环的不停进行，原有的问题解决了，新的问题又产生了，问题不断产生而又不断被解决，如此循环不止，每一次循环都把质量管理活动推向一个新的高度。

2）坚持"三全"管理："全过程"质量管理指的就是在产品质量形成全过程中，把可以影响工程质量的环节和因素控制起来；"全员"质量管理就是上至项目经理下至一般员工，全体人员行动起来参加质量管理；"全面"质量管理就是要对项目各方面的工作质量进行管理。这个任务不仅由质量管理部门来承担，而且项目的各部门都要参加。

3）质量改进要运用先进的管理办法、专业技术和数理统计方法。

✅ 四、工程质量预防措施与纠正措施

（1）工程质量预防措施

1）项目经理部应定期召开质量分析会，对影响工程质量潜在原因，采取预防措施。

2）对可能出现的不合格，应制定防止再发生的措施并组织实施。

3）对质量通病应采取预防措施。

4）对潜在的严重不合格，应实施预防措施控制程序。

5）项目经理部应定期评价预防措施的有效性。

（2）工程质量纠正措施

1）对发包人或监理工程师、设计人员、质量监督部门提出的质量问题，应分析原因，制定纠正措施。

2）对已发生或潜在的不合格信息，应分析并记录结果。

3）对检查发现的工程质量问题或不合格报告提及的问题，应由项目技术负责人组织有关人员判定不合格程度，制定纠正措施。

4）对严重不合格或重大质量事故，必须实施纠正措施。

5）实施纠正措施的结果应由项目技术负责人验证并记录；对严重不合格或等级质量事故的纠正措施和实施效果应验证，并应报企业管理层。

6）项目经理部或责任单位应定期评价纠正措施的有效性。

本项工作内容清单

序号	工作内容	
1	制订项目质量计划	
2	项目质量控制	制定项目质量控制目标
		制定项目质量控制措施
		调查收集项目质量控制数据
		分析项目质量控制数据
		实际质量与标准质量比较
3	项目设计质量控制	制定项目设计质量控制措施
		审核设计方案
		审核设计图
		审查设计文件
		设计交底
		图纸会审
4	项目施工质量控制	制定项目施工质量控制目标
		制定项目施工质量控制措施
		施工技术准备
		施工物质准备
		施工组织准备
		施工现场准备
		择优选择分包商并对其进行分包培训
		施工工序质量控制
		保护成品质量
5	工程质量检验评定	
6	工程质量验收	
7	工程质量改进	

第七章

项目成本管理

第一节　项目成本管理概述

✓ 一、项目成本管理的概念

工程项目施工过程中消耗的活劳动和物化劳动，包括劳动力、生产资料和劳动对象。这些消耗常以货币的形式表现，如工资、固定资产折旧费、材料费以及管理费等。从财务上讲，就是施工企业支出的成本。

项目成本管理，就是在完成一个工程项目的过程中，对所发生的成本费用支出，有组织、有系统地进行预测、计划、控制、核算、考核、分析等一系列科学管理工作的总称。项目成本管理是以正确反映工程项目施工生产的经济成果，不断降低工程项目成本为宗旨的一项综合性管理工作。

✓ 二、项目成本管理的原则

项目成本管理应遵循以下六项原则：

（1）领导者推动原则　企业的领导者是企业成本的责任人，必然是工程项目施工成本的责任人。领导者应该制定项目成本管理的方针和目标，组织项目成本管理体系的建立和保持，创造使企业全体员工能充分参与项目施工成本管理、实现企业成本目标的良好内部环境。

（2）以人为本，全员参与的原则　项目成本管理的每一项工作、每一个内容都需要相应的人员来完善，抓住本质，全面提高人的积极性和创造性，是搞好项目成本管理的前提。项目成本管理工作是一项系统工程，项目的进度管理、质量管理、安全管理、施工技术管理、物资管理、劳务管理、计划统计、财务管理等一系列管理工作都关联到项目成本，项目成本管理是项目管理的中心工作，必须让企业全体人员共同参与。只有如此，才能保证项目成本管理工作顺利地进行。

（3）目标分解，责任明确原则 项目成本管理的工作业绩最终转化为定量指标，而这些指标的完成是通过各级各个岗位的工作实现的，为明确各级各个岗位的成本目标和责任，就必须进行指标分解。企业确定工程项目责任成本指标和成本降低率指标，是对工程成本进行了一次目标分解。企业的责任是降低管理费用和经营费用，组织项目经理部完成工程项目责任成本指标和成本降低率指标。项目经理部还要对工程项目责任成本指标和成本降低率目标进行二次分解，根据岗位不同、管理内容不同，确定每个岗位的成本目标和所承担的责任。把总目标进行层层分解，落实到每一个人，通过每个指标的完成来保证总目标的实现。

（4）管理层次与管理内容的一致性原则 项目成本管理是企业各项专业管理的一个部分，从管理层次上讲，企业是决策中心、利润中心。项目是企业的生产场地，是企业的生产车间，由于大部分的成本耗费在此发生，因而它也是成本中心。项目完成了材料和半成品在空间和时间上的流水，绝大部分要素或资源要在项目上完成价值转换，并要求实现增值，其管理上的深度和广度远远大于一个生产车间所能完成的工作内容，因此项目上的生产责任和成本责任是非常大的，为了完成或实现工程管理和成本目标，就必须建立一套相应的管理内容和管理权利，且两者必须相称和匹配，否则会发生责、权、利的不协调，从而导致管理目标和管理结果的扭曲。

（5）动态性、及时性、准确性原则 项目成本管理是为了实现项目成本目标而进行的一系列管理活动，是对项目成本实际开支的动态管理过程。由于项目成本的构成是随着工程施工的进展而不断变化的，因而动态性是项目成本管理的属性之一。进行项目成本管理是不断调整项目成本支出与计划目标的偏差，使项目成本支出基本与目标一致的过程。这就需要进行项目成本的动态管理，它决定了项目成本管理不是一次性的工作，而是项目全过程每日每时都在进行的工作。项目成本管理需要及时、准确地提供成本核算信息，不断反馈，为上级部门或项目经理进行项目成本管理提供科学的决策依据。

确保项目成本管理的动态性、及时性、准确性是项目成本管理的灵魂。

（6）过程控制与系统控制原则 项目成本是由施工过程的各个环节的资源消耗形成的。因此，项目成本的控制必须采用过程控制的方法，分析每一个过程影响成本的因素，制定工作程序和控制程序，使之时时处于受控状态。

项目成本形成的第一个过程又是与其他过程互相关联的，一个过程成本的降低，可能会引起关联过程成本的提高。因此，项目成本的管理必须遵循系统控制的原则，进行系统分析。制定过程的工作目标必须从全局利益出发，不能为了小团体的利益，损害了整体的利益。

✅ 三、项目成本管理的目的和意义

（1）项目成本管理的目的 在预定的时间、预定的质量前提下，通过不断改善项目管理的工作，充分采用经济、技术、组织措施和挖掘降低成本的潜力，以尽可能少的耗费，实现预定的目标成本。

（2）项目成本管理的意义

1）促进改善经营管理，提高企业管理水平。

2）合理补偿施工耗费，保证企业再生产的顺利进行。

3）促进企业加强经济核算，不断挖掘潜力，降低成本，提高经济效益。

4）促进项目管理成本控制职能的实现，通过成本计划、决策、反馈、调整，可以对项目成本实行有效的控制。

5）促进项目经理对成本指标的实现。

6）促进强化成本管理的基础工作。

✅ 四、项目成本管理的内容

1. 项目成本预测

项目成本预测就是依据成本的历史资料和有关信息，在认真分析当前各种技术经济条件、外界环境变化及可能采取的管理措施的基础上，对未来的成本与费用及其发展趋势所做的定量的描述和逻辑推断。

2. 项目成本目标

项目成本目标是以项目为基本核算单元，通过定性和定量的分析计算，在充分考虑现场实际、市场供求等情况的前提下，确定出目前的内外环境下及合理工期内，通过努力所能达到的成本目标值。它是项目成本管理的一个重要环节，是项目实际成本支出的指导性文件。

3. 项目成本计划

项目成本计划是项目经理部对项目施工成本进行计划管理的工具。这是以货币形式编制工程项目在计划期内的生产费用、成本水平、成本降低率以及为降低成本所采取的主要措施和规划的书面方案，它是建立项目成本管理责任制、开展成本控制和核算的基础。一般来说，一个项目成本计划应包括从开工到竣工所必需的施工成本，它是降低项目成本的指导文件，是设立目标成本的依据。

4. 项目成本控制

项目成本控制是指在施工过程中，对影响项目成本的各种因素加强管理，并采取各种有效措施，将施工中实际发生的各种消耗和支出严格控制在成本计划范围内，随时揭示并及时反馈，严格审查各项费用是否符合标准，计算实际成本与计划成本之间的差异并进行分析，消除施工中的损失浪费现象，发现和总结先进经验。通过成本控制，使之最终实现甚至超过预期的成本节约目标。项目成本控制应贯穿在工程项目从招标投标阶段到项目竣工验收的全过程，它是企业成本管理的重要环节。

5. 项目成本核算

项目成本核算是指项目施工过程中所发生的各种费用和项目成本的核算。一是按照规定的成本开支范围对施工费用进行归集，计算出施工费用实际发生额；二是根据成本核算对象，采用适当的方法，计算出该工程项目的总成本和单位成本。项目成本核算所提供的各种成本信息，是项目成本预测、项目成本计划、项目成本控制、项目成本分析和项目成本考核等各个环节的依据。因此，加强项目成本核算工作，对降低项目成本、提高企业的经济效益有积极的作用。

6. 项目成本分析

项目成本分析是在成本形成过程中，对项目成本进行的对比评价和剖析总结，它贯穿于项目成本管理的全过程，也就是说项目成本分析主要利用工程项目的成本核算资料（成本信息），与目标成本（计划成本）、预算成本以及类似的工程项目的实际成本等进行比较，了解成本的变动情况，同时也要分析主要技术经济指标对成本的影响，系统地研究成本变动的因素，检查成本计划的合理性，并通过成本分析，深入揭示成本变动的规律，寻找降低项目成本的途径，以便有效地进行成本控制。

7. 项目成本考核

项目成本考核是指在项目完成后，对项目成本形成中的各责任人，按项目成本目标责任制的有关规定，将成本的实际指标与计划、定额、预算进行对比和考核，评定项目成本计划的完成情况和各责任者的业绩，并以此给以相应的奖励和处罚。通过成本考核，做到有奖有惩，赏罚分明，才能有效地调动企业的每一个职工在各自的施工岗位上努力完成目标成本的积极性，为降低项目成本和增加企业的积累做出自己的贡献。

◇ 五、项目成本管理的程序

1）掌握生产要素的市场价格和变动状态。

2）确定项目合同价。

3）编制成本计划，确定成本实施目标。

4）进行成本动态控制，实现成本实施目标。

5）进行项目成本核算和工程价款结算，及时收回工程款。

6）进行项目成本分析。

7）进行项目成本考核，编制成本报告。

8）积累项目成本资料。

◇ 六、项目成本管理的层次划分及各管理层的职责

1. 项目成本管理的层次划分

（1）公司管理层　这里所说的"公司"是广义的公司，是指直接参与经营管理的一级机构，并不一定是公司法所指的法人公司。

这一级机构可以在上级公司的领导和授权下独立开展经营和施工管理活动。它是项目施工的直接组织者和领导者，对项目成本负责，对项目施工成本管理负责领导、组织、监督、考核责任。各企业可以根据自己的管理体制，决定它的名称。

（2）项目管理层　项目管理层是公司根据承接的工程项目施工需要，组织起来的针对该项目施工的一次性管理班子，一般称为"项目经理部"，经公司授权在现场直接管理工程项目施工。它根据公司管理层的要求，结合本项目实际情况和特点确定的本项目部成本管理的组织及人员，在公司管理层的领导和指导下，负责本项目部所承担工程的施工成本管理，对本项目的施工成本及成本降低率负责。

（3）岗位管理层　岗位管理层是指项目经理部的各管理岗位。它在项目经理部的领导和组织下，执行公司及项目部制定的各项成本管理制度和成本管理程序，在实际管理过程中，完成本岗位的成本责任指标。

公司管理层、项目管理层、岗位管理层三个管理层次之间是互相关联、互相制约的关系。岗位管理层次是项目成本管理的基础，项目管理层次是项目成本管理的主体，公司管理层次是项目成本管理的龙头。项目管理层和岗位管理层次在公司管理层的控制和监督下行使成本管理的职能。岗位管理层对项目管理层负责，项目管理层对公司管理层负责。

2. 各管理层的职责

（1）公司管理层的职责　公司管理层是项目成本管理的最高层次，负责全公司的项目成本管理工作，对项目成本管理工作负领导和管理责任。

1）负责制定项目成本管理的总目标及各项目（工程）的成本管理目标。

2）负责本单位成本管理体系的建立及运行情况考核、评定工作。

3）负责对项目成本管理工作进行监督、考核及奖罚兑现工作。

4）负责制定本单位有关项目成本管理的政策、制度、办法等。

（2）项目管理层的职责　公司管理层对项目成本的管理是宏观的。项目管理层对项目成本的管理则是具体的，是对公司管理层项目成本管理工作意图的落实。项目管理层既要对公司管理层负责，又要对岗位管理层进行监督、指导。因此，项目管理层是项目成本管理的主体。项目管理层的成本管理工作的好坏是公司项目成本管理工作成败的关键。项目管理层对公司确定的项目责任成本及成本降低率负责。

1）遵守公司管理层制定的各项制度、办法，接受公司管理层的监督和指导。

2）在公司项目成本管理体系中，建立本项目的成本管理体系，并保证其正常运行。

3）根据公司制定的项目成本目标制定本项目的目标成本和保证措施、实施办法。

4）分解成本指标，落实到岗位人员身上，并监督和指导岗位成本的管理工作。

（3）**岗位管理层的职责**　岗位管理层对岗位成本负责，是项目成本管理的基础。项目管理层将本工程的施工成本指标分解时，要按岗位进行分解，然后落实到岗位，落实到人。

1）遵守公司及项目制定的各项成本管理制度、办法，自觉接受公司和项目的监督、指导。

2）根据岗位成本目标，制定具体的落实措施和相应的成本降低措施。

3）按施工部位或按月对岗位成本责任的完成及时总结并上报，发现问题要及时汇报。

4）按时报送有关报表和资料。

◈ 七、项目成本管理的措施

通常项目成本管理的措施可归纳为组织措施、技术措施、经济措施、合同措施四个方面。

1. 组织措施

组织措施是从项目成本管理的组织方面采取的措施，如实行项目经理责任制，落实项目成本管理的组织机构和人员，明确各级项目成本管理人员的任务和职能分工、权力和责任，编制本阶段项目成本控制工作计划和详细的工作流程图等。项目成本管理不仅是专业成本管理人员的工作，各级项目管理人员也都负有成本控制责任。组织措施是其他各类措施的前提和保障，而且一般不需要增加什么费用，运用得当可以收到良好的效果。

2. 技术措施

技术措施不仅对解决项目成本管理过程中的技术问题是不可缺少的，而且对纠正项目成本管理目标偏差也有相当重要的作用。因此，运用技术措施的关键，一是要能提出多个不同的技术方案，二是要对不同的技术方案进行技术经济分析。在实践中，要避免仅从技术角度选定方案而忽视对其经济效果的分析论证。

3. 经济措施

经济措施是最易被人接受和采用的措施。管理人员应编制资金使用计划，确定、分解项目成本管理目标。对项目成本管理目标进行风险分析，并制定防范性对策。通过偏差原因分析和未完成项目成本预测，可发现一些可能导致未完项目成本增加的潜在问题，对这些问题应以主动控制为出发点，及时采取预防措施。由此可见，经济措施的运用绝不仅仅是财务人员的事情。

4. 合同措施

项目成本管理要以合同为依据，因此合同措施就显得尤为重要。对于合同措施从广义上理解，除了参加合同谈判、修订合同条款、处理合同执行过程中的索赔问题、防止和处理好与业主和分包商之间的索赔之外，还应分析不同合同之间的相互关系和影响，对每一个合同做总体和具体分析等。

| 第二节 项目成本预测 |

◇ 一、项目成本预测的概念

项目成本预测是通过成本信息和工程项目的具体情况，对未来的成本水平及其发展趋势做出科学的估计，其实质就是工程项目在施工以前对成本进行核算。通过成本预测，使项目经理部在满足业主和企业要求的前提下，确定工程项目降低成本的目标，克服盲目性，提高预见性，为工程项目降低成本提供决策与计划的依据。

二、项目成本预测的意义

1. 投标决策的依据

建筑施工企业在选择投标项目过程中，往往需要根据项目是否盈利、利润大小等诸因素确定是否对工程投标。这样在投标决策时就要估计项目施工成本的情况中，通过与施工图的比较，才能分析出项目是否盈利、利润大小等问题。

2. 编制成本计划的基础

计划是管理的第一步。因此，编制可靠的计划具有十分重要的意义，但要编制出正确可靠的成本计划，必须遵循客观经济规律，从实际出发，对成本做出科学的预测。这样才能保证成本计划不脱离实际，切实起到控制成本的作用。

3. 项目成本管理的重要环节

成本预测是在分析项目施工过程中各种经济与技术要素对成本升降影响的基础上，推算其成本水平变化的趋势及其规律性，预测实际成本。它是预测和分析的有机结合，是事后反馈与事前控制的结合。通过成本预测，有利于及时发现问题，找出施工项目成本管理中的薄弱环节，采取措施，控制成本。

三、项目成本预测的程序

1. 制定预测计划

预测计划的内容主要包括：组织领导及工作布置、配合的部门、时间进度、搜集材料范围。

2. 搜集整理预测资料

预测资料一般有纵向和横向两方面数据。纵向资料是企业成本费用的历史数据，据此分析其发展趋势；横向资料是指同类工程项目、同类施工企业的成本资料，据此分析所预测项目与同类项目的差异，并做出估计。

3. 选择预测方法

1）定性预测法。定性预测法是根据经验和专业知识进行判断的一种预测方法。常用的定性预测法有：管理人员判断法、专业人员意见法、专家意见法及市场调查法等。

2）定量预测法。定量预测法是利用历史成本费用资料以及成本与影响因素之间的数量关系，通过一定的数学模型来推测、计算未来成本的可能结果。

4. 成本初步预测

根据定性预测的方法及一些横向成本资料的定量预测，对成本进行初步估计。这一步的结果往往比较粗糙，需要结合现在的成本水平进行修正，才能保证预测结果的质量。

5. 影响成本水平的因素预测

影响成本水平的因素主要有：物价变化、劳动生产率、物料消耗指标、项目管理费开支、企业管理层次等。可根据近期内工程实施情况、本企业及分包企业情况、市场行情等，推测未来哪些因素会对成本费用水平产生影响，其结果如何。

6. 成本预测

根据初步的成本预测以及对成本水平变化因素预测结果，确定成本情况。

7. 分析预测误差

成本预测往往与实施过程中及其后的实际成本有出入，而产生预测误差。预测误差大小，反映预测准确程度的高低。如果误差较大，应分析产生误差的原因，并积累经验。

四、项目成本预测的方法

1. 定性预测方法

（1）经验评判法　经验评判法是通过对过去类似工程的有关数据，并结合现有工程项目的技术资料，经综合分析而预测其成本。

（2）专家会议法　专家会议法是目前国内普遍采用的一种定性预测方法。它的优点是简便易行，信息量大，考虑的因素比较全面，参加会议的专家可以相互启发。

这种方法的不足之处在于，参加会议的人数总是有限的，因此代表性不够充分，会上容易受权威人士或大多数人的意见的影响，而忽视少数人的正确意见。

使用该方法，预测值经常出现较大的差异，在这种情况下一般可采用预测值的平均数。

（3）德尔菲法 德尔菲法是一种广泛应用的专家预测方法，其具体程序如下：

1）组织领导。开展德尔菲法预测，需要成立一个预测领导小组。领导小组负责草拟预测主题，编制预测事件一览表，选择专家，以及对预测结果进行分析、整理、归纳和处理。

2）选择专家。选择专家是关键。专家一般指掌握某一特定领域知识和技能的人，人数不宜过多，一般 10～20 人为宜。该方法以信函方式与专家直接联系，专家之间没有任何联系。这可避免当面讨论时容易产生相互干扰等弊病，或者当面表达意见，受到约束。

3）预测内容。根据预测任务，制定专家应答的问题提纲，说明做出定量估计、进行预测的依据及其对判断的影响程度。

4）预测程序。

第一轮，提出要求，明确预测目标，书面通知被选定的专家和专门人员。要求每位专家有什么特别资料说明可用来分析这些问题以及这些资料的使用方法。同时，请专家提供有关资料，并请专家提出进一步需要哪些资料。

第二轮，专家接到通知后，根据自己的知识和经验，对所预测事件的未来发展趋势提出自己的观点，并说明其依据和理由，书面答复主持预测的单位。

第三轮，预测领导小组根据专家定性预测的意见，对相关资料加以归纳整理，对不同的预测值分别说明预测值的依据和理由（根据专家意见，但不注明哪个专家意见），然后再寄给各位专家，要求专家修改自己原先的预测，以及提出还有什么要求。

第四轮，专家接到第二次信后，就各种预测的意见及其依据和理由进行分析，再次进行预测，提出自己修改的意见及其依据和理由。如此反复征询、归纳、修改，直到意见基本一致为止。修改的次数，根据需要决定。

这种方法的优点是能够最大限度地利用各个专家的能力，相互不受影响，意见易于集中，且真实。缺点是受专家的业务水平、工作经验和成本信息的限制，有一定的局限性。

（4）主观概率预测法　　主观概率预测法是与专家会议法和专家调查法相结合的方法。其允许专家在预测时可以提出几个估计值，并评定各值出现的可能性（概率）；然后，计算各个专家预测值的期望值；最后，对所有专家预测期望值求平均值，即为预测结果。

2. 定量预测方法

定量预测法也称为统计预测法，是根据已经掌握的比较完备的历史数据，运用一定的数学方法进行科学的加工整理，借以揭示有关变量之间的规律，以此用于预测和推测未来发展变化情况的一种预测方法。

在成本定量预测中常用的方法有时间序列分析法、高低点法、回归分析法及量本利分析法，其中量本分析法的预测原理及应用见下面的内容：

（1）量本分析法的预测原理　　量本分析法是研究企业在经营中一定时期的成本、业务量（生产量和销售量）和利润之间的变化规律，从而对利润进行规划的一种技术方法。它是在成本划分为固定成本和变动成本的基础上发展起来的。

设某企业生产甲产品，本期固定成本总额为 C_1，单位售价为 P，单位变动成本为 C_2。并设销售量为 Q，销售收入为 Y，总成本为 C，利润为 TP。则成本、收入、利润之间存在以下的关系：

$$C = C_1 + C_2 Q \tag{7-1}$$

$$Y = PQ \tag{7-2}$$

$$TP = Y - C = (P - C_2) Q - C_1 \tag{7-3}$$

1）基本盈亏平衡分析。如图 7-1 所示，以纵轴表示收入与成本，以横轴表示销售量，建立坐标图，并分别在图上画出成本线和收入线，此图称为盈亏分析图。

从此图上可以看出，收入线与成本线的交点为盈亏平衡点或损益平衡点。在该点上，企业该产品收入与成本正好相等，即处于不亏不盈或损益平衡状态，或称为保本状态。

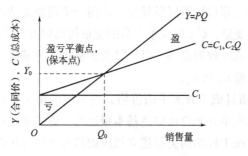

图 7-1　基本盈亏平衡分析图

2）保本销售量和保本销售收入的计算。保本销售量和保本销售收入，就是对应盈亏平衡点的销售量 Q 和销售收入 Y 的值，分别以 Q_0 和 Y_0 表示。由于在保本状态下，销售收入与生产成本相等，即

$$Y_0 = C_1 + C_2 Q_0$$

$$PQ_0 = C_1 + C_2 Q_0$$

$$Q_0 = \frac{C_1}{P - C_2}$$

$$Y_0 = P \frac{C_1}{P - C_2} = \frac{C_1}{\dfrac{P - C_2}{P}} \tag{7-4}$$

式中　　$P - C_2$——边际利润；

$\dfrac{C_1}{\dfrac{P - C_2}{P}}$——边际利润率。

（2）量本利分析在施工项目管理中的应用

1）施工项目成本管理中的量。施工项目成本管理中量本利分析的量不是普通意义上单件工业产品的生产数量或销售数量，而是指一个施工项目的建筑面积或建筑体积（以 S 表示）。对于特定的施工项目由于建筑产品具有"期货交易"特征，因此其生产量即是销售量，且固定不变。

2）施工项目成本管理中的成本。进行量本利分析首先把成本按其与产销量的关系分解为固定成本和变动成本。在施工项目管理中，就是把成本按是否随工程规模大小而变化划分为固定成本（以 C_1 表示）和变动成本（以 C_2 表示，这里是指单位建筑面积变动成本）。

但确定 C_1 和 C_2 往往很困难，是由于变动成本变化幅度较大，而

且历史资料的计算口径不同所导致。采用一个简便而适用的方法，是建立以 S 为自变量，C（总成本）为因变量的回归方程（$C=C_1+C_2S$），通过历史工程成本数据资料（以计算期价格指数为基础）用最小二乘法计算回归系数 C_1 和 C_2。

3）施工项目成本管理中的价格。在相同的施工期间内，同结构类型的项目单位平方米价格则是基本接近的。施工项目成本管理量本利分析中可以按工程结构类型建立相应的盈亏平衡分析图和量本利分析模型。某种结构类型项目的单位平方米价格可按实际历史数据资料计算并按物价上涨指数修正，或者和计算成本一样建立回归方程求解。

4）施工项目成本管理中的盈亏平衡分析图。设项目的建筑面积或建筑体积为 S，合同单位平方米造价为 P，施工项目的固定成本为 C_1，单位平方米变动成本为 C_2，项目合同总价为 Y，项目总成本为 C，那么施工项目盈亏平衡分析如图 7-2 所示。

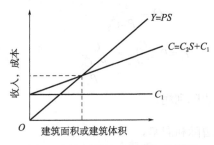

图 7-2　施工项目盈亏平衡分析图

第三节　项目成本目标

◇ 一、项目成本目标的概念

项目成本目标是项目成本管理的一项重要内容，是目标管理在成本管理中的实际运用。它是以企业的目标利润和顾客所能接受的销售价格为基础，根据先进的消耗定额和计划期内能够实现的成本降低措施及其效果确定的，改变了以实际消耗为基础的传统成本控制观念，增强了成本管理的预见性、目的性和科学性。

项目成本目标是以项目为基本核算单元，通过定性和定量的分析计算，在充分考虑现场实际、市场供求等情况的前提下，确定出在目前的内外环境下及合理工期内，通过努力所能达到的成本目标值。它是项目成本管理的一个重要环节，是项目实际成本支出的指导性文件。

✅ 二、项目成本目标的作用

1）是其他有关生产经营计划的基础。每一个工程项目都有着自己的项目目标，这是一个完整的体系。在这个体系中，项目成本目标与其他各方面的计划有着密切的联系。它们既相互独立，又起着相互依存和相互制约的作用。

2）为生产耗费的控制、分析和考核提供重要依据。项目成本目标既体现了社会主义市场经济体制下对成本核算单位降低成本的客观要求，也反映了核算单位降低成本的目标。项目成本目标可作为对生产耗费进行事前预计、事中检查控制和事后考核评价的重要依据。项目成本一经确定，就要层层落实到部门、班组，并应经常将实际生产耗费与成本目标进行对比分析，揭露执行过程中存在的问题，及时采取措施，改进和完善项目成本管理工作，以保证项目成本目标指标得以实现。

3）调动全体职工深入开展增产节约、降低产品成本活动的积极性。项目成本目标是全体职工共同奋斗的目标。为了保证项目成本目标的实现，企业必须加强项目成本管理责任制，把项目成本目标的各项指标进行分解，落实到各部门、班组乃至个人，实行归口管理并做到责、权、利相结合，检查评比和奖励惩罚有根有据，使开展增产节约、降低产品成本、执行和完成各项成本目标指标成为上下一致、左右协调、人人自觉努力完成的共同行动。

✅ 三、项目成本目标制定的原则

项目成本目标制定的原则主要是指在项目成本目标制定过程中对

有关业务处理的标准和要求。目标成本是项目控制成本的标准，所制定的成本目标要能真正起到控制生产成本的作用，就必须符合以下原则：

（1）可行性原则　项目成本目标必须是项目执行单位在现有基础上经过努力可以达到的成本水平。这个水平既要高于现有水平，又不能高不可攀，脱离实际，也不能把目标定得过低，失去激励作用。因此，项目成本目标应当符合企业各种资源条件和生产技术水平，符合国内市场竞争的需要，切实可行。

（2）科学性原则　项目成本目标的科学性就是项目成本目标的确定不能主观臆断，要收集和整理大量的情报资料，以可靠的数据为依据，通过科学的方法计算出来。

（3）先进性原则　项目成本目标要有激发职工积极性的功能，能充分调动广大职工的工作热情，使每个人尽力贡献自己的力量。如果项目成本目标可以轻而易举地达到，也就失去了成本控制的意义。

（4）适时性原则　项目成本目标一般是在全面分析当时主客观条件的基础上制定的。由于现实中存在大量的不确定性因素，项目实施过程中的外部环境和内部条件会不断发生变化，这就要求企业根据条件的变化及时调整修订项目成本目标，以适应实际情况的需要。

（5）可衡量性原则　可衡量性是指项目成本目标要能用数量或质量指标表示。有些难以用数量表示的指标应尽量用间接方法使之数量化，以便能作为检查和评价实际成本水平偏离目标程度的标准和考核目标成本执行情况的准绳。

（6）统一性原则　同一时期对不同项目成本目标的制定必须采用统一标准，以统一尺度（施工定额水平）对项目成本进行约束。同时，项目成本目标要和企业的总经营目标协调一致，并且项目成本目标各种指标之间不能相互矛盾、相互脱节，要形成一个统一的整体的指标体系。

◈ 四、项目成本目标的编制

1. 项目成本目标的编制依据

1）项目经理责任合同，其中包括项目施工责任成本指标及各项管理目标。

2）根据施工图计算的工程量及参考定额。

3）施工组织设计及分部分项工程施工方案。

4）劳务分包合同及其他分包合同。

5）项目岗位成本责任控制指标。

2. 项目成本目标的编制程序

项目成本目标的编制程序，如图 7-3 所示。

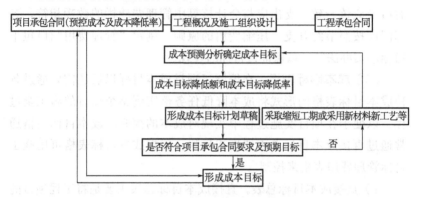

图 7-3 项目成本目标的编制程序

3. 项目成本目标的编制方法

（1）定性分析法 常用的定性分析方法是用目标利润百分比表示的成本控制标准，即

$$成本目标 = 工程投标价 \times [1- 目标利润率] \qquad （7-5）$$

在此方法中，目标利润率主要是通过主观判断和对历史资料分析而得出。

（2）定量分析法 定量分析法就是在投标价格的基础上，充分考虑企业的外部环境对各成本要素的影响，通过对各工序中人工、材料、机械消耗的考察和定量分析计算，进而得出项目成本目标的方法。定量分析得出的成本目标比经营者提出的指标更为具体，更为现实，便于管理者抓住成本管理中的关键环节，有利于对成本的分解细化。

4. 项目成本目标的分解

项目成本目标一般可分为直接成本目标和间接成本目标。如果项目设有附属生产单位（如加工厂、预制厂、机械动力站和汽车队），项目成本目标还可分为产品成本目标和作业成本目标。

（1）**直接成本目标**　直接成本目标主要反映工程成本的目标价值，具体来说，要对材料费、人工费、机械费、运费等主要支出项目加以分解并各自制定目标。

（2）**间接成本目标**　间接成本目标主要反映施工现场管理费用的目标支出数。间接成本目标应根据工程项目的核算期，以项目总收入费的管理费用为基础，制定各部门的成本目标收支，汇总后作为工程项目的目标管理费用。在间接成本目标制定中，各部门费用的口径应该一致，支出应与会计核算中管理费一栏的数额相符。各部门应按照节约开支、压缩费用的原则，制定"管理费用归口包干指标落实办法"，以保证该目标的实现。

（3）**成本目标表格**　在编制了项目成本目标以后还需要通过各种成本目标表格的形式将成本降低任务落实到整个项目的施工全过程，以便于在项目实施过程中实现对成本的控制。成本目标表格通常通过直接成本目标总表的形式反映；间接成本目标表格可用施工目标管理费用表格来控制。

1）直接成本目标总表。直接成本目标总表主要是将工程项目的成本目标分解为各个组成部分，通过在成本目标表中加入实际成本栏的方式，并且要在存在较大差异时对其原因进行解释，达到在实际中对施工中发生的费用进行有力控制的目的，见表7-1。

表7-1　直接成本目标总表

工程名称：　　　　　项目经理：　　　　　日期：　　　　　单位：

项目	成本目标	实际发生成本	差异	差异说明
1.直接费用				
人工费				
材料费				
机械使用费				
其他直接费				
2.间接费用				
施工管理费				
合计				

2）施工现场目标管理费用表格，见表7-2。

表 7-2　施工现场目标管理费用表格

工程名称：　　　　　项目经理：　　　　　日期：　　　　　单位：

项目	成本目标	实际发生成本	差异	差异说明
1. 工作人员工资				
2. 生产工人辅助工资				
3. 工资附加费				
4. 办公费				
5. 差旅交通费				
6. 固定资产使用费				
7. 工具用具使用费				
8. 劳动保护费				
9. 检验试验费				
10. 工程保养费				
11. 财产保险费				
12. 取暖、水电费				
13. 排污费				
14. 其他				
合计				

| 第四节　项目成本计划 |

✅ 一、项目成本计划的概念

项目成本计划是在多种成本预测的基础上，经过分析、比较、论证、判断之后，以货币形式预先规定计划期内项目施工的耗费和成本所要达到的水平，并且确定各个项目成本比预计要达到的降低额和降低率，提出保证成本计划实施所需要的主要措施方案。

项目成本计划是项目全面计划管理的核心。它是受企业成本计划制约而又相对独立的计划体系，工程项目成本计划的实现，依赖于项目组织对生产要素的有效控制。项目作为基本的成本核算单位，有利于成本计划管理体制的改革和完善，有利于解决传统体制下施工预算与计划成本、施工组织设计与项目成本计划相互脱节的问题，为改革施工组织设计，创立新的成本计划体系，创造有利的条件和环境。

✔ 二、项目成本计划的重要性

项目成本计划是项目成本管理的一个重要环节，是实现降低项目成本任务的指导性文件，也是项目成本预测的继续。

项目成本计划的过程是动员项目经理部全体职工，挖掘降低成本潜力的过程，也是检验施工技术质量管理、工期管理、物资消耗和劳动力消耗管理等效果的全过程。

项目成本计划的重要性具体表现为以下几个方面：

1）是对生产耗费进行控制、分析和考核的重要依据。

2）是编制核算单位其他有关生产经营计划的基础。

3）是国家编制国民经济计划的一项重要依据。

4）可以动员全体职工深入开展增产节约、降低产品成本的活动。

5）是建立企业成本管理责任制、开展经济核算和控制生产费用的基础。

✔ 三、项目成本计划的编制

1. 项目成本计划的编制依据

1）承包合同。合同文件除了包括合同文件外，还包括招标文件、投标文件、设计文件等，合同中的工程内容、数量、规格、质量、工期和支付条款都将对工程的成本计划产生重要的影响，因此，承包方在签订合同前应进行认真的研究与分析，在正确履约的前提下降低工程成本。

2）项目管理实施规划。其中以工程项目施工组织设计文件为核心的项目实施技术方案与管理方案，是在充分调查和研究现场条件及有关法规条件的基础上制定的，不同实施条件下的技术方案和管理方案，将导致工程成本的不同。

3）可行性研究报告和相关设计文件。

4）生产要素的价格信息。

5）反映企业管理水平的消耗定额（企业施工定额）以及类似工程的成本资料等。

2. 项目成本计划的编制原则

（1）合法性原则 编制项目成本计划时，必须严格遵守国家的有关法令、政策及财务制度的规定，严格遵守成本开支范围和各项费用开支标准，任何违反财务制度的规定，随意扩大或缩小成本开支范围的行为，必然使计划失去考核实际成本的作用。

（2）先进可行性原则 项目成本计划既要保持先进性，又必须切实可行。否则，就会因计划指标过高或过低而失去应有的作用。这就要求编制项目成本计划必须以各种先进的技术经济定额为依据，并针对施工项目的具体特点，采取切实可行的技术组织措施作保证。

（3）可比性原则 项目成本计划应与实际成本、前期成本保持可比性。为了保证项目成本计划的可比性，在编制计划时应注意所采用的计算方法与成本核算方法保持一致（包括成本核算对象、成本费用的汇集、结转、分配方法等），只有保证项目成本计划的可比性，才能有效地进行成本分析，才能更好地发挥项目成本计划的作用。

（4）统一领导、分级管理原则 编制项目成本计划，应实行统一领导、分级管理的原则，采取走群众路线的工作方法。应在项目经理的领导下，以财物和计划部门为中心，发动全体职工总结降低成本的经验，找出降低成本的正确途径，使项目成本计划的制订和执行具有广泛的群众基础。

（5）弹性原则 编制项目成本计划，应留有充分余地，保持计划具有一定的弹性。在计划期内，项目经理部的内部或外部的技术经济状况和供产销条件，很可能发生一些在编制计划时所未预料的变化，尤其是材料的市场价格。只有充分考虑这些变化的发展，使计划具有一定的应变适应能力。

（6）从实际情况出发的原则 编制项目成本计划须从企业的实际情况出发，充分挖掘企业内部潜力，使降低成本指标既积极可靠，又切实可行。施工项目管理部门降低成本的潜力在于正确选择施工方案，节约施工管理费用等。但不可因为降低成本而偷工减料，忽视质量；不可不管机械的维护修理而拼机械；不可单单增加劳动强度，加班加点，或减掉合理的劳保费用；不可忽视安全工作。

（7）**与其他计划相结合的原则**　编制项目成本计划必须与工程项目的其他各项计划如施工方案、生产进度、财务计划、资料供应及耗费计划等密切结合，保持平衡。即项目成本计划一方面要根据工程项目的生产、技术组织措施、劳动工资、材料供应等计划来编制，另一方面又影响着其他各种计划指标。在制订其他计划时，应考虑适应降低成本的要求，与项目成本计划密切配合，且不可单纯考虑每一种计划本身的需要。

3. 项目成本计划的编制程序

项目成本计划的编制程序，因项目的规模大小、管理要求不同而不同。大中型项目一般采用分级编制的方式，即先由各部门提出部门成本计划，再由项目经理部汇总编制全项目工程的成本计划。小型项目一般采用集中编制的方式，即由项目经理部先编制各部门成本计划，再汇总编制全项目的成本计划。项目成本计划的编制程序如图7-4所示。

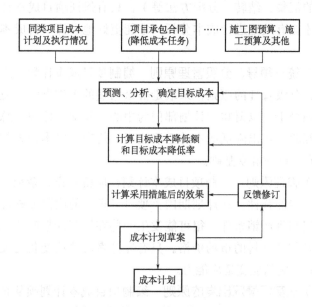

图 7-4　项目成本计划的编制程序

✅ 四、项目成本计划的编制方法

1. 施工预算法

施工预算法是指以施工图中的工程实物量，套以施工工料消耗定额，计算工料消耗量，并进行工料汇总，然后统一以货币形式反映其施工生产耗费水平。以施工工料消耗定额所计算的施工生产耗费水平，基本是一个不变的常数。一个工程项目要实现较高的经济效益（较大地降低成本水平），就必须在这个常数基础上采取技术节约措施，以降低单位消耗量和降低价格等，来达到成本计划的成本目标水平。因此，采用施工预算法编制项目成本计划时，必须考虑结合技术节约措施，以进一步降低施工生产耗费水平。施工预算法的计划成本计算公式为

$$\text{施工预算法的计划成本} = \text{施工预算施工生产耗费水平（工料消耗费用）} - \text{技术节约措施计划节约额} \quad (7\text{-}6)$$

2. 技术节约措施法

技术节约措施法是指以工程项目计划采取的技术组织措施和节约措施所能取得的经济效果为项目成本降低额，然后求工程项目的计划成本的方法。用公式表示为

$$\text{施工项目计划成本} = \text{施工项目预算成本} - \text{技术节约措施计划节约额（降低成本额）} \quad (7\text{-}7)$$

3. 成本习性法

成本习性法是固定成本和变动成本在编制项目成本计划中的应用，主要按照成本习性，将成本分成固定成本和变动成本两类，以此计算计划成本。具体划分可采用按费用分解的方法。

（1）**材料费**　与产量有直接联系，属于变动成本。

（2）**人工费**　在计时工资形式下，生产工人工资属于固定成本，因为不管生产任务完成与否，工资照发，与产量增减无直接联系。如果采用计件超额工资形式，其计件工资部分属于变动成本，奖金、效益工资和浮动工资部分，也应计入变动成本。

（3）**机械使用费**　此费用中的有些费用随产量的增减而变动，如燃料费、动力费等，属于变动成本。有些费用不随产量变动，

如机械折旧费、大修理费等，属于固定成本。此外还有机械的场外运输费和机械组装拆卸、替换配件、润滑擦拭等经常修理费，由于不直接用于生产，也不随产量增减成正比例变动，而是在生产能力得到充分利用，产量增长时，所分摊的费用就少些，在产量下降时，所分摊的费用就要大些，所以这部分费用为介于固定成本和变动成本之间的半变动成本，可按一定比例划为固定成本和变动成本。

（4）**其他直接费** 水、电、风、汽等费用以及现场发生的材料二次搬运费，多数与产量发生联系，属于变动成本。

（5）**施工管理费** 此费用中大部分在一定产量范围内与产量的增减没有直接联系，如工作人员工资、生产工人辅助工资、工资附加费、办公费、差旅交通费、固定资产使用费、职工教育经费、上级管理费等，这些基本上属于固定成本。检验试验费、外单位管理费等与产量增减有直接联系，属于变动成本。此外，劳动保护费中的劳保服装费、防暑降温费、防寒用品费，劳动部门都有规定的领用标准和使用年限，基本上属于固定成本。技术安全措施费、保健费，大部分与产量有关，属于变动成本。工具用具使用费中，行政使用的家具费属于固定成本，工人领用工具，随管理制度不同而不同，有些企业对机修工、电工、钢筋工、车工、钳工、刨工的工具按定额配备，规定使用年限，定期以旧换新，属于固定成本，而对民工、木工、抹灰工、油漆工的工具采取定额人工数、定价包干，则又属于变动成本。

在成本按习性划分为固定成本和变动成本后，可用公式表示，即

$$\text{施工项目计划成本} = \text{施工项目变动成本总额}(C_2Q) + \text{施工项目固定成本总额}(C_1) \quad (7\text{-}8)$$

◇ 五、项目成本计划的内容

1. 项目成本计划的组成

施工项目的成本计划通常由施工项目降低直接成本计划和间接成本计划组成。如果项目设有附属生产单位，项目成本计划还包括产品成本计划和作业成本计划。

（1）施工项目降低直接成本计划

1）总则。总则包括对施工项目的概述、项目管理机构及层次介绍，对有关工程的进度计划、外部环境特点、合同中有关经济问题的责任、成本计划编制中依据其他文件及其他规格也均应做适当的介绍。

2）目标及核算原则。目标及核算原则包括施工项目降低成本计划及计划利润总额、投资和外汇节约额（若有的话）、主要材料和能源节约额、货款和流动资金节约额等。核算原则是指参与项目的各单位在成本、利润结算中采用何种核算方式，如承包方式、费用分配方式，如有不同，应予以说明。

3）降低成本计划总表或总控制方案。降低成本计划总表或总控制方案是指项目主要部分的分部成本计划，例如施工部分，编写项目施工成本计划，按直接费、间接费、计划利润的合同中标数、计划支出数、计划降低额均应分别填入。若有多家单位参与施工时，要分单位编制后再汇总。

4）对施工项目成本计划中计划支出数估算过程的说明。这里的说明主要是对材料费、人工费、机械费、运费等主要支出项目的说明。以材料为例，应说明钢材、木材、水泥、砂石、加工订货制品等主要材料和加工预制品的计划用量、价格、模板摊销列入成本的幅度，脚手架等租赁用品计划付多少款，材料采购发生的成本差异是否列入成本等，以便在实际施工中加以控制与考核。

5）对计划降低成本的来源分析。对计划降低成本的来源分析是指应反映项目管理过程计划采取的增产节约、增收节支和各项措施及预期效果。以施工部分为例，应反映技术组织措施的主要项目及预期经济效果。可依据技术、劳资、机械、材料、能源、运输等各部门提出的节约措施，加以整理计算。

（2）施工项目降低间接成本计划　它主要反映施工现场管理费用的计划数、预算收入数及降低额。间接成本计划应根据工程项目的核算期，以项目总收入费的管理费为基础，制订各部门费用收支计划，汇总后作为工程项目的管理费用计划。

在间接成本计划中，收入应与取费口径一致，支出应与会计核算中管理费用的二级科目一致。间接成本的计划收支总额，应与项目成本计划中管理费一栏的数额相符。各部门应按照节约开支、压缩费用原则，制定《管理费用归口包干指标落实办法》，以保证该计划的实施。

2. 项目成本计划表

项目成本计划表通常由项目成本计划任务表、技术组织措施表和降低成本计划表三个表组成，间接成本计划可用施工现场管理费计划表来控制。

（1）项目成本计划任务表 项目成本计划任务表是主要反映工程项目预算成本、计划成本、成本降低额、成本降低率的文件。其中成本降低额能否实现主要取决于企业采取的技术组织措施。所以，计划成本降低额这一栏要根据技术组织措施表和降低成本计划表来填写。

（2）技术组织措施表 技术组织措施表是预测项目计划期内施工工程成本中各项直接费用计划降低额的依据，是提出各项节约措施和确定各项措施的经济效益文件。它由项目经理部有关人员分别就应采取的技术组织措施而预测的经济效益，再汇总编制而成。

编制技术组织措施表的目的是在不断采用新工艺、新技术的基础上提高施工技术水平，改善施工工艺过程，推广工业化和机械化施工方法，以及通过采纳合理化建议达到降低成本的目的。

（3）降低成本计划表 降低成本计划表是根据企业下达给该项目的降低成本任务和该项目经理部自己确定的降低成本指标而制订出的项目成本降低计划。它是编制项目成本计划任务表的重要依据。它是由项目经理部有关业务和技术人员编制的。此表的依据是项目的总包和分包的分工，项目中的各有关部门提供的降低成本资料及技术组织措施计划。在编制降低成本计划表时还应参照企业内外以往同类项目成本计划的实际执行情况。

（4）施工现场管理费计划表 施工现场管理费计划表是指发生在施工现场这一级，针对工程的施工建设进行组织经营管理等支出的费用计划表。

施工现场管理费是按相应的计取基础乘以现场管理费费率确定的，即

工程的施工现场管理费 = 人工费 × 现场管理费费率　　　（7-9）

3. 项目成本计划的风险分析

在项目成本计划编制中可能存在着的风险因素有：

1）由于技术上、工艺上的变更导致施工方案的变化。

2）原材料价格变化、通货膨胀引起的连锁反应。

3）交通、能源、环保方面的要求引来的变化。

4）工资及福利方面的变化。

5）可能发生的工程索赔、反索赔事件。

6）国际结算中的汇率风险等。

7）国际国内可能发生的战争、骚乱事件。

8）气候带来的自然灾害。

项目成本计划中降低工程项目成本的途径：

1）加强施工管理，提高施工组织水平。

①正确选择施工方案，合理布置施工现场。采用先进的施工方法和施工工艺，不断提高工业化、现代化水平。

②组织均衡生产，搞好现场调度和协作配合。注意竣工收尾，加快工程进度，缩短工期。

2）加强劳动工资管理。

①改善劳动组织，合理使用劳动力，减少窝工浪费。

②加强技术教育和培训工作，提高工人的文化技术水平和操作熟练程度。

③加强劳动纪律，提高工作效率，压缩非生产用工和辅助用工，严格控制非生产人员比例。

3）加强材料管理。

①改进材料的采购、运输、收发、保管等方面的工作，减少各个环节的损耗，节约采购费用。

②合理堆置现场材料，组织分批进场，避免和减少二次搬运。

③严格材料进场验收和限额领料制度。

④制定并贯彻节约材料的技术措施，合理使用材料，尤其是三大材，大搞节约代用，修旧利废和废料回收，综合利用一切资源。

4）加强机械设备管理。正确选配和合理使用机械设备，搞好机械设备的保养修理，提高机械设备的完好率、利用和使用效率，加快施工进度、增加产量、降低机械使用费。

5）加强费用管理，节约施工管理费。主要是精减管理机械，减少管理层次，压缩非生产人员，实行定额管理，制定费用分项分部门的定额指标，有计划地控制各项费用开支。

第五节　项目成本控制

一、项目成本控制的概念

项目成本控制是指项目经理部在项目成本形成的过程中，为控制人、机、材消耗和费用支出，降低工程成本，达到预期的项目成本目标，所进行的成本预测、计划、实施、核算、分析、考核，整理成本资料与编制成本报告等一系列活动。

项目成本控制是在成本发生和形成的过程中，对成本进行的监督检查。成本的发生和形成是一个动态的过程，这就决定了成本的控制也应该是一个动态过程，因此，也可称为成本的过程控制。

二、项目成本控制的原则

（1）全面控制原则

1）项目成本的全员控制。项目成本的全员控制有一个系统的实质性内容，其中包括各部门、各单位的责任网络和班组经济核算等，防止成本控制人人有责又都人人不管。

2）项目成本的全过程控制。项目成本的全过程控制是指在工程项目确定以后，自施工准备开始，经过工程施工，到竣工交付使用后的保修期结束，其中每一项经济业务，都要纳入成本控制的轨道。

（2）动态控制原则

1）项目施工是一次性行为，其成本控制应更重视事前、事中控制。

2）在施工开始之前进行成本预测，确定项目成本目标，编制项目成本计划，制定或修订各种消耗定额和费用开支标准。

3）施工阶段重在执行项目成本计划，落实降低成本措施，实行项目成标目标管理。

4）项目成本控制随施工过程连续进行，与施工进度同步，不能时紧时松，不能拖延。

5）建立灵敏的成本信息反馈系统，使成本责任部门（人员）能及时获得信息，纠正不利成本偏差。

6）制止不合理开支，把可能导致损失和浪费的因素消灭在萌芽状态。

7）竣工阶段成本盈亏已成定局，主要进行整个项目的成本核算、分析、考评。

（3）目标管理原则　目标管理是贯彻执行计划的一种方法，它把计划的方针、任务、目的和措施等逐一加以分解，提出进一步的具体要求，并分别落实到执行计划的部门、单位甚至个人。

（4）责、权、利相结合原则　要使项目成本控制真正发挥及时有效的作用，必须严格按照经济责任制的要求，贯彻责、权、利相结合的原则。实践证明，只有责、权、利相结合的项目成本控制，才是名实相符的项目成本控制。

（5）节约原则

1）施工生产既是消耗资财人力的过程，也是创造财富增加收入的过程，其成本控制也应坚持增收与节约相结合的原则。

2）作为合同签约依据，编制工程预算时，应"以支定收"，保证预算收入。在施工过程中，要"以收定支"，控制资源消耗和费用支出。

3）每发生一笔成本费用，都要核查是否合理。

4）经常性的成本核算时，要进行实际成本与预算收入的对比分析。

5）抓住索赔时机，搞好索赔、合理力争甲方给予经济补偿。

6）严格控制成本开支范围，费用开支标准和有关财务制度，对各项成本费用的支出进行限制和监督。

7）提高工程项目的科学管理水平、优化施工方案，提高生产效率，节约人、财、物的消耗。

8）采取预防成本失控的技术组织措施，制止可能发生的浪费。

9）施工质量、进度、安全都对工程成本有很大的影响，因而成本控制必须与质量控制、进度控制、安全控制等工作相结合、相协调，避免返工（修）损失，降低质量成本，减少并杜绝工程延期违约罚款、安全事故损失等费用支出发生。

10）坚持现场管理标准化，堵塞浪费的漏洞。

（6）开源与节流相结合的原则　降低项目成本，需要一面增加收入，一面节约支出。因此，每发生一笔金额较大的成本费用，都要查一查有无与其相对应的预算收入，是否支大于收。

✓ 三、项目成本控制的实施

1. 项目成本控制的对象

（1）以项目成本形成的过程作为控制对象　根据对项目成本实行全面、全过程控制的要求，具体的控制内容包括：

1）在工程投标阶段，应根据工程概况和招标文件，进行项目成本的预测，提出投标决策意见。

2）施工资金积累阶段，应结合设计图的自审、会审和其他资料（如地质勘探资料等），编制实施性施工组织设计，通过多方案的技术经济比较，从中选择经济合理、先进可行的施工方案，编制明细具体的成本计划，对项目成本进行事前控制。

3）施工阶段，以施工图预算、施工预算、劳动定额、材料消耗定额和费用开支标准等，对实际发生的成本费用进行控制。

4）竣工交付使用及保修期阶段，应对竣工验收过程发生的费用和保修费用进行控制。

（2）以项目的职能部门、施工队和生产班组作为成本控制的对象　项目成本控制的具体内容是日常发生的各种费用和损失。这些费用损失，都发生在各个职能部门、施工队和生产班组。因此，也应以职能部门、施工队和生产班组作为成本控制对象，接受项目经理和企业有关部门的指导、监督、检查和考评。与此同时，项目的职能部门、施工队和生产班组还应对自己承担的责任成本进行自我控制，应该说，这是最直接、最有效的项目成本控制。

（3）以分部分项工程作为项目成本的控制对象　在正常情况下，项目应该根据分部分项工程的实物量，参照施工预算定额，联系项目管理的技术素质、业务素质和技术组织措施的节约计划，编制工、料、机消耗数量、单价、金额在内的施工预算，作为对分部分项工程成本进行控制的依据。

（4）以对外经济合同作为成本控制对象　在目前的市场经济体制下，施工项目的对外经济业务，均要以经济合同为纽带建立合约关系，以明确双方的权利和义务。在签订上述经济合同时，除了要根据业务要求规定的时间、质量、结算方式和履（违）约奖罚等条款外，还必须强调要将合同的数量、单价、金额控制在预算收入以内。合同金额超过预算收入，就意味着成本亏损。

2. 项目成本控制的实施内容

（1）工程投标阶段

1）依据工程概况和招标文件，联系建筑市场和竞争对手的情况，进行成本预测，提出投标决策意见。

2）中标以后，根据项目的建设规模，组建与之相适应的项目经理部，同时以"标书"为依据确定项目的成本目标，并下达给项目经理部。

（2）施工准备阶段

1）依据设计图和有关技术资料，对施工方法、施工顺序、作业和组织形式、机械设备选型、技术组织措施等进行认真的研究分析，运用价值工程原理，制定出科学先进、经济合理的施工方案。

2）依据企业下达的成本目标，以分部分项工程实物工程量为基础，联系劳动定额、材料消耗定额和技术组织措施的节约计划，在优化的施工方案的指导下，编制明细具体的成本计划，并按照部门、施工队和班组的分工进行分解，作为部门、施工队和班组的责任成本落实下去，为今后的成本控制做好准备。

3）依据项目建设时间的长短和参加建设人数的多少，编制单位费用预算，并对上述预算进行明细分解，以项目经理部有关部门或业务人员责任成本的形式落实下去，为今后的成本控制和绩效考评提供依据。

3. 项目成本控制的实施方法

（1）以项目成本目标控制成本支出　在项目的成本控制中，可根据项目经理部制定的成本目标控制成本支出，实行"以收定支"，

或者称为"量入为出",这是最有效的方法之一。具体的控制方法如下:

1) 人工费的控制。在企业与业主签订合同后,应根据工程特点和施工范围确定劳务队伍。劳务分包队伍一般应通过招标投标方式确定。通常应按定额工日单价或平方米包干方式一次包死,尽量不留活口,以便管理。在施工过程中,必须严格按合同核定劳务分包费用,严格控制支出,并每月预结一次,发现超支现象应及时分析原因。同时,在施工过程中,要加强预控管理,防止合同外用工现象的发生。

2) 材料费的控制。材料费用的控制主要是通过控制消耗量和进场价格。

①材料消耗量的控制。材料消耗量的控制包括材料需用量计划的编制适时性、完整性、准确地控制,材料领用控制和工序施工质量控制。

②材料进场价格的控制。依据工程投标时的报价和市场信息,材料的采购价加运杂费构成的材料进场价应尽量控制在工程投标时的报价以内。由于市场价格是动态的,企业的材料管理部门,应利用现代化信息手段,广泛收集材料价格信息,定期发布当期材料最高限价和材料价格趋势,控制项目材料采购和提供采购参考信息。项目部也应逐步提高信息采集能力,优化采购。

3) 施工机械使用费的控制。凡是在确定成本目标时单独列出租赁的机械,在控制时也应按使用数量、使用时间、使用单价逐项进行控制。小型机械及电动工具购置及修理费采取由劳务队包干使用的方法进行控制,包干费应低于成本目标的要求。

4) 构件加工费和分包工程费的控制。在市场经济体制下,钢门窗、木制成品、混凝土构件、金属构件和成型钢筋的加工,以及打桩、土方、吊装、安装、装饰和其他专项工程(如屋面防水等)的分包,都要通过经济合同来明确双方的权利和义务。在签订这些经济合同的时候,特别要坚持"以施工图预算控制合同金额"的原则,绝不允许合同金额超过施工图预算。

(2)以施工方案控制资源消耗　资源消耗数量的货币表现大部分是成本费用。因此,资源消耗的减少,就等于成本费用节约;控制了资源消耗,也就等于控制了成本费用。

以施工图预算控制资源消耗的实施方法如下:

1）在工程项目开工前，根据施工图和工程现场的实际情况，制定施工方案，包括人力物资需用量计划、机具配置方案等，以此作为指导和管理施工的依据。在施工过程中，如需改变施工方法，则应及时调整施工方案。

2）组织实施。施工方案是进行工程施工的指导性文件，但是，针对某一个项目而言，施工方案一经确定，则应是强制性的。有步骤、有条理地按施工方案组织施工，可以避免盲目性，可以合理配置人力和机械，可以有计划地组织物资进场，从而可以做到均衡施工，避免资源闲置或积压造成浪费。

3）采用价值工程，优化施工方案。对同一工程项目的施工，可以有不同的方案，选择最合理的方案是降低工程成本的有效途径。采用价值工程，可以解决施工方案优化的难题。价值工程，又称为价值分析，是一门技术与经济相结合的现代化管理科学，应用价值工程，既要研究技术，又要研究经济，即研究在提高功能的同时不增加成本，或在降低成本的同时不影响功能，把提高功能和降低成本统一在最佳方案中。表现在施工方面，主要是寻找实现设计要求的最佳方案。

四、项目成本控制的管理措施

1. 建立以项目经理为核心的项目成本控制体系

建立以项目经理为核心的项目成本控制体系就是要求项目经理对项目建设的进度、质量、成本安全和现场管理标准化等全面负责，特别要把项目成本控制放在首位，因为成本失控，必然影响项目的经济效益，难以完成预期的成本目标，更无法向职工交代。

2. 建立项目成本管理责任制

项目管理人员的成本责任，不同于工作责任。有时工作责任已经完成，甚至还完成得相当出色，但成本责任却没有完成。例如，项目工程师贯彻工程技术规范认真负责，对保证工程质量起了积极的作用，但常常只强调了质量，忽视了节约，影响了成本。因此在原有职责分工的基础上，还要进一步明确成本管理责任，使每一个项目管理人员都有这样的认识，在完成工作责任的同时还要为降低成本多费心，为节约成本开支严格把关。

实际成本管理责任制，是指各项管理人员在处理日常业务中对成本管理应尽的责任。项目成本管理责任制的具体内容如下：

（1）合同预算员的成本管理责任

1）根据合同内容、预算定额的有关规定，充分利用有利因素，编好施工图预算，为增收节支把好第一关。

2）收集工程变更资料（包括工程变更通知单、技术核定单和按实结算的资料等），及时办理增加账，保证工程收入，及时收回垫付的资金。

3）参与对外经济合同的谈判和决策，以施工图预算和增加账为依据，严格控制经济合同的数量、单价和金额，切实做到"以收定支"。

（2）材料负责人员的成本管理责任

1）进行材料采购和构件加工时，应选择质高、价低、运距短的供应单位。

2）对于已到场的材料、构件，要正确计量、认真验收，遇到质量差、量不足的情况，要进行索赔。

3）及时组织材料、构件的供应，保证项目施工的顺利进行，防止因停工待料造成损失。在构件加工的过程中，要按照施工顺序配套供应，以免因规格不齐造成施工间歇，浪费时间，浪费人力。

4）在施工过程中，严格执行限额领料制度，控制材料消耗。同时，还要做好余料的回收和利用，为考核材料的实际消耗水平提供正确的数据。

5）对于周转材料，进出场都要认真清点，应正确核实并减少赔损数量，使用以后，要及时回收、整理、堆放，并及时退场，既可节省租费，又有利于场地整洁，还可加速周转，提高利用效率。

6）合理安排材料储备，减少资金占用，提高资金利用效率。

（3）机械管理人员的成本管理责任

1）合理选择机械的型号、规格，充分发挥机械的效能，节约机械费用。

2）合理安排机械施工，提高机械利用率，减少机械费成本。

3）加强平时的机械维修保养，保证机械完好，使机械随时都能保持良好的状态在施工中正常运转，提高作业效率、减轻劳动强度、加快施工进度。

（4）工程技术人员的成本管理责任

1）合理规划施工现场平面布置（包括机械布局，材料、构件的堆放场地，车辆进出场的运输道路，临时设施的搭建数量和标准等），为文明施工、减少浪费创造条件。

2）严格执行工程技术规范和以预防为主的方针，确保工程质量，减少零星修补，减少质量事故，不断降低质量成本。

3）采取实用、有效的技术组织措施和合理化建议，走技术与经济相结合的道路，为提高项目经济效益开拓新的途径。

4）严格执行安全操作规程，减少一般安全事故，消灭重大人身伤亡事故和设备事故的发生，确保安全生产。

（5）行政人员的技术管理责任

1）根据施工生产的需要和项目经理的意图，合理安排项目管理人员和后勤服务人员，节约工资性支出。

2）认真执行费用开支标准和有关财务制度，控制非生产性开支。

3）管好行政办公用的财产物资，防止损坏和流失。

4）安排好生活后勤服务，在勤俭节约的前提下，满足职工群众的生活需要。

（6）财务人员的成本管理责任

1）按照成本开支范围、费用开支标准和有关财务制度，严格审核各项成本费用，控制成本支出。

2）根据施工生产的需要，平衡调度资金，控制资金使用。

3）建立辅助记录，及时向项目经理和有关项目管理人员反馈信息。

4）开展成本分析，特别是分部分项工程成本分析、月度成本综合分析和针对特定问题的专题分析，要做到及时向项目经理和有关项目管理人员反映情况，以便采取针对性的措施来纠正项目成本的偏差。

5）协助项目经理检查、考核部门、各单位及班组责任成本的执行情况，落实责、权、利相结合的有关规定。

3. 实行作业队分包成本控制

在管理层与劳务层两层分离的条件下，项目经理部与作业队之间需要通过劳务合同建立发包与承包的关系。在合同履行过程中，项目经理部有权对作业队的进度、质量、安全和现场管理标准进行监理，同时按合同规定支付劳务费用。对于作业队成本的节约或超支，项目经理部无权过问，也不应该过问。

4. 落实生产班组责任成本

生产班组责任成本即分部分项工程成本。其中：实耗人工属于作业队分包成本的组成部分，实耗材料则是项目材料费的构成内容。分部分项工程成本既与作业队的效益有关，又与项目成本不可分割。通常生产班组责任成本，应由作业队以施工任务单或限额领料单的形式落实给生产班组，并由施工队负责回收和结算。

✦ 五、降低项目成本的方法

1. 制定先进的、经济合理的施工方案

制定的施工方案主要包括四项内容：施工方法的确定、施工机具的选择、施工顺序的安排和流水施工组织。施工方案不同，工期就会不同，所需机具也不同，因而发生的费用也会不同。所以，正确选择施工方案是降低成本的关键所在。制定施工方案要以合同工期和上级要求为依据，联系项目的规模、性质、复杂程度、现场条件、装备情况、人员素质等因素综合考虑。可以同时制定几个施工方案，倾听现场施工人员的意见，从中优选最合理、最经济的一个。

2. 落实技术组织措施

落实技术组织措施，是技术与经济相结合的降低项目成本的方法，以技术优势来取得经济效益，是降低项目成本的又一个关键。通常，项目应在开工以前根据工程情况制订技术组织措施计划，作为降低成本计划的内容之一列入施工组织设计。在编制月度施工作业计划的同时，也可按照作业计划的内容编制月度技术组织措施计划。为了保证技术组织措施计划的落实，应在项目经理的领导下明确分工，由工程技术人员制定措施，材料人员选配料，现场管理人员和生产班组负责执行，财务成本人员结算节约效果，最后由项目经理根据项目情况和节约效果对有关人员进行奖励，形成落实技术组织措施的一条龙管理链接形式。

3. 组织均衡施工，加快施工进度

按时间计算的成本费用，比如项目管理人员的工资和办公费，现场临时设施费和水电费，以及施工机械和周转设备的租赁费等，在加快施工进度、缩短施工周期的情况下，都会有明显的节约，可以说，加快施工进度是降低项目成本的有效途径之一。

第六节 项目成本核算

一、项目成本核算的概念

项目成本核算是在项目法施工条件下诞生的，是企业探索适合行业特点管理方式的一个重要体现。它是建立在企业管理方式和管理水平基础上，适合施工企业特点的一个降低成本开支、提高企业利润水平的主要途径。

项目法施工的成本核算体系是以工程项目为对象，对施工生产过程中各项耗费进行的一系列科学管理活动。它对加强项目全过程管理、理顺项目各层经济关系、实施项目全过程经济核算、落实项目责任制、增进项目及企业的经济活力和社会效益、深化项目法施工有着重要作用。项目法施工的成本核算，基本指导思想是以提高经济效益为目标，按项目法施工内在要求，通过全面全员的项目成本核算，优化项目经营管理和施工作业管理，建立适应市场经济的企业内部运行机制。

二、项目成本核算的对象

1）一个单位工程由几个施工单位共同施工时，各施工单位都应以同一单位工程为成本核算对象，各自核算自行完成的部分。

2）规模大、工期长的单位工程，可以将工程划分为若干部位，以分部位的工程作为成本核算对象。

3）同一建设项目，由同一个施工单位施工，并在同一施工地点，属于同一建设项目的各个单位工程合并作为一个成本核算对象。

4）改建、扩建的零星工程，可根据实际情况和管理需要，以一个单项工程为成本核算对象，或将同一施工地点的若干个工程量较少的单项工程合并作为一个成本核算对象。

✅ 三、项目成本核算应遵循的原则

1. 项目成本确认原则

项目成本确认原则是指对各项经济业务中发生的成本，都必须按一定的标准和范围加以认定和记录。只要是为了经营目的所发生的或预期要发生的，并要求得以补偿的一切支出，都应作为成本来加以确认。在项目成本核算中，往往进行再确认，甚至是多次确认。如确认是否属于成本，是否属于特定核算对象的成本（如临时设施先算搭建成本，使用后算摊销费）以及是否属于核算当期成本等。

2. 项目成本分期核算原则

企业（项目）为了取得一定时期的工程项目成本，就必须将施工生产活动划分若干时期，并分期计算各期项目成本。

项目成本核算的分期应与会计核算的分期相一致，这样便于财务成果的确定。

成本的分期核算，与项目成本计算期不能混为一谈。不论生产情况如何，成本核算工作，包括费用的归集和分配等都必须按月进行。

至于已完工程项目成本的结算，可以是定期的，按月结算，也可以是不定期的，等到工程竣工后一次结转。

3. 实际成本核算原则

实际成本核算原则是指企业（项目）核算采用实际成本，即必须依据计算期内实际产量（已完工程量）以及实际消耗和实际价格计算实际成本。

4. 项目成本及时性原则

项目成本及时性原则指企业（项目）成本的核算、结转和成本信息的提供应当在要求时期内完成。成本核算的及时性，并非越快越好，而是要求成本核算和成本信息的提供，应以确保真实为前提，在规定时期内核算完成，在成本信息尚未失去时效情况下适时提供，确保不影响企业（项目）其他环节会计核算工作的顺利进行。

5. 项目成本明晰性原则

项目成本明晰性原则是指项目成本记录必须直观、清晰、简明、可控、便于理解和利用。使项目经理和项目管理人员了解成本信息的内涵，弄懂成本信息的内容，便于信息利用，有效地控制本项目的成本费用。

四、项目成本核算的任务

1）执行国家有关成本开支范围、费用开支标准、工程预算定额和企业施工预算、成本计划的有关规定，控制费用，节约使用人力、物力、财力。这也是施工项目成本核算先决前提和首要任务。

2）正确及时地核算施工过程中发生的各项费用，计算工程项目的实际成本。这是项目成本核算的主体和中心任务。

3）为项目成本预测，为参加项目施工生产、技术和经营决策提供可靠的成本报告和有关资料，促进项目改善经营管理，降低成本，提高经济效益。此项任务是施工项目成本核算的根本目的。

五、项目成本核算的方法

1. 表格核算法

表格核算法是建立在内部各项成本核算的基础上，各要素部门和核算单位定期采集信息，填制相应的表格，并通过一系列的表格，形成项目成本核算体系，作为支撑项目成本核算平台的方法。

1）确定项目责任成本总额。首先根据确定的"项目成本责任总额"分析项目成本收入的构成。

2）编制项目内控成本和落实岗位成本责任。在控制项目成本开支的基础上，在落实岗位成本考核指标的基础上，制定"项目内控成本"。

3）项目责任成本和岗位收入调整。岗位收入变更表：工程施工过程中的收入调整和签证而引起的工程报价的变化或项目成本收入的变化，而且后者更为重要。

4）确定当期责任成本收入。在已确认的工程收入的基础上，按月确定本项目的成本收入。这项工作一般由项目统计人员或合约预算人员与公司合约部门或统计部门，依据项目成本责任合同中有关项目成本收入确认方法和标准，进行计算。

5）确定当月的分包成本支出。项目依据当月分部分项工程的完成情况，结合分包合同和分包商提出的当月完成产值，确定当月的项目分包成本支出，编制"分包成本支出预估表"，这项工作一般是由施工人员提出，合约预算人员初审，项目经理确认，公司合约部门批准的。

6）材料消耗的核算。以经审核的项目报表为准，由项目材料人员和成本核算人员计算后，确认其主要材料消耗值和其他材料的消耗值。在分清岗位成本责任的基础上，编制材料耗用汇总表。由材料人员依据各施工人员开具的领料单，而汇总计算的材料费支出，经项目经理确认后，报公司物资部门批准。

7）周转材料租用支出的核算。以施工人员提供的或财务转入项目的租费确认单为基础，由项目材料人员汇总计算，在分清岗位成本责任的前提下，经公司财务部门审核后，落实周转材料租用成本支出，项目经理批准后，编制其费用预估成本支出。如果是租用外单位的周转材料，还要经过公司有关部门审批。

8）水、电费支出的核算。以机械管理人员或财务转入项目的水电费用确认单为基础，由项目成本核算人员汇总计算，在分清岗位成本责任的前提下，经公司财务部门审核后，落实水电费用成本支出，项目经理批准后，编制其费用成本支出。

9）项目外租机械设备的核算。所谓项目外租机械设备，是指项目从公司或公司从外部租入用于项目的机械设备，从项目讲，不管此机械设备是公司的产权还是公司外部临时租放用于项目施工的，对于项目而言都是从外部获得的，周转材料也是这个性质，真正属于项目拥有的机械设备，往往只有部分小型机械设备或部分大型工器具。

10）项目自有机械设备、大小器具摊销、CI 费用分摊，临时设施摊销等费用开支的核算。由项目成本核算人员按公司规定的摊销年限，在分清岗位成本责任的基础上，计算按期进入成本的金额，经公司财务部门审核并经项目经理批准后，按月计算成本支出金额。

11）现场实际发生的措施费开支的核算。由项目成本核算人员按公司规定的核算类别，在分清岗位成本责任的基础上，按照当期实际发生的金额，计算进入成本的相关明细，经公司财务部门审核并经项目经理批准后，按月计算成本支出金额。

12）项目成本收支的核算。按照已确认的当月项目成本收入和各项成本支出，由项目会计编制，经项目经理同意，公司财务部门审核后，及时编制项目成本收支计算表，完成当月的项目成本收支确认。

13）项目成本总收支的核算。首先由项目合约预算人员与公司相关部门，根据项目责任成本总额和工程施工过程中的设计变更，以及工程签证等变化因素，落实项目成本总收入。由项目成本核算人员与公司财务部门，根据每月的项目成本收支确认表中所反映的支出与耗费，经有关部门确认和依据相关条件调整后，汇总计算并落实项目成本总支出。在以上基础上由成本核算人员落实项目成本总收入、总支出和项目成本降低水平。

2. 会计核算法

（1）**直接核算** 直接核算是将核算放在项目上，便于项目及时了解项目各项成本情况，也可以减少一些扯皮。但是每个项目都要配有专业水平和工作能力较高的会计核算人员。此种核算方法一般适用于大型项目。

项目除及时上报规定的工程成本核算资料外，还要直接进行施工成本的核算，编制会计报表，落实项目成本盈亏。还有一种是不进行完整的会计核算，通过内部列账单的形式，利用项目成本台账，进行项目成本列账核算。

（2）**间接核算** 间接核算是将核算放在企业的财务部门，项目经理部不设置专职的会计核算部门，由项目有关人员按规定的程序和质量向财务部门提供成本核算资料，委托企业在本项目成本责任范围内进行项目成本核算，落实当期项目成本盈亏。企业在外地设立分公司的，一般由分公司组织会计核算。

（3）**列账核算** 列账核算是介于直接核算和间接核算之间的一

种方法。项目经理部组织相对直接核算，正规的核算资料留在企业的财务部门。项目每发生一笔业务，其正规资料由财务部门审核存档后，与项目成本员办理确认和签认手续。项目凭此列账通知单作为核算凭证和项目成本收支的依据，对项目成本范围的各项收支，登记台账会计核算，编制项目成本及相关的报表。企业财务部门近期以确认资料，对其审核。这里的列账通知单，一式两联，一联给项目据以核算，另一联留财务审核之用。项目所编制的报表，企业财务不汇总，只作为考核之用，一般式样见表7-3。内部列账单，项目主要使用台账进行核算和分析。

表7-3 列账通知单

项目名称　　　　　　　　　　年　　月　　日　　　　　　　　单位：元

借贷	摘要			百	十	万	千	百	十	元	角	分
	___级科目	___级科目	岗位责任									
大写												
注：	第一联：列账单位使用											
	第二联：接受单位使用											

列账核算法的正规资料在企业财务部门，方便档案保管，项目凭相关资料进行核算，也有利于项目开展项目成本核算和项目岗位成本责任考核。但企业和项目要核算两次，相互之间往返较多，比较烦琐。因此它适用于较大工程。

3. 两种核算方法的并行运用

由于表格核算法便于操作和表格格式自由的特点，它可以根据我们管理方式和要求设置各种表格。使用表格核算法核算项目岗位责任成本，能较好地解决核算主体和载体的统一、和谐问题，便于项目成本核算工作的开展。

随着项目成本管理的深入开展，要求项目成本核算内容更全面，结论更权威。表格核算法由于它的局限性，显然已不能满足。于是，采用会计核算法进行项目成本核算提到了会计部门的议事日程。

　　总的来说，用表格核算法进行项目施工各岗位成本的责任考核和控制，用会计核算法进行项目成本核算，两者互补，相得益彰。

| 第七节　项目成本分析与考核 |

✔ 一、项目成本分析

1. 项目成本分析的概念

　　项目成本分析就是根据统计核算、业务核算和会计核算提供的资料，对项目成本的形成过程和影响成本升降的因素进行分析，以寻求进一步降低成本的途径（包括项目成本中的有利偏差的挖潜和不利偏差的纠正）。另一方面，通过项目成本分析，可从账簿、报表反映的成本现象看清成本的实质，从而增强项目成本的透明度和可控性，为加强成本控制，实现项目成本目标创造条件。由此可见，项目成本分析也是降低成本、提高项目经济效益的重要手段之一。

2. 项目成本分析的作用

　　1）有助于恰当评价成本计划的执行结果。工程项目的经济活动错综复杂，在实施成本管理时制订的成本计划，其执行结果往往存在一定偏差，如果简单地根据成本核算资料直接做出结论，则势必影响结论的正确性。反之，若在核算资料的基础上，通过深入的分析，则可能做出比较正确的评价。

　　2）揭示成本节约和超支原因，进一步提高企业管理水平。借助项目成本分析，用科学方法，从指标、数字着手，在各项经济指示相互联系中系统地对比分析，揭示矛盾，找出差距，就能正确地查明影响成本高低的各种因素及原因，从而可以采取措施，不断提高项目经理部和施工企业经营管理的水平。

　　3）寻求进一步降低成本的途径和方法，不断提高企业的经济效益，对项目成本执行情况进行评价，找出成本升降的原因。

3. 项目成本分析的原则

（1）实事求是的原则 在项目成本分析中，必然会涉及一些人和事，因此要注意人为因素的干扰。项目成本分析一定要有充分的事实依据，对事物进行实事求是的评价。

（2）用数据说话的原则 项目成本分析要充分利用统计核算和有关台账的数据进行定量分析，尽量避免抽象的定性分析。

（3）注重时效的原则 项目成本分析贯穿于项目成本管理的全过程。这就要求要及时进行成本分析，及时发现问题，及时予以纠正，否则，就有可能错过解决问题的最好时机，造成成本失控、效益流失。

（4）为生产经营服务的原则 项目成本分析不仅要揭露矛盾，而且要分析产生矛盾的原因，提出积极有效的解决矛盾的合理化建议。这样的项目成本分析，必然会深得人心，从而受到项目经理部有关部门和人员的积极支持与配合，使项目成本分析更健康地开展下去。

4. 项目成本分析的内容

（1）人工费水平的合理性 在实行管理层和作业层两层分离的情况下，项目施工需要的人工和人工费，由项目经理部与施工队签订劳务承包合同，明确承包范围、承包金额和双方的权利、义务。对项目经理部来说，除了按合同规定支付劳务费以外，还可能发生一些其他人工费支出，项目经理部应分析这些人工费的合理性。这些费用支出主要有：

1）因实物工程量增减而调整的人工和人工费。

2）定额人工以外的计时工工资（已按定额人工的一定比例由施工队包干，并已列入承包合同的，不再另行支付）。

3）对在进度、质量、节约、文明施工等方面做出贡献的班组和个人进行奖励的费用。

（2）材料、能源的利用效果 在其他条件不变的情况下，材料、能源消耗定额的高低，直接影响材料、燃料成本的升降。材料、燃料价格的变动，也直接影响产品成本的升降。可见，材料、能源利用效果及其价格水平是影响产品升降的重要因素。

（3）机械设备的利用效果 施工企业的机械设备有自有和租用两种。在机械设备的租用过程中，存在着两种情况：一是按产量进行承包，并按完成产量计算费用的，如土方工程，项目经理部只要按实际挖掘的土方工程量结算挖土费用，而不必过问挖土机械的完好程度和利用程度；另一种是按使用时间（台班）计算机械费用的，如塔式起重机、搅拌机、砂浆机等，如果机械完好率差或在使用中调度不当，必然会影响机械利用率，从而延长使用时间，增加使用费用。自有机械也要提高机械完好率和利用率，因为自有机械停用，仍要负担固定费用。因此，项目经理部应该给予一定的重视。

（4）施工质量水平的高低　对施工企业来说，提高工程项目质量水平就可以降低施工中的故障成本，减少未达到质量标准而发生的一切损失费用，但这也意味着为保证和提高项目质量而支出的费用就会增加。可见，施工质量水平的高低也是影响项目成本的主要因素之一。

（5）其他影响项目成本变动的因素　其他影响项目成本变动的因素，包括除上述四项以外的措施费用以及为施工准备、组织施工管理所需要的费用。

5. 项目成本分析的方法

（1）项目成本分析的基本方法

1）比较法。

①将实际指标与目标指标对比，以此检查目标完成情况，分析影响目标完成的积极因素和消极因素，以便及时采取措施，保证成本目标的实现。在进行实际指标与目标指标对比时，还应注意目标本身有无问题。

②本期实际指标与上期实际指标对比。通过这种对比，可以看出各项技术经济指标的变动情况，反映施工管理水平的提高程度。

③与本行业平均水平、先进水平对比。通过这种对比，可以反映本项目的技术管理和经济管理与行业的平均水平和先进水平的差距，进而采取措施赶超先进水平。

2）因素分析法。因素分析法是反映项目施工成本综合指标分解为各个相互联系的原始因素，以确定引起指标变动的各个因素的影响程度的一种成本费用分析方法。它可以衡量各项因素影响程度的大小，以便查明原因，明确主要问题所在，提出改进措施，达到降低成本的目的。因素分析法的计算步骤如下：

①确定分析对象，并计算出实际数与目标数的差异。

②确定该指标是由哪几个因素组成的，并按其相互关系进行排序。

③以目标数为基础，将各因素的目标数相乘，作为分析替代的基数。

④将各个因素的实际数按照上面的排列顺序进行替换计算，并将替换后的实际数保留下来。

⑤将每次替换计算所得的结果，与前一次的计算结果相比较，两者的差异即为该因素对成本的影响程度。

⑥各个因素的影响程度之和，应与分析对象的总差异相等。

3）比率法。比率法是指用两个以上的指标的比例进行分析的方法。它的基本特点是：先把对比分析的数值变成相对数，再观察其相互之间的关系。常用的比率法有：

①相关比率法。由于项目经济活动的各个方面是相互联系，相互依存，又相互影响的，因而可以将两个性质不同而又相关的指标加以对比，求出比率，并以此来考察经营成果的好坏。

②动态比率法。动态比率法就是将同类指标不同时期的数值进行对比，求出比率，用以分析该项指标的发展方向和发展速度。动态比率的计算通常采用基期指数和环比指数两种方法。

③构成比率法。又称比重法或结构对比分析法。通过构成比率，可以考察成本总量的构成情况及各成本项目占成本总量的比重，同时也可看出量、本、利的比例关系（即预算成本、实际成本和降低成本的比例关系），从而为寻求降低成本的途径指明方向。

4）偏差分析法。偏差分析法是将实际已完成的工程项目同计划的工程项目工作进行比较，来确定项目在费用支出和时间进度方面是否符合原定计划的要求。其包括以下几个方面：

①在项目费用估算阶段编制项目资金使用计划时确定的计划工作的预算费用（BCWS）。BCWS=计划工作量×预算定额，它是项目进度时间的函数，是按计划应在某给定期间内完成的活动经过批准的费用估算（包括所有应分摊的管理费）之和，随着项目的进展而增加，在项目完成时达到最大值，也就是项目的总费用。

②在工程项目进展过程中已完工作的实际费用（ACWP）。它是进度时间的函数，是随着项目的进展而增加的累积值，ACWP是费用，

指的是到某一时刻为止，已完成的工作或部分工作实际花费的总金额。

③已完工作预算费用（BCWP）。BCWP= 已完成工作量 × 预算定额，是在某给定期间内完成的活动经过批准的费用估算（包括所有应分摊的管理费），即按照单位工作的预算价格计算出的实际完成工作量的费用之和，也称为挣得值。

为衡量项目活动是否按照计划进行，引入以下四个量：

a. 费用偏差（CV）。CV=BCWP−ACWP，当 CV > 0 时，表示费用未超支。

b. 进度偏差（SV）。SV=BCWP−BCWS，当 SV > 0 时，表示进度提前。

c. 费用绩效指标（CPI）。CPI=BCWP/ACWP，当 CPI > 1 时，表示实际成本少于计划成本，成本节支；当 CPI < 1 时，表示实际成本多于计划成本，成本超支；当 CPI=1 时，表示实际成本与计划成本吻合。

d. 进度绩效指标（SPI）。SPI=BCWP/BCWS，当 SPI > 1 时，表示进度提前；当 SPI < 1 时，表示进度延误；当 SPI=1 时，表示实际进度等于计划进度。

5）"两算"对比法。"两算"对比是指施工预算和施工图预算对比。施工图预算确定的是工程预算成本，施工预算确定的是工程计划成本，它们是从不同角度计算的两本经济账。"两算"的核心是工程量对比。尽管"两算"采用的定额不同、工序不同、工程量有一定区别，但二者的主要工程应当是一致的。如果"两算"的工程量不一致，必然有一份出现了问题，应当认真检查并解决问题。

"两算"对比是建筑施工企业加强经营管理的手段，通过施工预算和施工图预算的对比，可预先找出节约或超支的原因，研究解决措施，实现对人工、材料和机械的事先控制，避免发生计划成本亏损。

（2）项目综合成本的分析方法

1）分部分项工程成本分析。分部分项工程成本分析的对象为已完分部分项工程。分析时进行预算成本、计划成本和实际成本的"三算"对比，分别计算实际偏差和目标偏差，分析偏差产生的原因，为节约分部分项工程成本寻求途径。

分部分项工程成本分析的资料来源是：预算成本来自投标报价成本，成本目标来自施工预算，实际成本来自施工任务单的实际工程量、实耗人工和限额领料单的实耗材料。

由于施工项目包括很多分部分项工程，不可能也没有必要对每一个分部分项工程都进行成本分析。特别是一些工程量小、成本费用微不足道的零星工程。但是，对于那些主要分部分项工程则必须进行成本分析，并且要做到从开工到竣工进行系统的成本分析。这是一项很有意义的工作，因为通过主要分部分项工程成本的系统分析，可以基本上了解项目成本形成的全过程，为竣工成本分析和今后的项目成本管理提供一些宝贵的参考资料。

2）月（季）度成本分析。月（季）度成本分析，是工程项目定期的、经常性的中间成本分析。月（季）度成本分析的依据是当月（季）的成本报表。分析的方法，通常有以下几个方面：

①通过实际成本与预算成本的对比，分析当月（季）的成本降低水平。通过累计实际成本与累计预算成本的对比，分析累计的成本降低水平，预测实现项目成本目标的前景。

②通过实际成本与目标成本的对比，分析成本目标的落实情况，发现目标管理中的问题和不足，进而采取措施，加强成本管理，保证成本目标的落实。

③通过对各成本项目的成本分析，可以了解成本总量的构成比例和成本管理的薄弱环节。

④通过主要技术经济指标的实际与目标的对比，分析产量、工期、质量"三材"节约率、机械利用率等对成本的影响。

⑤通过对技术组织措施执行效果的分析，寻求更加有效的节约途径。

⑥分析其他有利条件和不利条件对成本的影响。

3）年度成本分析。企业成本要求一年结算一次，不得将本年成本转入下一年度。而项目成本则以项目的生命周期为结算期，要求从开工、竣工到保修期结束连续计算，最后结算出成本问题及其盈亏。由于项目的施工周期一般较长，除进行月（季）度成本核算和分析外，还要进行年度成本的核算和分析。

年度成本分析的依据是年度成本报表。年度成本分析的内容，除了月（季）度成本分析的六个方面以外，重点是针对下一年度的施工进展情况规划提出切实可行的成本管理措施，以保证项目成本目标的实现。

4）竣工成本的综合分析。凡是有几个单位工程而且是单独进行成本核算（即成本核算对象）的工程项目，其竣工成本分析应以各单位工程竣工成本分析资料为基础，再加上项目经理部的经营效益（如资金调度、对外分包等所产生的效益）进行综合分析。如果工程项目只有一个成本核算对象（单位工程），就以该成本核算对象的竣工成本资料作为成本分析的依据。

单位工程竣工成本分析包括竣工成本分析、主要资源节超对比分析、主要技术节约措施及经济效果分析。

（3）项目成本目标差异的分析方法

1）人工费的分析。

①人工费量差分析。计算人工费量差首先要计算工日差，即实际工日数同预算定额工日数的差异。预算定额工日的取得，应根据验工月报或设计预算中的人工费补差中取得工日数，实耗人工根据外包管理部门的包清工成本工程款月报，列出实物量定额工日数和计日工工日数。工日差乘以预算人工单价计算得人工费量差，计算后可以看出由于实际用工增加或减少，使人工费增加或减少的情况。

②人工费价差。计算人工费价差先要计算出每工人工费价差，即计算预算人工单价和实际人工单价之差。预算人工单价是根据预算人工费除以预算工日数得出的预算人工平均单价。实际人工单价等于实际人工费除以实耗工日数，每工人工费价差乘以实耗工日数得人工费价差，计算后可以看出由于每工人工单价增加或减少，使人工费增加或减少的情况。

人工费量差与人工费价差的计算公式为

人工费量差＝（实际耗用工日数－预算定额工日数）×预算人工单价

（7-10）

人工费价差＝实际耗用工日数×（实际人工单价－预算人工单价）

（7-11）

2）材料费分析。

①主要材料和结构件费用的分析。主要材料和结构件费用的高低，

主要受价格和消耗数量的影响。而材料价格的变动，又要受采购价格、运输费用、途中损耗、来料不足等因素的影响。材料消耗数量的变动，也要受操作损耗、管理损耗和返工损失等因素的影响，可在价格变动较大和数量超用异常的时候再做深入分析。为了分析材料价格和消耗数量的变化对材料和结构件费用的影响程度，可按下列公式计算：

因材料价格变动对材料费的影响，用公式表示为

$$（预算单价 - 实际单价）\times 消耗数量 \qquad （7\text{-}12）$$

因消耗数量变动对材料费的影响，用公式表示为

$$（预算用量 - 实际用量）\times 预算价格 \qquad （7\text{-}13）$$

②周转材料使用费的分析。在实行周转材料内部租赁制的情况下，项目周转材料费的节约或超支，决定于周转材料的周转利用率和损耗率。如果周转慢，周转材料的使用时间就长，就会增加租赁费支出，而超过规定的损耗，更要照原价赔偿。周转利用率和损耗率的计算公式如下：

$$周转利用率 = \frac{实际使用数 \times 租用期内的周转次数}{进场数 \times 租用期} \times 100\% \quad （7\text{-}14）$$

$$损耗率 = \frac{退场数}{进场数} \times 100\% \qquad （7\text{-}15）$$

③材料采购保管费的分析。材料采购保管费属于材料的采购成本，包括材料采购保管人员的工资、工资附加费、劳动保护费、办公费、差旅费，以及材料采购保管过程中发生的固定资产使用费、工具用具使用费、检验试验费、材料整理及零星运费和材料物资的盘亏及毁损等。

材料采购保管费一般应与材料采购数量同步，即材料采购多，采购保管费也会相应增加。因此，应该根据每月实际采购的材料数量（金额）和实际发生的材料采购保管费，计算"材料采购保管费支用率"作为前后期材料采购保管费的对比分析使用。

材料采购保管费支用率的计算公式为

$$材料采购保管费支用率 = \frac{计算期实际发生的采购保管费}{计算期实际采购的材料总值} \times 100\% \quad （7\text{-}16）$$

④材料储备资金的分析。材料储备资金是根据日平均用量、材料单价和储备天数（即从采购到进场所需要的时间）计算的。

3）机械使用费的分析。机械使用费的分析主要通过实际成本与成本目标之间的差异进行分析，成本目标分析主要列出超高费和机械费补差收人。租赁的机械在使用时要支付使用台班费，停用时要支付停班费。因此，要充分利用机械，以减少台班使用费和停班费的支出。自有机械也要提高机械完好率和利用率，因为自有机械停用，仍要负担固定费用。机械完好率与机械利用率的计算公式如下：

$$机械完好率 = \frac{报告期机械完好台班数 + 加班台班}{报告期制度台班数 + 加班台班} \times 100\% \quad (7\text{-}17)$$

$$机械利用率 = \frac{报告期机械实际工作台班数 + 加班台班}{报告期制度台班数 + 加班台班} \times 100\% \quad (7\text{-}18)$$

4）施工措施费的分析。施工措施费的分析，主要通过预算与实际数的比较来进行分析。如果没有预算数，可用计划数代替预算数。

5）间接费用的分析。间接费用的分析是对施工设备、组织施工生产和管理所需要的费用，主要包括现场管理人员的工资和进行现场管理所需要的费用的分析。分析时应将其实际成本与成本目标进行比较，将其实际发生数逐项与目标数加以比较，就能发现超额完成施工计划对间接成本的节约或浪费情况及其发生的原因。

6）项目成本目标差异汇总分析。用成本目标差异分析方法分析完各成本项目后，再将所有成本差异汇总进行分析。

二、项目成本考核

1. 项目成本考核的概念

项目成本考核是指对项目成本目标完成情况和成本管理工作业绩两方面的考核。这两方面的考核，都属于企业对项目经理部成本监督的范畴。应该说，成本降低水平与成本管理工作之间有着必然的联系，又同受偶然因素的影响，但都是企业对项目成本进行考核和奖罚的依据。

项目的成本考核，特别要强调施工过程中的中间考核，这对具有一次性特点的施工项目来说尤为重要。因为通过中间考核发现问题，还能及时弥补。而竣工后的成本考核虽然也很重要，但对成本管理的不足和由此造成的损失，已经无法弥补。

2. 项目成本考核的作用

项目成本考核的目的在于贯彻落实责权利相结合的原则，促进成本管理工作的健康发展，更好地完成工程项目的成本目标。在工程项目的成本管理中，项目经理和所属部门、施工队直到生产班组，都有明确的成本管理责任，并且有定量的责任成本目标。通过定期和不定期的成本考核，既可对他们加强督促，又可调动他们对成本管理的积极性。

3. 项目成本考核的原则

1）按照项目经理部人员分工，进行成本内容确定。成本考核要以人和岗位为主，没有岗位就计算不出管理目标；同样没有人，就会失去考核的责任主体。

2）简单易行、便于操作。由于管理人员的专业特点，对一些相关概念不可能很清楚，所以我们确定的考核内容，必须简单明了，要让考核者一看就明白。

3）及时性原则。岗位成本是项目成本要考核的实时成本，如果以传统的会计核算对项目成本进行考核，就偏离了考核的目的。所以时效性是项目成本考核的生命。

4. 项目成本考核的内容

项目成本考核可以分为以下两个层次：

(1) 企业对项目经理的考核

1）项目成本目标和阶段成本目标的完成情况。

2）建立以项目经理为核心的成本管理责任制的落实情况。

3）成本计划的编制和落实情况。

4）对各部门、各施工队和生产班组责任成本的检查和考核情况。

5）在成本管理中贯彻责权利相结合原则的执行情况。

(2) 项目经理对所属各部门、各施工队和生产班组考核

1）对各部门的考核内容。

①本部门、本岗位责任成本的完成情况。

②本部门、本岗位成本管理责任的执行情况。

2）对各施工队的考核内容。

①对劳务合同规定的承包范围和承包内容的执行情况。

②劳务合同以外的补充收费情况。

③对生产班组施工任务单的管理情况，以及生产班组完成施工任

务后的考核情况。

3）对生产班组的考核内容（一般由施工队考核）。

以分部分项工程成本作为生产班组的责任成本。以施工任务单和限额领料单的结算资料为依据，与施工预算进行对比，考核生产班组责任成本的完成情况。

5. 项目成本考核的实施

（1）项目成本考核采取评分制　项目成本考核是工程项目根据责任成本完成情况和成本管理工作业绩确定权重后，按考核的内容评分。

具体方法为：先按考核内容评分，然后按7:3的比例加权平均，即：责任成本完成情况的评分为7，成本管理工作业绩的评分为3。这是一个假设的比例，工程项目可以根据自己的具体情况进行调整。

（2）项目的成本考核要与相关指标的完成情况相结合　项目成本的考核评分要考虑相关指标的完成情况，予以褒奖或扣罚。与成本考核相结合的相关指标，一般有进度、质量、安全和现场标准化管理。

（3）强调项目成本的中间考核　项目成本的中间考核，一般有月度成本考核和阶段成本考核。成本的中间考核，能更好地带动今后成本的管理工作，保证项目成本目标的实现。

1）月度成本考核。一般是在月度成本报表编制以后，根据月度成本报表的内容进行考核。在进行月度成本考核的时候，不能单凭报表数据，还要结合成本分析资料和施工生产、成本管理的实际情况，才能做出正确的评价，带动今后的成本管理工作，保证项目成本目标的实现。

2）阶段成本考核。项目的施工阶段，一般可分为：基础、结构、装饰、总体等四个阶段。如果是高层建筑，可对结构阶段的成本进行分层考核。

阶段成本考核能对施工告一段落后的成本进行考核，可与施工阶段其他指标（如进度、质量等）的考核结合得更好，也更能反映工程项目的管理水平。

（4）正确考核项目的竣工成本　项目的竣工成本，是在工程竣工和工程款结算的基础上编制的，它是竣工成本考核的依据，也是项目成本管理水平和项目经济效益的最终反映，也是考核承包经营情况、实施奖罚的依据。必须做到核算无误，考核正确。

（5）项目成本的奖罚　工程项目的成本考核，可分为月度考核、阶段考核和竣工考核三种。为贯彻责权利相结合的原则，应在项目成本考核的基础上，确定成本奖罚标准，并通过经济合同的形式明确规定，及时兑现。

项目成本奖罚的标准，应通过经济合同的形式明确规定。因为，经济合同规定的奖罚标准具有法律效力，任何人都无权中途变更，或者拒不执行。

在确定项目成本奖罚标准的时候，必须从本项目的客观情况出发，既要考虑职工的利益，又要考虑项目成本的承受能力。一般情况下，造价低的项目，资金水平要定得低一些，造价高的项目，资金水平可以适当提高。具体的奖罚标准，应该经过认真测算再行确定。

此外，企业领导和项目经理还可对完成项目成本目标有突出贡献的部门、施工队、生产班组和个人进行随机奖励。这是项目成本奖励的另一种形式，往往能起到很好的效果。

本项工作内容清单

序号	工作内容	
1	掌握生产要素的市场价格和变动状态	
2	确定项目合同价	
3	编制成本计划	
4	确定成本实施目标	
5	实施成本控制	制定成本管理制度，实行项目成本管理责任制
		制定成本控制措施
6	降低项目成本	制定先进的、经济合理的施工方案
		落实技术组织措施
		组织均衡施工，加快施工进度
7	进行项目成本核算	
8	工程价款结算	
9	收回工程款	
10	进行项目成本分析	
11	进行项目成本考核	
12	编制成本报告	
13	积累成本资料	

第八章

项目安全管理

第一节 安全生产管理与保证体系

✅ 一、安全生产管理

1. 安全生产管理的概念

安全生产管理是指经营管理者对安全生产工作进行的策划、组织、指挥、协调和改进的一系列活动，目的是保证生产经营活动中的人身安全、财产安全，促进生产的发展，保持社会的稳定。

2. 安全生产管理的方针

"安全第一，预防为主"是安全生产管理的方针。"安全第一"是把人身安全放在首位，安全为了生产，生产必须保证人身安全，充分体现"以人为本"的理念；"预防为主"则是实现安全第一最重要的手段，采取正确的措施和方法进行安全控制，从而减少甚至消除事故隐患，尽量把事故消灭在萌芽状态，这是安全控制最重要的思想。

3. 安全生产管理的目标

安全生产管理的目标是减少和消除生产过程中的事故，保证人员健康安全和财产免受损失。具体有：

1）减少和消除人的不安全行为。

2）减少和消除设备、材料的不安全状态。

3）改善生产环境和保护自然环境。

4. 安全生产管理的原则

1）管生产必须管安全原则，是企业各级领导和广大职工在生产过程中必须坚持的一项原则。国家和企业的职责，就是要保护劳动者的安全与健康，保证财产和人民生命的安全，这是其一；其二，企业的最优化目标是高产、低耗、优质、安全的统一，这是体现安全与生产的统一。

2）推行安全生产目标管理体现"安全生产，人人有责"的原则，使安全生产工作实现全员管理，而且有利于提高企业职工的安全素质。

企业应自觉贯彻"安全第一，预防为主"的方针，必须遵守安全生产法律、法规和标准，根据国家有关规定，制定本企业安全生产规章制度。

3）动态管理原则。安全管理过程是一个动态的管理过程，随着生产的进展，安全管理的内容和重点也在发生着变化。

4）坚持"五同时""四不放过"的原则。

①"五同时"指的是企业生产组织及领导者在计划、布置、检查、总结、评比生产的时候，同时计划、布置、检查、总结、评比安全工作。"五同时"要求企业把安全生产工作落实到每一个生产组织管理环节中去，使得企业在管理生产的同时必须认真贯彻执行国家安全生产方针、法律、法规，建立健全各种安全生产规章制度，如安全生产责任制，安全生产管理的有关制度，安全卫生技术规范、标准，技术措施，各工种安全操作规程等，配置全安全管理机构和人员。

②"四不放过"指的是在调查处理工伤事故时，必须坚持"事故原因分析不清不放过，事故责任者和群众没有受到教育不放过，没有采取切实可行的防范措施不放过，事故责任人未受到处理不放过"的原则。

5. 安全生产管理的基本要求

1）施工项目必须取得安全行政主管部门颁发的《安全施工许可证》后才可开工。

2）总承包单位和每一个分包单位均应持有《施工企业安全资格审查认可证》。

3）施工现场安全设施应齐全，并符合国家和地方有关规定。

4）必须把好施工安全生产"六关"，即措施关、交底关、教育并、防护关、检查关、改进关。

5）参与施工项目的各类人员必须具备相应的职业资格才能上岗。

6）参与施工项目的所有新员工必须经过三级安全教育，即进厂、进车间、进班组的安全教育。

7）参与施工项目的特殊工种作业人员必须持有特种作业操作证，并严格按规定定期复查。

8）施工机械（特别是现场安设的起重设备等），必须经安全检查合格后方可使用。

9）对查出的安全隐患要做到"五定"，即定整改责任人、定整改措施、定整改完成时间、定整改完成人、定整改验收人等。

6. 安全生产管理体系

(1) 安全生产管理体系的作用

1）职业安全卫生状况是经济发展和社会文明程度的反映。使所有劳动者获得安全与健康，是社会公正、安全、文明、健康发展的基本标志，也是保持社会安定团结和经济可持续发展的重要条件。

2）安全管理体系对企业环境的安全卫生状态规定了具体的要求和限定，通过科学管理使工作环境符合安全卫生标准的要求。

3）安全管理体系的运行主要依赖于逐步提高，持续改进。它是一个动态的，自我调整和完善的管理系统，同时，也是职业安全卫生管理体系的基本思想。

4）安全管理体系是项目管理体系中的一个子系统，其循环也是整个管理系统循环的一个子系统。

(2) 管理职责

工程项目实行施工总承包的，由总承包单位负责制定施工项目的安全管理目标并确保：

①项目经理为施工项目安全生产第一责任人，对安全生产应负全面的领导责任，实现重大伤亡事故为零的目标。

②有适合于工程项目规模、特点的应用安全技术。

③应符合国家安全生产法律、行政法规和建筑行业安全规章、规程及对业主和社会要求的承诺。

④形成全体员工所理解的文件，并保证贯彻实施。

(3) 安全管理组织

1）职责和权限。施工项目对从事与安全有关的管理、操作和检查人员，特别是需要独立行使权力开展工作的人员，规定其职责、权限和相互关系，并形成文件。

①编制安全计划，决定资源配备。

②安全生产管理体系实施的监督、检查和评价。

③纠正和预防措施的验证。

2）资源。项目经理部应确定并提供充分的资源，以确保安全生产管理体系的有效运行和安全管理目标的实现。资源包括：

①配备与施工安全相适应并经培训考核持证的管理、操作和检查人员。

②施工安全技术及防护设施。

③用电和消防设施。

④施工机械安全装置。

⑤必要的安全检测工具。

⑥安全技术措施的经费。

✓ 二、安全生产保证体系

完善安全管理体制，建立健全安全管理制度、安全管理机构和安全生产责任制是安全管理的重要内容，也是实现安全生产管理目标的组织保证。

1. 安全生产组织保证体系

1）根据工程施工特点和规模，设置项目安全生产最高权力机构——安全生产委员会或安全生产领导小组。

①建筑面积在 5 万 m^2（含 5 万 m^2）以上或造价在 3000 万元人民币（含 3000 万元）以上的工程项目，应设置安全生产委员会；建筑面积在 5 万 m^2 以下或造价在 3000 万元人民币以下的工程项目，应设置安全生产领导小组。

②安全生产委员会由工程项目经理、主管生产和技术的副经理、安全部负责人、分包单位负责人以及人事、财务、机械、工会等有关部门负责人组成，人员以 5~7 人为宜。

③安全生产领导小组由工程项目经理、主管生产和技术的副经理、专职安全管理人员、分包单位负责人以及人事、财务、机械、工会等负责人等组成，人员以 3~5 人为宜。

④安全生产委员会或安全生产领导小组的主任或组长由工程项目经理担任。

⑤安全生产委员会（安全生产领导小组）的职责。

a. 安全生产委员会或安全生产领导小组是工程项目安全生产的最高权力机构，负责对工程项目安全生产的重大事项及时做出决策。

b. 认真贯彻执行国家有关安全生产和劳动保护的方针、政策、法令以及上级有关规章制度、指示、决议，并组织检查执行情况。

c. 负责制定工程项目安全生产规划和各项管理制度，及时解决实施过程中的难点和问题。

d. 每月对工程项目进行至少一次全面的安全生产大检查，并召开专门会议，分析安全生产形势，制定预防因工伤亡事故发生的措施和对策。

e. 协助上级有关部门进行因工伤亡事故的调查、分析和处理。

⑥大型工程项目可在安全生产委员会下按栋号或片区设置安全生产领导小组。

2）设置安全生产专职管理机构——安全部，并配备一定素质和数量的专职安全管理人员。

①安全部是工程项目安全生产专职管理机构，安全生产委员会或安全生产领导小组的常设办事机构设在安全部。其职责包括：

a. 协助工程项目经理开展各项安全生产业务工作。

b. 定时准确地向工程项目经理和安全生产委员会或安全生产领导小组汇报安全生产情况。

c. 组织和指导下属安全部门和分包单位的专职安全员（安全生产管理机构）开展各项有效的安全生产管理工作。

d. 行使安全生产监督检查职权。

②设置安全生产总监（工程师）职位。其职责包括：

a. 协助工程项目经理开展安全生产工作，为工程项目经理进行安全生产决策提供依据。

b. 每月向项目安全生产委员会或安全生产领导小组汇报本月工程项目安全生产状况。

c. 定期向公司（厂、院）安全生产管理部门汇报安全生产情况。

d. 对工程项目安全生产工作开展情况进行监督。

e. 有权要求有关部门和分部分项工程负责人报告各自业务范围内的安全生产情况。

f. 有权建议处理不重视安全生产工作的部门负责人、栋号长、工长及其他有关人员。

g. 组织并参加各类安全生产检查活动。

h. 监督工程项目正、副经理的安全生产行为。

i. 对安全生产委员会或安全生产领导小组做出的各项决议的实施情况进行监督。

j. 行使工程项目副经理的相关职权。

③安全管理人员的配置。

a. 施工项目 1 万 m²（建筑面积）及以下设置 1 人。

b. 施工项目 1 万 ~ 3 万 m² 设置 2 人。

c. 施工项目 3 万 ~ 5 万 m² 设置 3 人。

d. 施工项目在 5 万 m² 以上按专业设置安全员，成立安全组。

3）分包队伍按规定建立安全生产组织保证体系，其管理机构以及人员纳入工程项目安全生产保证体系，接受工程项目安全部的业务领导，参加工程项目统一组织的各项安全生产活动，并按周向项目安全部传递有关安全生产的信息。

①分包自身管理体系的建立：分包单位 100 人以下设兼职安全员；100 ~ 300 人必须有专职安全员 1 名；300 ~ 500 人必须有专职安全员 2 名，纳入总包安全部统一进行业务指导和管理。

②班组长、分包专业队长兼职安全员，负责本班组工人的健康和安全，负责消除本作业区的安全隐患，对施工现场实行目标管理。

2. 安全生产责任保证体系

施工项目是安全生产工作的载体，具体组织和实施项目安全生产工作，是企业安全生产的基层组织，负全面责任。

1）施工项目安全生产责任保证体系分为三个层次。

①项目经理作为本施工项目安全生产第一负责人，由其组织和聘用施工项目安全负责人、技术负责人、生产调度负责人、机械管理负责人、消防管理负责人、劳动管理负责人及其他相关部门负责人组成安全决策机构。

②分包队伍负责人作为本队伍安全生产第一责任人，组织本队伍

执行总承包单位安全管理规定和各项安全决策，组织安全生产。

③作业班组负责人或作业工人作为本班组或作业区域安全生产第一责任人，贯彻执行上级指令，保证本区域、本岗位安全生产。

2）施工项目应履行下列安全生产责任：

①贯彻落实各项安全生产的法律、法规、规章、制度，组织实施各项安全管理工作，完成上级下达的各项考核指标。

②建立并完善项目经理部安全生产责任制和各项安全管理规章制度，组织开展安全教育、安全检查，积极开展日常安全活动，监督、控制分包队伍执行安全规定，履行安全职责。

③建立安全生产组织机构，设置安全专职人员，保证安全技术措施经费的落实和投入。

④制定并落实项目施工安全技术方案和安全防护技术措施，为作业人员提供安全的生产作业环境。

⑤发生伤亡事故及时上报，并保护好事故现场，积极抢救伤员，认真配合事故调查组开展伤亡事故的调查和分析，按照"四不放过"原则，落实整改防范措施，对责任人员进行处理。

3. 安全生产资源保证体系

施工项目的安全生产必须有充足的资源作为保障。安全生产资源投入包括人力资源投入、物资资源投入和资金投入。安全人力资源投入包括专职安全管理人员的设置和高素质技术人员、操作工人的配置，以及安全教育培训投入；安全物资资源投入包括进入现场材料的把关和料具的现场管理以及机电、起重设备、锅炉、压力容器及自制机械等资源的投入。其中：

1）物资资源系统人员对机电、起重设备、锅炉、压力容器及自制机械的安全运行负责，按照安全技术规范进行经常性检查，并监督各种设备、设施的维修和保养；对大型设备设施、中小型机械操作人员定期进行培训、考核，持证上岗；负责超重设备、提升机具、成套设施的安全验收。

2）安全所需材料应加强供应过程中的质量管理，防止假冒伪劣产品进入施工现场，最大限度地减少工程建设伤亡事故的发生。首先是正确选择进货渠道和材料的质量把关。一般大型建筑公司都有相对的定点采购单位，对生产厂家及供货单位要进行资格审查，内容如下：

①要有营业执照、生产许可证、生产产品允许等级标准、产品鉴定证书，产品获奖情况。

②应有完善的检测手段、手续和试验机构，可提供产品合格证和材质证明。

③应对其产品质量和生产情况进行调查和评估，了解其他用户使用情况与意见，生产厂家或供货单位的经济实力、担保能力、包装储运能力等。质量把关应由材料采购人员做好市场调查和预测工作，通过"比质量、比价格、比运距"的优化原则，验证产品合格证及有关检测试验等资料，批量采购并应签订合同。

3）安全材料质量的验收管理。在组织送料前由安全人员和材料人员先行看货验收；进库时由保管人员和安全人员一起组织验收方可入库。必须是验收质量合格，技术资料齐全的才能登入进料台账，发料使用。

4）安全材料、设备的维修保养工作。维修保养工作是施工项目资源保证的重要环节，保管人员应经常对所管物资进行检查，了解和掌握物资保管过程中的变化情况，以便及时采取措施，进行防护，从而保证设备出场的完好。如用电设备，包括手动工具、照明设施必须在出库前由电工全面检测并做好记录，只有保证设备合格才能出库，避免工人有时盲目检修而形成事故隐患。

5）安全投资包括主动投资和被动投资、预防投资与事后投资、安全措施费用、个人防护品费用、职业病诊治费用等。安全投资的政策应遵循"谁受益谁整改，谁危害谁负担；谁需要谁投资的原则"。现阶段我国一般企业的安全投资应该达到项目造价的 0.8% ~ 2.5%。因此，每一个工程项目，在资金投入方面必须认真贯彻执行国家、地方政府有关劳动保护用品的规定和防暑降温经费规定，做到职工个人防护用品费用和现场安全措施费用的及时提供。特别是部分工程具有自身的特点，如建筑物周边有高压线路或变压器需要采取防护，建筑物临近高层建筑需要采取措施进行临边加固等。

安全投资所产生的效益可从事故损失测算和安全效益评价来估算。事故损失的分类包括：直接损失与间接损失、有形损失与无形损失、经济损失与非经济损失等。

安全生产资源保证体系中对安全技术措施费用的管理非常重要，要求：

1）规范安全技术措施费用管理，保证安全生产资源基本投入。

①公司应在全面预算中专门立项，编制安全技术措施费用预算计划，纳入经营成本预算管理。

②安全部门负责编制安全技术措施项目表，作为公司安全生产管理标准执行。

③项目经理部按工程标的总额编制安全技术措施费用使用计划表，总额由项目经理部控制，须按比例分解到劳务分包，并监督使用。公司须建立专项费用用于抢险救灾和应急。

2）加强安全技术措施费用管理，既要坚持科学、实用、低耗，又要保证执行法规、规范，确保措施的可靠性。

①编制的安全技术措施必须满足安全技术规范、标准，费用投入应保证安全技术措施的实现，要对预防和减少伤亡事故起到保证作用。

②安全技术措施的贯彻落实要由总包负责。

③用于安全防护的产品性能、质量达标并检测合格。

3）编制安全技术措施费用项目目录表，包括基坑、沟槽防护、结构工程防护、临时用电、装修施工、集料平台及个人防护等。

4. 安全生产管理制度

施工项目应建立以下十项安全生产管理制度：

1）安全生产责任制度。

2）安全生产检查制度。

3）安全生产验收制度。

4）安全生产教育培训制度。

5）安全生产技术管理制度。

6）安全生产奖罚制度。

7）安全生产值班制度。

8）工人因工伤亡事故报告、统计制度。

9）重要劳动防护用品定点使用管理制度。

10）消防保卫管理制度。

第二节 项目部安全生产责任制

为贯彻落实党和国家有关安全生产的政策法规，明确施工项目各级人员、各职能部门安全生产责任，保证施工生产过程中的人身安全和财产安全，根据国家及上级有关规定，特制定项目部安全生产责任制。

一、项目经理部安全生产责任

1) 项目经理部是安全生产工作的载体，具体组织和实施项目安全生产、文明施工、环境保护工作，对本项目工程安全生产负全面责任。

2) 贯彻落实各项安全生产的法律、法规、规章、制度，组织实施各项安全管理工作，完成各项考核指标。

3) 建立并完善项目部安全生产责任制和安全考核评价体系，积极开展各项安全活动，监督、控制分包队伍执行安全规定，履行安全职责。

4) 发生伤亡事故及时上报，并保护好事故现场，积极抢救伤员，认真配合事故调查组开展伤亡事故的调查和分析，按照"四不放过"原则，落实整改防范措施，对责任人员进行处理。

二、项目部各级人员安全生产责任

1. 工程项目经理

1) 工程项目经理是工程项目安全生产的第一责任人，对工程项目生产全过程中的安全负全面领导责任。

2) 工程项目经理必须经过专门的安全培训考核，取得项目管理人员安全资格证书，方可上岗。

3) 贯彻落实各项安全生产规章制度，结合工程项目特点及施工性质，制定有针对性的安全生产管理办法和实施细则，并落实实施。

4) 在组织项目施工、聘用业务人员时，要根据工程特点、施工人数、施工专业等情况，按规定配备一定数量和素质的专职安全员，确定安全管理体系；明确各级人员和分承包方的安全责任和考核指标，并制定考核办法。

5）健全和完善用工管理手续，录用外协施工队伍必须及时向人事劳务部门、安全部门申报，必须事先审核注册、持证等情况，对工人进行三级安全教育后，方准入场上岗。

6）负责施工组织设计、施工方案、安全技术措施的组织落实工作，组织并督促工程项目安全技术交底制度、设施设备验收制度的实施。

7）领导、组织施工现场每旬一次的定期安全生产检查，发现施工中的不安全问题，组织制定整改措施及时解决。对上级提出的安全生产与管理方面的问题，要在限期内定时、定人、定措施予以解决。接到政府部门安全检查指令书和重大安全隐患通知单，应立即停止施工，组织力量进行整改。隐患消除后，必须报请上级部门验收合格，才能恢复施工。

8）在工程项目施工中，采用新设备、新技术、新工艺、新材料必须编制科学的施工方案，配备安全可靠的劳动保护装置和劳动防护用品，否则不准施工。

9）发生因工伤亡事故时，必须做好事故现场保护与伤员的抢救工作，按规定及时上报，不得隐瞒、虚报和故意拖延不报。积极组织配合事故的调查，认真制定并落实防范措施，吸取事故教训，防止发生重复事故。

2. 工程项目生产副经理

1）对工程项目的安全生产负直接领导责任，协助工程项目经理认真贯彻执行国家安全生产方针、政策、法规，落实各项安全生产规范、标准和工程项目的各项安全生产管理制度。

2）负责工程项目总体和施工各阶段安全生产工作规划以及各项安全技术措施、方案的组织实施工作，组织落实工程项目各级人员的安全生产责任制。

3）组织领导工程项目安全生产的宣传教育工作，并制定工程项目安全培训实施办法，确定安全生产考核指标，制定实施措施和方案，并负责组织实施，负责外协施工队伍各类人员的安全教育、培训和考核审查的组织领导工作。

4）配合工程项目经理组织定期安全生产检查，负责工程项目各种形式的安全生产检查的组织、督促工作和安全生产隐患整改"三落实"的实施工作，及时解决施工中的安全生产问题。

5）负责工程项目安全生产管理机构的领导工作，认真听取、采纳安全生产的合理化建议，支持安全生产管理人员的业务工作，保证工程项目安全生产保证体系的正常运转。

6）工地发生伤亡事故时，负责事故现场保护、职工教育、防范措施落实，并协助做好事故调查分析的具体组织工作。

3. 项目安全总监

1）在现场经理的直接领导下履行项目安全生产工作的监督管理职责。

2）宣传贯彻安全生产方针政策、规章制度，推动项目安全组织保证体系的运行。

3）督促实施施工组织设计、安全技术措施；实现安全管理目标，对项目各项安全生产管理制度的贯彻与落实情况进行检查与具体指导。

4）组织分承包商安全专兼职人员开展安全监督与检查工作。

5）查处违章指挥操作、违反劳动纪律的行为和人员，对重大事故隐患采取有效的控制措施，必要时可采取局部甚至全部停产的非常措施。

6）督促开展周一安全活动和项目安全讲评活动。

7）负责办理与发放各级管理人员的安全资格证书和操作人员安全上岗证。

8）参与事故的调查与处理。

4. 工程项目技术负责人

1）对工程项目生产经营中的安全生产负技术责任。

2）贯彻落实国家安全生产方针、政策，严格执行安全技术规程、规范、标准。结合工程特点，进行项目整体安全技术交底。

3）参加或组织编制施工组织设计，在编制、审查施工方案时，必须制定、审查安全技术措施，保证其可行性和针对性，并认真监督实施情况，发现问题及时解决。

4）主持制定技术措施和季节性施工方案的同时，必须制定相应的安全技术措施并监督执行，及时解决执行中出现的问题。

5）应用新材料、新技术、新工艺，要及时上报，经批准后方可实施，同时必须组织对上岗人员进行安全技术的培训、教育，认真执行相应的安全技术措施与安全操作工艺要求，预防施工中因化学药品引起的火灾、中毒或在新工艺实施中可能造成的事故。

6）主持安全防护设施和设备的验收。严格控制不符合标准要求的防护设备、设施投入使用。使用中的设施、设备，要组织定期检查，发现问题及时处理。

7）参加安全生产定期检查，对施工中存在的事故隐患和不安全因素，从技术上提出整改意见和消除办法。

8）参加或配合工伤及重大未遂事故的调查，从技术上分析事故发生的原因，提出防范措施和整改意见。

5. 工长、施工员

1）工长、施工员是所管辖区域范围内安全生产的第一责任人，对所管辖范围内的安全生产负直接领导责任。

2）认真贯彻落实上级有关规定，监督执行安全技术措施及安全操作规程，针对生产任务特点，向班组（外协施工队伍）进行书面安全技术交底，履行签字手续，并对规程、措施、交底要求的执行情况经常检查，随时纠正违章作业。

3）负责组织落实所管辖施工队伍的三级安全教育、常规安全教育、季节转换及针对施工各阶段特点等进行的各种形式的安全教育，负责组织落实所管辖施工队伍特种作业人员的安全培训工作和持证上岗的管理工作。

4）经常检查所管辖区域的作业环境、设备和安全防护设施的安全状况，发现问题及时纠正解决。对重点特殊部位施工，必须检查作业人员及各种设备和安全防护设施的技术状况是否符合安全标准要求，认真做好书面安全技术交底，落实安全技术措施，并监督其执行，做到不违章指挥。

5）负责组织落实所管辖班组（外协施工队伍）开展各项安全活动，学习安全操作规程，接受安全管理机构或人员的安全监督检查，及时解决其提出的不安全问题。

6）对工程项目中应用的新材料、新工艺、新技术严格执行申报、审批制度，发现不安全问题，及时停止施工，并上报领导或有关部门。

7）发生因工伤亡及未遂事故必须停止施工，保护现场，立即上报，对重大事故隐患和重大未遂事故，必须查明事故发生原因，落实整改措施，经上级有关部门验收合格后方准恢复施工，不得擅自撤除现场保护设施，强行复工。

6. 外协施工队负责人

1）外协施工队负责人是本队安全生产的第一责任人，对本单位安全生产负全面领导责任。

2）认真执行安全生产的各项法规、规定、规章制度及安全操作规程，合理安排组织施工班组人员上岗作业，对本队人员在施工生产中的安全和健康负责。

3）严格履行各项劳务用工手续，做到证件齐全，特种作业持证上岗。做好本队人员的岗位安全培训、教育工作，经常组织学习安全操作规程，监督本队人员遵守劳动、安全纪律，做到不违章指挥，制止违章作业。

4）必须保持本队人员的相对稳定，人员变更须事先向用工单位有关部门报批，新进场人员必须按规定办理各种手续，并经入场和上岗安全教育后，方准上岗。

5）组织本队人员开展各项安全生产活动，根据上级的交底向本队各施工班组进行详细的书面安全交底，针对当天施工任务、作业环境等情况，做好班前安全讲话，施工中发现安全问题，应及时解决。

6）定期和不定期组织检查本队施工作业现场安全生产状况，发现不安全因素，及时整改，发现重大事故隐患应立即停止施工，并上报有关领导，严禁冒险蛮干。

7）发生因工伤亡或重大未遂事故，组织保护好事故现场，做好伤者抢救工作和防范措施，并立即上报，不准隐瞒、拖延不报。

7. 班组长

1）班组长是本班组安全生产的第一责任人，认真执行安全生产规章制度及安全技术操作规程，合理安排班组人员的工作，对本班组人员在施工生产中的安全和健康负直接责任。

2）经常组织班组人员开展各项安全生产活动和学习安全技术操

作规程，监督班组人员正确使用个人劳动防护用品和安全设施、设备，不断提高安全自保能力。

3）认真落实安全技术交底要求，做班前交底，严格执行安全防护标准，不违章指挥，不冒险蛮干。

4）经常检查班组作业现场的安全生产状况和工人的安全意识、安全行为，发现问题及时解决，并上报有关领导。

5）发生因工伤亡及未遂事故，保护好事故现场，并立即上报有关领导。

8. 工人

1）工人是本岗位安全生产的第一责任人，在本岗位作业中对自己、环境、他人负责。

2）认真学习，严格执行安全操作规程，模范遵守安全生产规章制度。

3）积极参加各项安全生产活动，认真执行安全技术交底要求，不违章作业，不违反劳动纪律，虚心服从安全生产管理人员的监督、指导。

4）发扬团结友爱精神，在安全生产方面做到互相帮助、互相监督，维护一切安全设施、设备，做到正确使用，不准随意拆改，对新工人有传、带、帮责任。

5）对不安全的作业要求要提出意见，有权拒绝违章指令。

6）发生因工伤亡事故，要保护好事故现场并立即上报。

7）在作业时，要严格做到"眼观六面、安全定位；措施得当、安全操作"。

✅ 三、项目部各职能部门安全生产责任

1. 安全部

1）安全部是项目安全生产的责任部门，是项目安全生产领导小组的办公机构，行使项目安全工作的监督检查职权。

2）协助项目经理开展各项安全生产业务活动，监督项目安全生产保证体系的正常运转。

3）定期向项目安全生产领导小组汇报安全情况，通报安全信

息，及时传达项目安全决策，并监督实施。

4）组织、指导项目分包安全机构和安全人员开展各项业务工作，定期进行项目安全性测评。

2. 工程管理部

1）在编制项目总工期控制进度计划和年、季、月计划时，必须树立"安全第一"的思想，综合平衡各生产要素，保证安全工程与生产任务协调一致。

2）对于改善劳动条件、预防伤亡事故项目，要视同生产项目优先安排，对于施工中重要的安全防护设施、设备的施工要纳入正式工序，予以时间保证。

3）在检查生产计划实施情况的同时，检查安全措施项目的执行情况。

4）负责编制项目文明施工计划，并组织具体实施。

5）负责现场环境保护工作的具体组织和落实。

6）负责项目大、中、小型机械设备的日常维护、保养和安全管理。

3. 技术部

1）负责编制项目施工组织设计中安全技术措施方案，编制特殊、专项安全技术方案。

2）参加项目安全设备、设施的安全验收，从安全技术角度进行把关。

3）检查施工组织设计和施工方案的实施情况的同时，检查安全技术措施的实施情况，对施工中涉及的安全技术问题，提出解决办法。

4）对项目使用的新技术、新工艺、新材料、新设备，制定相应的安全技术措施和安全操作规程，并负责工人的安全技术教育。

4. 物资部

1）重要劳动防护用品的采购和使用必须符合国家标准和有关规定，执行重要劳动防护用品定点使用管理规定。同时，会同项目安全部门进行验收。

2）加强对在用机具和防护用品的管理，对自有及协力自备的机具和防护用品定期进行检验、鉴定，对不合格品及时报废、更新，确保使用安全。

3）负责施工现场材料堆放和物品储运的安全。

5. 机电部

1）选择机电分承包方时，要考核其安全资质和安全保证能力。

2）平衡施工进度，交叉作业，确保各方安全。

3）负责机电安全技术培训和考核工作。

6. 合约部

1）分包方进场前签订总分包安全管理合同或安全管理责任书。

2）在经济合同中应分清总分包安全防护费用的划分范围。

3）在每月工程款结算单中扣除由于违章而被处罚的罚款。

7. 办公室

1）负责项目全体人员安全教育培训的组织工作。

2）负责现场 CI 管理的组织落实。

3）负责项目安全责任目标的考核。

4）负责现场文明施工与各相关方的沟通。

✓ 四、责任追究制度

1）对因安全责任不落实、安全组织制度不健全、安全管理混乱、安全措施经费不到位、安全防护失控、违章指挥、缺乏对分承包方安全控制力度等主要原因导致因工伤亡事故发生，除对有关人员按照责任状进行经济处罚外，对主要领导责任者给予警告、记过处分，对重要领导责任者给予警告处分。

2）对因上述主要原因导致重大伤亡事故发生的，除对有关人员按照责任状进行经济处罚外，对主要领导责任者给予记过、记大过、降级、撤职处分。对重要领导责任者给予警告、记过、记大过处分。

3）构成犯罪的，由司法机关依法追究刑事责任。

第三节 安全生产教育培训

✓ 一、安全生产教育的内容

安全是生产赖以正常进行的前提，安全教育又是安全管理工作的重要环节，是提高全员安全素质、安全管理水平和防止事故，从而实现安全生产的重要手段。

安全生产教育，主要包括安全思想教育、安全知识教育、安全技能教育和法制教育四个方面的内容。

1. 安全思想教育

安全思想教育的目的是为安全生产奠定思想基础。通常，从加强思想认识教育、方针政策教育和劳动纪律教育等方面进行。

1）思想认识教育和方针政策教育。一是提高各级管理人员和广大职工群众对安全生产重要意义的认识。从思想上、理论上认识社会主义制度下搞好安全生产的重要意义，以增强关心人、保护人的责任感，树立牢固的群众观点；二是通过安全生产方针、政策教育，提高各级技术人员、管理人员和广大职工的政策水平，使他们正确全面地理解党和国家的安全生产方针、政策，严肃认真地执行安全生产方针、政策和法规。

2）劳动纪律教育。主要是使广大职工懂得严格执行劳动纪律对实现安全生产的重要性，企业的劳动纪律是劳动者进行共同劳动时必须遵守的法则和秩序。反对违章指挥，反对违章作业，严格执行安全操作规程，遵守劳动纪律是贯彻安全生产方针，减少伤害事故，实现安全生产的重要保证。

2. 安全知识教育

企业所有职工必须具备安全基本知识。因此，全体职工都必须接受安全知识教育和每年按规定学时进行安全培训。安全知识教育的主要内容是：企业的基本生产概况，施工（生产）流程、方法，企业施工（生产）危险区域及其安全防护的基本知识和注意事项，机械设备、厂（场）内运输的有关安全知识，有关电气设备（动力照明）的基本安全知识，高处作业安全知识，生产（施工）中使用的有毒、有害物质的安全防护基本知识，消防制度及灭火器材应用的基本知识，个人防护用品的正确使用知识等。

3. 安全技能教育

安全技能教育，就是结合本工种专业特点，实现安全操作、安全防护所必须具备的基本技术知识要求。每个职工都要熟悉本工种、本岗位专业安全技术知识。

安全技能知识是比较专门、细致和深入的知识。它包括安全技术、劳动卫生和安全操作规程。建筑高架设、起重、焊接、电气、爆破、压力容器、锅炉等特种作业人员必须进行专门的安全技术培训。宣传先进经验，既是教育职工找差距的过程，又是学、赶先进的过程。事故教育，可以从事故教训中吸取有益的东西，防止今后类似事故的重复发生。

4. 法制教育

法制教育就是要采取各种有效形式，对全体职工进行安全生产法规和法制教育，从而提高职工遵法守法的自觉性，以达到安全生产的目的。

二、安全生产教育的对象

生产经营单位应当对从业人员进行安全生产教育培训，保证从业人员具备必要的安全生产知识，熟悉有关的安全生产规章制度和安全操作规程，掌握本岗位的安全操作技能。未经安全生产教育培训及经培训不合格的从业人员，不得上岗作业。

地方政府及行业管理部门对施工项目各级管理人员的安全生产教育培训做出了具体规定，要求施工项目安全生产教育培训率实现100%。

施工项目安全生产教育培训的对象包括以下五类人员：

（1）项目经理、项目执行经理、项目技术负责人　工程项目主要管理人员必须经过当地政府或上级主管部门组织的安全生产专项培训,培训时间不得少于24h,经考核合格后,持《安全生产资质证书》上岗。

（2）**工程项目基层管理人员** 工程项目基层管理人员每年必须接受公司安全生产年审,经考试合格后,持证上岗。

（3）**分包负责人、分包队伍管理人员** 分包负责人、分包队伍管理人员必须接受政府主管部门或总包单位的安全培训,经考试合格后持证上岗。

（4）**特种作业人员** 特种作业人员必须经过专门的安全理论培训和安全技术实际操作训练,经理论和实际操作的双项考核,合格者持《特种作业操作证》上岗作业。

（5）**操作工人** 新入场工人必须经过三级安全教育,考试合格后持证上岗作业。

✅ 三、三级安全教育

1. 新工人"三级安全教育"

三级安全教育是企业必须坚持的安全生产基本教育制度。对新工人（包括新招收的合同工、临时工、学徒工、农民工及实习代培人员）必须进行公司、项目、作业班组三级安全教育,时间不得少于40h。三级安全教育由安全、教育和劳资等部门配合组织进行。经教育考试合格者才准许进入生产岗位;不合格者必须补课、补考。对新工人的三级安全教育情况,要建立档案（印制职工安全生产教育卡）。新工人工作一个阶段后还应进行重复性的安全再教育,加深安全感性、理性知识的意识。

三级安全教育的主要内容:

1）公司进行安全基本知识、法规、法制教育,主要内容是:

①党和国家的安全生产方针、政策。

②安全生产法规、标准和法制观念。

③本单位施工（生产）过程及安全生产规章制度,安全纪律。

④本单位安全生产形势、历史上发生的重大事故及应吸取的教训。

⑤发生事故后如何抢救伤员、排险、保护现场及时进行报告。

2）项目进行现场规章制度和遵章守纪教育,主要内容包括:

①本单位（工区、工程处、车间、项目）施工（生产）特点及施工（生产）安全基本知识。

②本单位（包括施工、生产场地）安全生产制度、规定及安全注意事项。

③本工种的安全技术操作规程。

④机械设备、电气安全及高处作业等安全基本知识。

⑤防火、防雷、防尘、防爆知识及紧急情况安全处置和安全疏散知识。

⑥防护用品发放标准及防护用具、用品使用的基本知识。

3）班组安全生产教育由班组长主持进行，或由班组安全员及指定技术熟悉、重视安全生产的老工人讲解。进行本工种岗位安全操作及班组安全制度、纪律教育，主要内容包括：

①本班组作业特点及安全操作规程。

②班组安全活动制度及纪律。

③爱护和正确使用安全防护装置（设施）及个人劳动防护用品。

④本岗位易发生事故的不安全因素及其防范对策。

⑤本岗位的作业环境及使用的机械设备、工具的安全要求。

2. 转厂安全教育

新转入施工现场的工人，必须进行转场安全教育，教育时间不得少于 8h，教育内容包括：

1）本工程项目安全生产状况及施工条件。

2）施工现场中危险部位的防护措施及典型事故案例。

3）本工程项目的安全管理体系、规定及制度。

3. 变换工种安全教育

凡改变工种或调换工作岗位的工人必须进行变换工种安全教育。变换工种安全教育时间不得少于 4h，教育考核合格后方准上岗。教育内容包括：

1）新工作岗位或生产班组安全生产概况、工作性质和职责。

2）新工作岗位必要的安全知识，各种机具设备及安全防护设施的性能和作用。

3）新工作岗位、新工种的安全技术操作规程。

4）新工作岗位容易发生事故及有毒有害的地方。

5）新工作岗位个人防护用品的使用和保管。

一般工种不得从事特种作业。

4. 特种作业安全教育

从事特种作业的人员必须经过专门的安全技术培训，经考试合格取得操作证后方准独立作业。特种作业的类别及操作项目包括：

（1）**电工作业** 其操作项目包括用电安全技术、低压运行维修、高压运行维修、低压安装、电缆安装、高压值班、超高压值班、高压电气试验、高压安装、继电保护及二次仪表整定。

（2）**金属焊接作业** 其操作项目包括手工电弧焊、气焊、气割、CO_2气体保护焊、手工钨极氩弧焊、埋弧焊、电阻焊、钢材对焊（电渣焊）、锅炉压力容器焊。

（3）**起重机械作业** 其操作项目包括塔式起重机驾驶、轮式起重机驾驶、桥式起重机驾驶、挂钩作业、信号指挥、履带式起重机驾驶、轨道式起重机驾驶、垂直卷扬机操作、客运电梯驾驶、货运电梯驾驶、施工外用电梯驾驶。

（4）**登高架设作业** 其操作项目包括脚手架拆装、超高处作业。

（5）**厂内机动车辆驾驶** 其操作项目包括叉车驾驶、铲车驾驶、电瓶车驾驶、翻斗车驾驶、汽车驾驶、摩托车驾驶、拖拉机驾驶、机械施工用车（推土机、挖掘机、装载机、压路机、平地机、铲运机）驾驶、矿山机车驾驶、地铁机车驾驶。

（6）**特种作业** 有下列疾病或生理缺陷者，不得从事特种作业：

1）器质性心脏血管病，包括风湿性心脏病、先天性心脏病（治愈者除外）、心肌病、心电图异常者。

2）血压超过 160/90mmHg，低于 86/56 mmHg。

3）精神病、癫痫病。

4）重症病神经官能症及脑外伤后遗症。

5）晕厥（近一年有晕厥发作者）。

6）血红蛋白男性低于 90%，女性低于 80%。

7）肢体残废，功能受限者。

8）慢性骨髓炎。

9）耳全聋及发音不清者；厂内机动车驾驶听力不足 5m 者。

10）色盲。

11）双眼裸视力低于 0.4，矫正视力不足 0.7 者。

12）活动性结核（包括肺外结核）。

13）支气管哮喘（反复发作者）。

14）支气管扩张（反复感染、咯血）。

另外，有下情况也不得从事特种作业：

厂内机动驾驶类：大型车身高不足 155cm；小型车身高不足 150cm。

对特种作业人员的培训、取证及复审等工作严格执行国家、地方政府的有关规定。对从事特种作业人员要进行经常性的安全教育，时间为每月一次，每次教育 4h，教育内容为：

1）特种作业人员所在岗位的工作特点，可能存在的危险、隐患和安全注意事项。

2）特种作业岗位的安全技术要领及个人防护用品的正确使用方法。

3）本岗位曾发生的事故安全及经验教训。

5. 班前安全活动交底

班前安全讲话作为施工队伍经常性的安全教育活动之一，各作业班组长于每班工作开始前（包括夜间工作前）必须对本班组全体人员进行不少于 15min 的班前安全活动交底。班组长要将安全活动交底内容记录在专用的记录本上，各成员在记录本上签名。

班前安全活动交底的内容包括：

1）本班组安全生产须知。

2）本班工作中的危险点和应采取的对策。

3）上一班工作中存在的安全问题和应采取的对策。

在特殊性、季节性和危险性较大的作业前，责任工长要参加班前安全讲话并对工作中应注意的安全事项进行重点交底。

6. 周一安全活动

周一安全活动作为施工项目经常性的活动之一，每周一开始工作前应对全体在岗工人开展至少 1h 的安全生产及法制教育活动。活动可采取看录像、听报告、分析事故案例、图片展览、急救示范、智力竞赛、热点辩论等形式进行。

工程项目主要负责人要进行安全讲话，主要内容包括：

1）上周安全生产形势，存在问题及对策。

2）最新安全生产信息。

3）重大季节性的安全技术措施。

4）本周安全生产工作的重点、难点和危险点。

5）本周安全生产工作目标和要求。

7. 季节性施工安全教育

进入雨期及冬期施工前，在现场经理的部署下，由各区域责任工程师负责组织本区域内施工的分包队伍管理人员及操作工人进行专门的季节性施工安全教育，时间不少于 2h。

8. 节假日安全教育

节假日前后应特别注意各级管理人员及操作者的思想动态，有意识有目的地进行教育，稳定他们的思想情绪，预防事故的发生。

9. 特殊情况安全教育

施工项目出现以下几种情况时，工程项目经理应及时安排有关部门和人员对施工工人进行安全生产教育，时间不少于 2h：

1）因故改变安全操作规程。

2）实施重大和季节性安全技术措施。

3）更新仪器、设备和工具，推广新工艺、新技术。

4）发生因工伤亡事故、机械损坏事故及重大未遂事故。

5）出现其他不安全因素，安全生产环境发生了变化。

第四节　消防保卫管理

✓ 一、消防管理

1. 防火防爆基本规定

1）重点工程和高层建筑应编制防火防爆技术措施并履行报批手续，一般工程在拟定施工组织设计的同时，要拟定现场防火防爆措施。

2）按规定在施工现场配置消防器材、设施和用品，并建立消防组织。

3）在施工现场明确划定用火和禁火区域，并设置明显职业健康安全标志。

4）现场动火作业必须履行审批制度，动火操作人员必须经考试合格持证上岗。

5）应定期对施工现场进行防火检查，及时消除火灾隐患。

2．防火防爆安全管理制度

1）建立防火防爆知识宣传制度。组织施工人员认真学习《中华人民共和国消防条例》和《公安部关于建筑工地防火的基本措施》，教育参加施工的全体职工认真贯彻消防法规，增强全员的法律意识。

2）建立定期消防技能培训制度。定期对职工进行消防技能培训，使所有施工人员都懂得基本防火防爆知识，掌握安全技术，能熟练使用工地上配备的防火防爆器具，能掌握正确的灭火方法。

3）建立现场明火管理制度。施工现场未经主管领导批准，任何人不准擅自动用明火。从事电气焊的作业人员要持证上岗（用火证），在批准的范围内作业。要从技术上采取安全措施，消除火源。

4）存放易燃易爆材料的库房建立严格管理制度。现场的临建设施和仓库要严格管理，存放易燃液体和易燃易爆材料的库房，要设置专门的防火防爆设备，采取消除静电等防火防爆措施，防止火灾、爆炸等恶性事故的发生。

5）建立定期防火检查制度。定期检查施工现场设置的消防器具、存放易燃易爆材料的库房、施工重点防火部位和重点工种的施工操作，不合格者责令整改，及时消除火灾隐患。

3．高层建筑施工防火防爆措施

高层建筑的施工必须从实际出发，始终贯彻"预防为主、防消结合"的消防工作方针，具体防火防爆可采取以下措施：

1）施工单位各级领导要重视施工防火安全，要始终将防火工作放在首位。将防火工作列入高层施工生产的全过程，做到同计划、同布置、同检查、同总结、同评比，交施工任务的同时要提防火要求，使防火工作做到经常化、制度化、群众化。

2）要按照"谁主管，谁负责"的原则，从上到下建立多层次的防火管理网络，实行分工负责制，明确高层建筑工程施工防火的目标和任务，使高层施工现场防火安全得到保证。

3）高层施工工地要建立防火领导小组，多单位施工工程要以甲方为主，成立甲方、施工单位等参加的联合治安防火办公室，协调工地防火管理。领导小组或联合治安防火办公室要坚持每月召开防火会议和每月进行一次防火安全检查，认真分析研究施工过程中的薄弱环节，制定落实整改措施。

4）现场要成立义务消防队，每个班组都要有一名义务消防员为班组防火员，负责班组施工的防火。同时要根据工程建筑面积、楼层的层数和防火重要程度，配专职防火干部、专职消防员、专职动火监护员，对整个工程进行防火管理，检查督促、配置器材和巡逻监护。

5）高层施工必须制定工地的《消防管理制度》、《施工材料和化学危险品仓库管理制度》，建立各种工种的安全操作责任制，明确工程各个部位的动火等级，严格动火申请和审批手续、权限，强调电焊工等动火人员防火责任制，对无证人员、仓库保管员进行专业培训，做到持证上岗，进入内装饰阶段，要明确规定吸烟点等。

6）对参加高层建筑施工的外包队伍，要同每支队伍领队签订防火安全协议书，详细进行防火安全技术措施的交底。针对木工操作场所，明确人员对木屑刨花做到日做日清，油漆等易燃物品要妥善保管，不准在更衣室等场所乱堆乱放，力求减少火险隐患。

7）高层建筑工程施工材料，有不少是国外进口的，属高分子合成的易燃物品，防火管理部门应责成有关部门加强对这些原材料的管理，要做到专人、专库、专管，施工前向施工班组做好安全技术交底，并实行限额领料，余料回收制度。

8）施工要将易燃材料的施工区域划为禁火区域，安置醒目的警戒标志并加强专人巡逻监护。施工完毕，负责施工的班组要对易燃的包装材料、装饰材料进行清理，要求做到随时做随时清，现场不留火险。

9）在焊割方面要严格控制火源和执行动火过程中的安全技术措施。

①每项工程都要划分动火级别，一般的高层动火划为二、三级，在外墙、电梯井、洞孔等部位，垂直穿到底及登高焊割，均应划为二级动火，其余所有场所均为三级动火。

②按照动火级别进行动火申请和审批。二级动火应由施工管理人员在四天前提出申请并附上安全技术措施方案，报工地主管领导审批，

批准动火期限一般为 3d。复杂危险场所，审批人在审批前应到现场察看确无危险或措施落实才予以批准，准许动火的动火证要同时交焊割工、监护人。三级动火由焊割班组长在动火前三天提出申请，报防火管理人员批准，动火期限一般为 7d。

③焊割工要持操作证、动火证进行操作，并接受监护人的监护和配合。监护人要持动火证，在配有灭火器材情况下进行监护，监护时严格履行监护人的职责。

④复杂的、危险性大的场所焊割，工程技术人员要按照规定制定专项安全技术措施方案，焊割工必须按方案程序进行动火操作。

⑤焊割工动火操作中要严格执行焊割操作规程。

10）按照规定配置消防器材，重点部位器材的配置分布要合理，有针对性，各种器材性能要良好、安全，通信联络工具要有效、齐全。

①20 层（含 20 层）以上高级宾馆、饭店、办公楼等高层建筑施工，应设置灭火专用的高压水泵，每个楼层应安装消火栓、配置消防水龙带。配置数量应视楼面大小而定。为保证水源，大楼底层应设蓄水池（不小于 20m³）。高层建筑层次高而水压不足的，在楼层中间应设接力泵。

②高压水泵、消防水管只限消防专用，要明确专人管理、使用和维修保养，以保证水泵完好，正常运转。

③所有高层建筑设置的消防水泵、消火栓和其他消防器材的部位，都要有醒目的防火标志。

④高层建筑（含 8 层以上、20 层以下）工程施工，应按楼层面积，一般每 100m² 设 2 个灭火器。

⑤施工现场灭火器材的配置，应灵活机动，即易燃物品多的场所，动用明火多的单位相应要多配一些。

⑥重点单位分布合理，是指木工操作处不应与机修、电工操作紧邻。灭火器材配置要有针对性，如配电间不应配酸式泡沫灭火机，仪器仪表室要配干粉灭火机等。

11）一般高层建筑施工期间，不得堆放易燃易爆危险物品。如确需存放，应在堆放区域配置专用灭火器材和加强管理措施。

12）工程技术的管理人员在制定施工组织设计时，要考虑防火安全技术措施，要及时征求防火管理人员的意见。防火管理人员在审核现场布置图时，要根据现场布置图到现场实地察看，了解工程四周状况，现场大的临时设施布置是否安全合理，有权提出修改施工组织设计中的问题。

✅ 二、保卫管理

项目现场的保卫工作主要应做好以下几个方面：

1）建立完整可行的保卫制度，包括领导分工、管理机构、管理程序和要求、防范措施等。组建一支精干负责，有快速反应能力的警卫人员队伍，并与当地公安机关取得联系，求得支持。当前不少单位组建的经济民警队伍是一种比较好的形式。

2）项目现场应设立围墙、大门和标志牌（特殊工程，有保密要求的除外），防止与施工无关的人员随意进出现场。围墙、大门、标志牌的设立应符合政府主管部门颁发的有关规定。

3）严格门卫管理。管理单位应发给现场施工人员专门的出入证件，凭证件出入现场。大型重要工程根据需要可实行分区管理，即根据工程进度，将整个施工现场划分为若干区域，分设出入口，每个区域使用不同的出入证件。对出入证件的发放管理要严肃认真，并应定期更换。

4）一般情况下项目现场谢绝参观，不接待会客。对临时来到现场的外单位人员、车辆要做好登记。

| 第五节 施工安全检查 |

✅ 一、安全检查制度

为了全面提高项目安全生产管理水平，及时消除安全隐患，落实各项安全生产制度和措施，在确保安全的情况下正常地进行施工、生产，施工项目实行逐级安全检查制度。

1）公司对项目实施定期检查和重点作业部位巡检制度。

2）项目经理部每月由现场经理组织，安全总监配合，对施工现场进行一次安全大检查。

3）区域责任工程师每半个月组织专业责任工程师（工长）、分包单位（专业公司）、行政和技术负责人、工长对所管辖的区域进行安全大检查。

4）专业责任工程师（工长）实行巡检制度。

5）项目安全总监对上述人员的活动情况实施监督与检查。

6）项目分包单位必须建立各自的安全检查制度，除参加总包组织的检查外，必须坚持自检，及时发现、纠正、整改本责任区的违章、隐患。对危险和重点部位要跟踪检查，做到预防为主。

7）施工（生产）班组要做好班前、班中、班后和节假日前后的安全自检工作，尤其作业前必须对作业环境进行认真检查，做到身边无隐患，班组不违章。

8）各级检查都必须有明确的目的，做到"四定"，即定整改责任人、定整改措施、定整改完成时间、定整改验收人，并做好检查记录。

✅ 二、安全检查的内容

1. 安全检查工作

1）各级管理人员对安全施工规章制度的建立与落实。规章制度的内容包括安全施工责任制、岗位责任制、安全教育制度、安全检查制度。

2）施工现场安全措施的落实和有关安全规定的执行情况。主要包括以下内容：

①安全技术措施。根据工程特点、施工方法、施工机械，编制完善的安全技术措施并在施工过程中得到贯彻。

②施工现场安全组织。工地上是否有专职、兼职安全员并组成安全活动小组，工作开展情况，完整的施工安全记录。

③安全技术交底，操作规章的学习贯彻情况。

④安全设防情况。

⑤个人防护情况。

⑥安全用电情况。

⑦施工现场防火设备。

⑧安全标志牌等。

2. 安全检查重点内容

1）临时用电系统和设施。

①临时用电是否采用 TN—S 接零保护系统。TN—S 系统就是五线制，保护零线和工作零线分开。在一级配电柜设立两个端子板，即工作零线和保护零线端子板，此时人线是一根中性线，出线就是两根线，也就是工作零线和保护零线分别由各自端子板引出。

②现场塔式起重机等设备要求电源从一级配电柜直接引入，引到塔式起重机专用箱，不允许与其他设备共用。

③现场一级配电柜要做重复接地。

2）施工中临时用电的负荷匹配和电箱合理配置、配设问题。负荷匹配和电箱合理配置、配设要达到"三级配电、两级保护"要求，符合《施工现场临时用电安全技术规范》（JGJ 46—2005）和《建筑施工安全检查标准》（JGJ 59—2011）等规范和标准。

3）临电器材和用电设备是否具备安全防护装置和安全措施。

①对室外及固定的配电箱要有防雨防砸棚、围栏，如果是金属的，还要接保护零线、箱子下方砌台、箱门配锁、有警告标志和制度责任人等。

②木工机械等，环境和防护设施齐全有效。

③手持电动工具达标等。

4）生活和施工照明的特殊要求。

①灯具（碘钨灯、镝灯、探照灯等）高度、防护、接线、材料符合规范要求。

②走线要符合规范和必要的保护措施。

③在需要使用安全电压场所要采用低压照明，低压变压器配置符合要求。

5）消防泵、大型机械的特殊用电要求。

对塔式起重机、消防泵、外用电梯等配置专用电箱，做好防雷接地，对塔式起重机、外用电梯电缆要做合适处理等。

6）雨期施工中，对绝缘和接地电阻及时摇测和记录情况。

3. 施工准备阶段

1）如施工区域内有地下电缆、水管或防空洞等，要指令专人进行妥善处理。

2）现场内或施工区域附近有高压架空线时，要在施工组织设计中采取相应的技术措施，确保施工安全。

3）施工现场的周围如临近居民住宅或交通要道，要充分考虑施工扰民、妨碍交通、发生安全事故的各种可能因素，以确保人员安全。对有可能发生的危险隐患，要有相应的防护措施，如：搭设过街、民房防护棚，施工中作业层的全封闭措施等。

4）在现场内设金属加工、混凝土搅拌站时，要尽量远离居民区及交通要道，防止施工中噪声干扰居民正常生活等。

4. 基础施工阶段

1）土方施工前，检查是否有针对性的安全技术交底并督促执行。

2）在雨期或地下水位较高的区域施工时，是否有排水、挡水和降水措施。

3）根据组织设计放坡比例是否合理，有没有支护措施或打护坡桩。

4）深基础施工，作业人员工作环境和通风是否良好。

5）工作位置距基础 2m 以下是否有基础周边防护措施。

5. 结构施工阶段

1）做好对外脚手架的安全检查与验收，预防高处坠落和防物体打击。

①搭设材料和安全网合格与检测。

②水平 6m 支网和 3m 挑网。

③出入口的护头棚。

④脚手架搭设基础、间距、拉结点、扣件连接。

⑤卸荷措施。

⑥结构施工层和距地 2m 以上操作部位的外防护等。

2）做好"三宝"等安全防护用品（安全帽、安全带、安全网、绝缘手套、防护鞋等）的使用检查与验收。

3）做好孔洞口（楼梯口、预留洞口、电梯井口、管道井口、首层出入口等）的安全检查与验收。

4）做好临边（阳台边、屋面周边、结构楼层周边、雨篷与挑檐边、水箱与水塔周边、斜道两侧边、卸料平台外边、梯段边）的安全检查与验收。

5）做好机械设备人员教育和持证上岗情况，对所有设备进行检查与验收。

6）对材料，特别是大模板的存放和吊装使用。

7）施工人员上下通道。

8）一些特殊结构工程，如钢结构吊装、大型梁架吊装以及特殊危险作业，要对施工方案和安全措施、技术交底进行检查与验收。

6. 装修施工阶段

1）对外装修脚手架、吊篮、桥式架子的保险装置、防护措施在投入使用前进行检查与验收，日常期间要进行安全检查。

2）室内管线洞口防护设施。

3）室内使用的单梯、双梯、高凳等工具及使用人员的安全技术交底。

4）室内装修使用的架子搭设和防护。

5）室内装修作业所使用的各种染料、涂料和胶黏剂是否挥发有毒气体。

6）多工种的交叉作业。

7. 竣工收尾阶段

1）外装修脚手架的拆除。

2）现场清理工作。

✅ 三、安全检查的形式

安全检查的形式多样，主要有以下几种：

1. 上级检查

上级检查是指主管各级部门对下属单位进行的安全检查。这种检查，能发现本行业安全施工存在的共性和主要问题，具有针对性、调查性，也有批评性。

2. 定期检查

定期检查属全面性和考核性的检查，建筑公司内部必须建立定期安全检查制度。公司的定期安全检查可每季度组织一次，工程处可每月或每半月组织一次检查，施工队要每周检查一次，每次检查都要由主管安全的领导带队，同工会、安全、动力设备、保卫等部门一起，按照事先计划的检查方式和内容进行检查。

3. 专业性检查

这类检查针对性强，能有地放矢，对帮助提高某项专业安全技术水平有很大作用。专业性检查应由公司有关业务分管部门单独组织，有关人员针对安全工作存在的突出问题，对某项专业（如施工机械、脚手架、电气、塔式起重机、锅炉、防尘防毒等）存在的普遍性安全问题进行单项检查。

4. 经常性检查

经常性检查主要有班组进行班前、班后安全检查，各级安全人员及安全值班人员日常巡回安全检查，各级管理人员在检查施工同时检查安全等。

经常性检查主要是要提高大家的安全意识，督促员工时刻牢记安全，在施工中安全操作，及时发现安全隐患，消除隐患，保证施工的正常进行。

5. 季节性检查和节假日前后的安全检查

季节性检查是针对气候特点（如夏季、冬季、风季、雨季等）可能给施工安全和施工人员健康带来危害而组织的安全检查。节假日（如元旦、劳动节、国庆节）前后的安全检查，主要是防止施工人员在这一段时间思想放松，纪律松懈而发生事故。检查应由单位领导组织有关部门人员进行。

6. 自行检查

施工人员在施工过程还要经常进行自行检查、互检和交接检查。自行检查是施工人员工作前后对自身所处的环境和工作程序进行安全检查，以随时消除安全隐患。互检是指班组之间、员工之间开展的安全检查，以便互相帮助，共同预防事故的发生。交接检查是指上道工序完毕，交给下道工序使用前，在工地负责人组织工长、安全人员、班组及其他有关人员参加情况下，由上道工序施工人员进行安全交底并一起进行安全检查和验收，认为合格后，才能交给下道工序使用。

✦ 四、安全检查评定内容

1. 评定的分类

1）对建筑施工中易发生伤亡事故的主要环节、部位和工艺等的完成情况做安全检查评价时，应采用检查评分表的形式，分为安全管理、文明工地、脚手架、基坑支护与模板工程、三宝（安全帽、安全带、安全网）四口（通道口、预留洞口、楼梯口、电梯口）防护、施工用电、物料提升机与外用电梯、塔式起重机、起重吊装、施工机具共十项分项检查评分表和一张检查评分汇总表。

2）除三宝四口防护和施工机具外的八项检查评分表，均设立保证项目和一般项目，前者是检查的重点和关键。

2. 评分方法及数值分配

1）各分项检查评分表中，满分为 100 分。每张表总得分应为各自表内检查项目实得分数之和。

2）检查评分不得为负。各检查项目所扣分数总和不得超过该项应得分数。

3）在检查评分中，当保证项目中有一项不得分或保证项目小计得分不足 40 分时，此检查评定表不得分。

4）在检查评分中，遇到多个脚手架、塔式起重机、龙门架与井字架等时，该得分应为各单项实得分数的算术平均值。

5）检查评分汇总表满分为 100 分，各分项检查表在汇总表中所占的满分分值应分别为：安全管理 10 分、文明施工 20 分、脚手架 10 分、基坑支护与模板工程 10 分、三宝四口防护 10 分、施工用电 10 分、物料提升机与外用电梯 10 分、塔式起重机 10 分、起重吊装 5 分和施工机具 5 分。

3. 评定等级

建筑施工安全检查评分，应以汇总表的总得分及保证项目达标与否，作为一个施工现场安全生产情况的评价依据，分为优良、合格、不合格三个等级。

（1）**优良** 保证项目均应达到规定的评分标准，检查评分汇总表得分应在 80 分及以上。

（2）合格

1）保证项目均应达到规定的评分标准，检查评分汇总表得分应在 70 分及以上。

2）有一份表未得分，但检查评分汇总表得分值在 75 分及以上。

3）起重吊装检查评分表或施工机具检查评分表未得分，但汇总表得分在 80 分及以上。

（3）不合格

1）检查评分汇总表得分不足 70 分。

2）有一份表未得分，且检查评分汇总表得分值在 75 分以下。

3）起重吊装检查评分表或施工机具检查评分表未得分，且检查评分汇总表得分在 80 分及以下。

4. 评分计算方法

1）检查评分汇总表中各项实得分数计算方法：

$$\text{分项实得分} = \text{该分项在检查评分汇总表中应得分} \times \text{该分项在检查评分表中实得分} /100 \qquad (8\text{-}1)$$

2）检查评分汇总表中遇有缺项时，检查评分汇总表总分计算的方法：

$$\text{缺项的检查评分汇总表总分} = \left(\frac{\text{实查项目实得分值之和}}{\text{实查项目应得分值之和}} \right) \times 100 \qquad (8\text{-}2)$$

3）各分项检查评分表中遇有缺项时，分表总分计算方法：

$$\text{缺项的分表总分} = \left(\frac{\text{实查项目实得分值之和}}{\text{实查项目应得分值之和}} \right) \times 100 \qquad (8\text{-}3)$$

4）分表中遇到保证项目缺项时，"保证项目小计得分不足 40 分，评分表得 0 分"，计算方法如下：

$$\text{实得分与应得分之比} < 66.7\% \text{ 时，评分表得 0 分} \qquad (8\text{-}4)$$
$$(40/60 = 66.7\%)$$

在各汇总表的分项中，遇到有多个检查评分表分值时，则分项得分应为各单项实得分数的算术平均值。

第六节 安全事故及处理

✅ 一、安全事故

1. 安全事故类型

（1）职业伤害事故

1）按事故发生的原因分为物体打击、车辆伤害、起重伤害、触电、淹溺、灼烫、火灾、高处坠落、坍塌、冒顶片邦、透水、放炮、火药爆炸、瓦斯爆炸、锅炉爆炸、容器爆炸、其他爆炸、中毒和窒息、其他伤害等。

2）按事故后果严重程度分为以下六种：

①轻伤事故：指千百万职工肢体或某些器官功能性或器质性轻度损伤，表现为劳动能力轻度或暂时丧失，通常每个受伤人员休息1个工作日以上，105个工作日以下。

②重伤事故：一般指受伤人员肢体残缺或视觉、听觉等器官受到严重损伤，能引起人体长期存在功能障碍或劳动能力有重大损失的伤害，或者造成每个受伤人员损失105个工作日以上的失能伤害。

③死亡事故：一次事故中死亡职工1~2人的事故。

④重大伤亡事故：一次事故中死亡职工3人以上（含3人）的事故。

⑤特大伤亡事故：一次事故中死亡职工10人以上（含10人）的事故。

⑥急性中毒事故：指在生产性毒物一次性短期内通过人的呼吸道、皮肤或消化道大量进入体内，使人体在短时间内发生病变，导致职工立即中断工作，并需进行急救或死亡的事故。急性中毒的特点是发病快，通常不超过一个工作日，有的毒物因毒性有一定的潜伏期，可在下班后数小时发病。

（2）职业病

职业病指经诊断由于接触有毒有害物质或从事不良环境的工作而造成的急慢性疾病。法定的职业病有十大类，分别为尘肺、职业放射性疾病、职业中毒、物理因素所致职业病、生物因素所致职业病、职业性皮肤病、职业性眼病、职业性耳喉口腔疾病、职业性肿瘤、其他职业病。

2. 重大事故等级

工程建设重大事故分为四个等级：

1）具备下列条件之一者为一级重大事故：

①死亡 30 人以上。

②直接经济损失 300 万元以上。

2）具备下列条件之一者为二级重大事故：

①死亡 10 人以上，29 人以下。

②直接经济损失 100 万元以上，不满 300 万元。

3）具备下列条件之一者为三级重大事故：

①死亡 3 人以上，9 人以下。

②重伤 20 人以上。

③直接经济损失 30 万元以上，不满 100 万元。

4）具备下列条件之一者为四级重大事故：

①死亡 2 人以下。

②重伤 3 人以上，19 人以下。

③直接经济损失 10 万元以上，不满 30 万元。

二、安全事故的处理

1. 四放不过原则

1）事故原因不清楚不放过。

2）事故责任者和员工没有受到教育不放过。

3）事故责任者没有处理不放过。

4）没有制定防范措施不放过。

2. 安全事故处理的程序

1）报告安全事故。

2）抢救伤员，排除险情，防止事故蔓延扩大，做好标志，保护好现场等。

3）进行安全事故调查。

4）对事故责任者进行处理。

5）编写调查事故报告并上报。

3. 伤亡事故处理的程序

1）迅速抢救伤员并保护好现场。

2）组织调查组，现场勘察。

3）分析事故原因。

4）制定预防措施。

5）编写调查报告。

6）进行事故的审查和结案。

7）对员工伤亡事故做登记记录。

本项工作内容清单

序号	工作内容	
1	建立安全生产保证体系	完善安全管理体制
		建立健全安全管理制度
		建立健全安全管理机构
		建立健全安全生产责任制
2	建立责任追究制度	
3	组织安全生产教育培训	
4	建立消防安全保卫管理制度	
5	组织施工安全检查	执行安全检查制度
		安全检查评定
6	处理安全事故	

第九章

项目现场管理

第一节 施工现场管理

✅ 一、施工现场管理的概念

建筑施工现场管理就是运用科学的管理 思想、管理组织、管理方法和管理手段，对建筑施工现场的各种生产要素，如人（如操作者、管理者）、机（设备）、料（原材料）、法（工艺、检测）、环境、资金、能源、信息等，进行合理的配置和优化组合，通过计划、组织、控制、协调、激励等管理职能，保证现场能按预定的目标，实现优质、高效、低耗、按期、安全、文明生产。

✅ 二、施工现场管理的必要性

1）它是贯彻执行有关法规的"焦点"。施工现场与许多城市管理法规有关，例如：地产开发、城市规划、市政管理、环境保护、市容美化、城市绿化、交通运输、消防安全、文物保护、居民安全、人防建设、居民生活保障、工业生产保障、文明建设等。每一个施工现场从事施工和管理工作的人员，都应当有法制观念，执法、守法、护法。每一个与施工现场管理发生联系的单位都关注于工程施工现场管理。所以施工现场管理是一个严肃的社会问题和政治问题，不能有半点疏忽。

2）它是一面"镜子"，能照出施工单位的面貌。一个文明的施工现场有着重要的社会效益，会赢得很好的社会信誉。反之也会损害施工企业的社会信誉。

3）它有助于施工活动正常进行。施工现场是施工的"枢纽站"，大量的物资进场后"停站"于施工现场。活动于现场的大量劳动力、机械设备和管理人员，通过施工活动将这些物资一步步地转变成建筑物或构筑物。这个"枢纽站"管得好坏，涉及人流、物流和财流是否畅通，涉及施工生产活动是否顺利进行。

4）施工现场是中心，把各专业管理联系在一起。在施工现场，各项专业管理工作按合理的方式分工分头进行，同时又密切协作，互相影响，互相制约，很难截然分开。施工现场管理的好坏，直接关系到各项专业管理的技术经济效果。

✔ 三、施工现场管理的内容

施工现场管理的内容主要有以下几个方面：

（1）**现场平面布置** 现场平面布置，是要解决建筑施工所需的各项设施和永久性建筑（拟建和已有的建筑）之间的合理布置，按照施工部署、施工方案和施工进度的要求，对施工用临时房屋建筑、临时加工预制场、材料仓库、堆场、临时水、电、动力管线和交通运输道路等做出周密规划和布置。

（2）**材料管理** 材料管理就是项目对施工生产过程中所需要的各种材料的计划、订购、运输、储备、发放和使用所进行的一系列组织与管理工作。材料管理的主要内容是：确定供料和用料目标，确定供料、用料方式及措施，组织材料及制品的采购、加工和储备，做好施工现场的进料安排，组织材料进场、保管及合理使用，完工后及时退料及办理结算等。

（3）**设备管理** 设备管理主要是指对项目施工所需的施工设备、临时设施和必需的后勤供应进行管理。施工设备，如塔式起重机、混凝土拌和设备、运输设备等。临时设施，如施工用仓库、宿舍、办公室、工棚、厕所、现场施工用供排系统（水电管网、道路等）。

（4）**技术管理** 技术管理是对所承包工程各项技术活动和施工技术的各项内容进行计划、组织、指挥、协调和控制的总称，是对建设工程项目进行科学管理。

（5）**安全生产** 施工现场安全防护要齐全、符合规定，做到领导不违章指挥，工人不违章操作。

（6）**环境保护** 不得随意排放污水、丢弃污物。注意控制减少施工噪声。在居民区附近施工时，要采取各种有效措施减少施工扰民。

（7）**消防** 施工现场应建立防火责任制，按规定设置消防通道、消火栓，配备器材。严格控制易燃易爆物品。各种临时设备应符合消防要求。

（8）**保卫** 施工现场应建立保卫工作责任制。按规定建立保卫组织机构，有效实施"人防、物防、技防"，确保施工现场治安秩序。

（9）**现场整洁** 施工现场要文明施工，保持整洁。工作面上要活完、料净、脚下清。施工中产生的垃圾要集中堆放，及时清运。多层、高层建筑的施工垃圾要用临时垃圾筒漏下，或装入容器运下，严禁自楼上向外抛洒。

（10）**保持环境卫生** 现场的办公室、更衣室、职工宿舍、食堂、厕所等要整洁卫生，符合要求。

| 第二节　现场文明施工 |

✅ 一、现场文明施工的概念

现场文明施工是指保持施工场地整洁、卫生，施工组织科学，施工程序合理的一种施工活动。实现现场文明施工，不仅要着重做好现场的场容管理工作，而且还要做好现场材料、机械、安全、技术、保卫、消防和生活卫生等方面的管理工作。现场文明施工涉及人、财、物各个方面，贯穿于施工全过程之中，体现了企业在工程项目施工现场的综合管理水平。

现场文明施工不仅能适应现代化施工的要求，也是实现优质、高效、低耗、安全、清洁、卫生的有效手段。良好的施工环境和施工秩序，不仅可以得到社会的支持和信赖，提高企业的知名度和市场竞争力，而且有利于员工的身心健康及培养，提高施工队伍的整体素质。

✅ 二、现场文明施工的基本条件

1）有整套的施工组织设计或施工方案。

2）有健全的施工指挥系统和岗位责任制度。

3）工序衔接交叉合理，交接责任明确。

4）有严格的成品保护措施和制度。

5）大小临时设施和各种材料、构件、半成品按平面布置堆放整齐。

6）施工场地平整，道路畅通，排水设施得当，水电线路整齐。

7）机具设备状况良好，使用合理，施工作业符合消防和安全要求。

✅ 三、现场文明施工的基本要求

1）施工工地主要入口要设置简朴规整的大门，门旁须设立明显的标志牌，标明工程名称、施工单位和工程负责人姓名等内容。

2）施工现场建立文明施工责任制，划分区域，明确管理负责人，实行挂牌制，做到现场清洁整齐。

3）施工现场应保持平整，道路坚实畅通，有排水措施，基础、地下管道施工完后要及时回填平整，清除土。

4）施工现场不准乱堆垃圾及余物。应在适当地点设置临时堆放点，并定期外运。清运渣土、垃圾及液体物品，须采取遮盖防漏措施，运送途中不得遗撒。

5）工人操作地点和周围要清洁整齐，做到活完脚下清，工完场地清，丢洒在楼梯、楼板上的砂浆和混凝土要及时清除，落地灰要回收过筛后使用。

6）砂浆、混凝土在搅拌、运输、使用过程中，要做到不洒、不漏、不剩，使用地点盛放砂浆、混凝土必须有容器或垫板，如有洒、漏应及时清理。

7）施工现场的临时设施，包括生产、办公、生活用房、仓库、料场、临时上下水管道及照明、动力线路，必须严格按施工组织设计确定的施工平面布置、搭设或埋设整齐。

8）现场施工临时水电要有专人管理，不可以有长流水、长明灯。

9）现场使用的机械设备，须按平面布置规划固定点存放，遵守机械安全规程，经常保持机身及周围环境的清洁，机械的标记、编号明显，安全装置可靠。

10）清洗机械排出的污水要有排放措施，不得随地流淌。

11）正在使用的搅拌机、砂浆机旁必须设有沉淀池，不可以将浆水直接排放下水道及河流等处。

12）塔式起重机轨道按规定铺设整齐稳固，塔边要封闭，道渣不外溢，路基内外排水畅通。

13）设置严格的成品保护措施，严禁损坏污染成品，堵塞管道。高层建筑要设置临时便桶，严禁在建筑物内大小便。

14）建筑物内清除的垃圾、渣土，要通过临时搭设的竖井或利用电梯井或采取其他措施稳妥下卸，严禁从门窗口向外抛掷。

15）根据工程性质和所在地区的不同情况，采取必要的围护和遮挡措施，并保持外观整洁。

16）针对施工现场情况设置宣传标语和黑板报，并适时更换内容，切实起到表扬先进、激励后进的作用。

17）施工现场严禁居住家属，严禁居民、家属、小孩在施工现场穿行、玩耍。

18）施工现场应建立不扰民措施，并针对施工特点设置防尘和防噪声设施，夜间施工必须有当地主管部门的批准。

✅ 四、现场文明施工的工作内容

1）进行现场文化建设。

2）创造有序的生产条件。

3）规范场容，保持作业环境整洁卫生。

第三节　现场平面布置

◇ 一、施工总平面图设计

1. 施工总平面图设计的主要内容

1）施工用地范围。

2）一切地上和地下的已有和拟建的建筑物、构筑物及其他设施的平面位置与尺寸。

3）永久性与非永久性坐标位置，必要时标出建筑场地的等高线。

4）场内取土和弃土的区域位置。

5）为施工服务的各种临时设施的位置。这些设施包括：

①各种运输业务用的建筑物和运输道路。

②各种加工厂、半成品制备站及机械化装置等。

③各种建筑材料、半成品及零件的仓库和堆置场。

④行政管理及文化生活福利用的临时建筑物。

⑤临时给排水管线、供电线路、管道等。

⑥保安及防火设施。

2. 施工总平面图的设计原则

施工总平面图的设计应坚持以下原则：

1）在满足施工要求的前提下布置紧凑、少占地，不挤占交通道路。

2）最大限度地缩短场内运输距离，尽可能避免二次搬运。物料应分批进场，大件置于起重机下。

3）在满足施工需要的前提下，临时工程的工程量应该最小，以降低临时工程费，故应利用已有房屋和管线，永久工程前期完工的为后期工程使用。

4）临时设施布置应利于生产和生活，减少工人往返时间。

5）充分考虑劳动保护、环境保护、技术安全、防火要求等。

3．施工总平面图的设计要求

（1）场外交通道路的引入与场内布置

1）一般大型工业企业都有永久性铁路建筑，可提前修建为工程服务，但应恰当确定起点和进场位置，考虑转弯半径和坡度限制，有利于施工场地的利用。

2）当采用公路运输时，公路应与加工厂、仓库的位置结合布置，与场外道路连接，符合标准要求。

3）当采用水路运输时，卸货码头不应少于两个，宽度不应小于2.5m，江河距工地较近时，可在码头附近布置主要加工厂和仓库。

（2）仓库的布置　一般应接近使用地点，其纵向宜与交通线路平行，装卸时间长的仓库应远离路边。

（3）加工厂和混凝土搅拌站的布置　总的指导思想是应使材料和构件的运输量小，有关联的加工厂适当集中。

（4）内部运输道路的布置

1）提前修建永久性道路的路基和简单路面为施工服务，临时道路要把仓库、加工厂、堆场和施工点贯穿起来。

2）按货运量大小设计双行环行干道或单行支线，道路末端要设置回车场。路面一般为土路、砂石路或礁碴路。

3）尽量避免临时道路与铁路、塔轨交叉，若必须交叉，其交叉角宜为直角，至少应大于30度。

（5）临时房屋的布置

1）尽可能利用已建的永久性房屋为施工服务，不足时再修建临时房屋。临时房屋应尽量利用活动房屋。

2）全工地行政管理用房宜在全工地入口处。工人用的生活福利设施，如商店、俱乐部等，宜设在工人较集中的地方，或设在工人出入必经之处。

3）工人宿舍一般宜设在场外，并避免设在低洼潮湿及有烟尘不利于健康的地方。

4）食堂宜布置在生活区，可视条件在工地与生活区之间。

（6）临时水电管网和其他动力设施的布置

1）尽量利用已有的和提前修建的永久线路。

2）临时总变电站应设在高压线进入工地处，避免高压线穿过工地。

3）临时水池、水塔应设在用水中心和地势较高处。管网一般沿道路布置，供电线路应避免与其他管道设在同一侧。主要供水、供电管线采用环状，孤立点可设枝状。

4）管线穿过道路处均要套以铁管，一般电线用 $\phi 51 \sim \phi 76mm$ 管，电缆用 $\phi 102mm$ 管，并埋入地下 0.6m 处。

5）过冬的临时水管须埋在冰冻线以下或采取保温措施。

6）排水沟沿道路布置，纵坡不小于 0.2%，通过道路处须设涵管，在山地建设时应有防洪设施。

7）各种管道间距应符合规定要求。

✓ 二、临时建筑的布置

（一）临时行政、生活用房

1. 临时行政、生活用房分类

1）行政管理和辅助用房包括办公室、会议室、门卫、消防站、汽车库及修理车间等。

2）生活用房包括职工宿舍、食堂、卫生设施、工人休息室、开水房等。

3）文化福利用房包括医务室、浴室、理发室、文化活动室、小卖部等。

2. 临时行政、生活用房的布置原则

1）临时行政、生活用房的布置应尽量利用永久性建筑，延缓现场既有建筑的拆除，尽量采用活动式临时房屋，可根据施工不同阶段利用已建好的工程建筑，应视场地条件及周围环境条件对所设临时行政、生活用房进行合理的取舍。

2）在大型工程和场地宽松的条件下，工地行政管理用房宜设在工地入口处或中心地区，现场办公室应靠近施工地点，生活区应设在工人较集中的地方和工人出入必经地点，工地食堂和卫生设施应设在不受影响且有利于文明施工的地点。

3）在市区的工程，往往由于场地狭窄，应尽量减少临时建设项目，且尽量沿场地周边集中布置，一般只考虑设置办公室、工人宿舍或休

息室、食堂、门卫和卫生设施等。

3. 临时行政、生活用房面积的确定

各类临时用房及使用人数确定后，可根据现行定额或实际经验数值来确定临时建筑所需用的面积。

（二）临时仓库、加工厂

1. 现场仓库的形式

1）露天堆场：用于不受自然气候影响而损坏质量的材料。如砂、石、砖、混凝土构件。

2）半封闭式（棚）：用于储存防止雨、雪、阳光直接侵蚀的材料。如堆放油毡、沥青、钢材等。

3）封闭式（库）：用于受气候影响易变质的制品、材料等。如水泥、五金零件、器具等。

2. 临时仓库的布置原则

1）临时仓库的布置应尽量利用永久性仓库为现场服务。

2）临时仓库应布置在使用地点，位于平坦、宽敞、交通方便之处，距各使用地点要比较适中，使之距各使用地点的运输造价或运输吨公里最小。且应考虑材料运入方式（铁路、船运、汽运）及应遵守安全技术和防火规定。

3）一般材料仓库应邻近公路和施工地区布置。

4）钢筋木材仓库应布置在其加工厂附近。

5）水泥库、砂石堆场应布置在搅拌站附近。

6）油库、氧气库和电石库、危险品库宜布置在僻静、安全之处。

7）大型工业企业的主要设备的仓库一般应与建筑材料仓库分开设置。

8）易燃材料的仓库要设在拟建工程的下风方向。

9）车库和机械站应布置在现场入口处。

3. 仓库材料储备量

确定材料的储备量，要在保证正常施工的前提下，不宜储存过多，减少仓库占地面积，降低临时设施费用。通常储备量应根据现场条件、材料的供需要求、运输条件和资金的周转情况等来确定，同时要考虑季节性施工影响（如雨季、冬季运输条件不便，可多储

备一些）。

4. 临时加工厂

根据工程的性质、规模、施工方法、工程所处的环境条件（包括地点、场地条件、材料、构件供应条件等），工程所需的临时加工厂不尽相同。通常设有钢筋、混凝土、木材（包括模板、门窗等）、金属结构等临时加工厂。临时加工厂布置时应使材料及构件的总运输费用最小，减少进入现场的二次搬运量，同时使临时加工厂有良好的生产条件，做到加工与施工互不干扰。一般情况下，把临时加工厂布置在工地的边缘。这样既便于管理，又能降低铺设道路、动力管线及给排水管道的费用。

◆ 三、施工机械、材料、构件的堆放与布置

（一）施工机械的布置

1. 起重机械的布置

现场的起重机械有塔式起重机、履带式起重机、井架、龙门架、平台式起重机等。它的位置直接影响仓库、料堆、砂浆和混凝土搅拌站的位置以及场地道路和水电管网的位置等，所以要首先考虑。

1）塔式起重机的布置。塔式起重机的布置需要结合建筑物的平面形状和四周场地条件综合考虑。轨道式塔式起重机一般应在场地较宽的一面沿建筑物的长度方向布置，以充分发挥其效率。塔式起重机的布置要尽量使建筑物处于其回转半径覆盖之下，并尽可能地覆盖最大面积的施工现场，使起重机能将材料、构件运至施工各个地点，避免出现"死角"。

2）固定式垂直运输设备（如井架、龙门架、桅杆、固定式塔式起重机）的布置。固定式垂直运输设备的布置主要根据机械性能、建筑物平面形状和大小、施工段划分的情况、起重高度、材料和构件的重量及运输道路的情况等而定。做到使用方便、安全，便于组织流水施工，便于楼层和地面运输，并使其运距要短。

2. 施工电梯的布置

施工电梯是一种辅助性垂直运输机械，布置时主要依附于主楼结

构，宜布置在窗口处，并应考虑易进行基础处理处。施工电梯的基础与建筑物连接基本可按固定式塔式起重机设置。

3. 搅拌站的布置

砂浆及混凝土的搅拌站位置需要根据房屋的类型、场地条件、起重机和运输道路的布置来确定。在一般的砖混结构房屋中，砂浆的用量比混凝土用量大，要以砂浆搅拌站位置为主进行布置。在现浇混凝土结构中，混凝土用量大，要以混凝土搅拌站为主进行布置。搅拌站的布置要求如下：

1）搅拌站应有后台上料的场地，尤其是混凝土搅拌机，要与砂石堆场、水泥库一起考虑布置，既要相互靠近，又要便于材料的运输和装卸。

2）搅拌站应尽可能布置在垂直运输机械附近或其服务范围内，以减少水平运距。

3）搅拌站应设置在施工道路近旁，使小车、翻斗车运输方便。

4）搅拌站场地四周应设置排水沟，以有利于清洗机械和排除污水，避免造成现场积水。

5）混凝土搅拌台所需面积约 $25m^2$，砂浆搅拌台约 $15\ m^2$。

（二）材料、构件的堆放与布置

1）材料的堆放应尽量靠近使用地点，减少或避免二次搬运，并考虑到运输及卸料方便。基础施工用的材料可堆放在基坑四周，但不易离基坑（槽）太近，以防压塌土壁。

2）如用固定式垂直运输设备，则材料、构件的堆放应尽量靠近垂直运输设备，以减少二次搬运或布置塔式起重机在起重半径之内。

3）预制构件的堆放位置要考虑到吊装顺序。先吊的放在上面，吊装构件进场时间应密切与吊装进行配合，力求直接卸到就位位置，避免二次搬运。

4）砂石应尽可能布置在搅拌台附近，石子的堆场更应靠近搅拌机一些，并按石子不同粒径分别设置。袋装水泥要设专门干燥、防潮的水泥库房，采用散装水泥时，一般设置圆形贮罐。

5）石灰、淋灰池要接近灰浆搅拌站布置。沥青堆放和熬制地点均应布置在下风向，要离开易燃易爆库房。

6）模板、脚手架等周转材料，应选择在装卸、取用、整理方便和靠近拟建工程的地方布置。

7）钢筋应与钢筋加工厂统一考虑布置，并应注意进场、加工和使用的先后顺序。应按型号、直径、用途分门别类堆放。

◇ 四、运输道路的布置

（一）道路的技术要求

1. 道路的最小宽度和最小转弯半径

道路的最小宽度和最小转弯半径见表 9-1 和表 9-2。

表 9-1　道路的最小宽度

序号	车辆类别及要求	道路宽度 /m
1	汽车单行道	不小于 3.0
2	汽车双行道	不小于 6.0
3	平板拖车单行道	不小于 4.0
4	平板拖车双行道	不小于 8.0

表 9-2　道路的最小转弯半径

车辆类型	路面内侧的最小转弯半径 /m		
	无拖车	有一辆拖车	有二辆拖车
小客车、三轮汽车	6		
一般二轴载重汽车	单车道 9 双车道 7	12	15
二轴载重汽车、重型载重汽车	12		18
起重型载重汽车	15	18	21

2. 道路的做法

1）一般砂质土可采用碾压土路办法。

2）土质黏或泥泞、翻浆时，可采用加集料碾压路面的方法，集料应尽量就地取材，如碎砖、炉渣、卵石、碎石及大石块等。

3）道路路面应高出自然地面 0.1 ~ 0.2m，雨量较大的地区，应高出 0.5m，道路的两侧设置排水沟，一般沟深和底宽不小于 0.4m。

（二）运输道路的布置要求

1）应满足材料、构件等的运输要求，使道路通到各个仓库及堆场，并距离其装卸区越近越好，以便装卸。

2）应满足消防的要求，使道路靠近建筑物、木料场等易发生火灾的地方，以便车辆能开到消防栓处。消防车道宽度不小于 3.5m。

3）为提高车辆的行驶速度和通行能力，应尽量将道路布置成环路。如果不能设置环路，则应在路端设置掉头场地。

4）应尽量利用已有道路或永久性道路。根据建筑总平面图上永久性道路的位置，先修筑路基，作为临时道路。工程结束后，再修筑路面。

5）施工道路应避开拟建工程和地下管等地方。否则工程后期施工时，将切断临时道路，给施工带来困难。

| 第四节　材料管理 |

◇ 一、材料管理的概念

材料管理就是项目对施工生产过程中所需要的各种材料的计划、订购、运输、储备、发放和使用所进行的一系列组织与管理工作。做好这些物资管理工作，有利于企业合理使用和节约材料，加速资金周转，降低工程成本，增加企业的盈利，保证并提高建筑工程产品质量。

对工程项目材料的管理，主要是指在材料计划的基础上，对材料的采购、供应、保管和使用进行组织和管理，其具体内容包括材料定额的制定管理、材料计划的编制、材料的库存管理、材料的订货采购、材料的组织运输、材料的仓库管理、材料的现场管理、材料的成本管理等方面。

二、材料需用计划管理

材料需用计划管理就是运用计划手段组织、指导、监督、调节材料的采购、供应、储备、使用等一系列工作的总称。

项目经理部应及时向企业物资部门提供主要材料、大宗材料需用计划，由企业负责采购。工程项目材料需用计划一般包括整个工程项目（或单位工程）和各计划期（年、季、月）的需用计划。

材料需用计划应根据工程项目设计文件及施工组织设计编制，反映所需的各种材料的品种、规格、数量和时间要求，是编制其他各项计划的基础。准确确定材料需要数量是编制材料需用计划的关键。

1. 项目材料需用量的确定

（1）计算需用量　确定材料需用量是编制材料需用计划的重要环节，在确定材料需用量时，不仅要坚持实事求是的原则，也要注意运用正确的方法。需用量的确定方法有以下两种：

1）直接计算法。直接计算法是用直接资料计算需用量的方法，主要有定额计算法和万元比例法两种形式。

①定额计算法是依据计划任务量和材料消耗定额，单机配套定额来确定材料需用量的方法。其公式如下：

$$计划需用量 = 计划任务量 × 材料消耗定额 \qquad (9-1)$$

②万元比例法是根据基本建设投资总额和每万元投资额平均消耗材料来计算需用量的方法。这种方法主要是在综合部分使用，它是材料需用量的常用方法之一。其公式如下：

$$计划需用量 = 某项工程总投资额 × 万元消耗材料数量 \qquad (9-2)$$

用这种方法计算出的材料需用量误差较大，但用于概算基建用料，审查基建材料计划指标，是简便有效的。

2）间接计算法。它是运用一定的比例、系数和经验来估算材料需用量的方法，主要有动态分析法、类比计算法、经验统计法三种。

①动态分析法是对历史资料进行分析、研究，找出计划任务量与材料消耗量变化的规律计算材料需用量的方法。其公式如下：

$$计划需用量 = 计划期任务量 / 上期预计完成任务量 ×$$

$$上期预计所消耗材料总量 × （1 ± 材料消耗增减系数）$$

$$(9-3)$$

或

计划需用量 = 计划任务量 / 上期预计单位任务材料消耗量 ×

(1 ± 材料消耗增减系数)　　　　　(9-4)

公式中的材料消耗增减系数一般是根据上期预计消耗量的增减趋势，结合计划期的可能性来决定的。

②类比计算法是指生产某项产品时，在既无消耗定额，也无历史资料参考的情况下，参照同类产品的消耗定额计算需用量的方法。其计算公式如下：

计划需用量 = 计划任务量 × 类似产品的材料消耗量 ×

(1 ± 调整系数)　　　　　　　(9-5)

式中的调整系数可根据两种产品材料消耗量不同的因素来确定。

③经验统计法是凭借工作经验和调查资料，经过简单计算来确定材料需用量的一种方法。经验统计法常用于确定维修、各项辅助材料及不便制定消耗定额的材料需用量。

间接计算法的结果往往不够准确，在执行中要加强检查分析，及时进行调整。

（2）计算实际需用量，编制材料需用计划　根据各工程项目计算的需用量，进一步核算实际需用量。核算的依据有以下几个方面：

①对于一些通用性材料，在工程进行初期，考虑到可能出现的施工进度超期因素，一般都略加大储备。因此，其实际需用量就略大于计划需用量。

②在工程竣工阶段，因考虑到工完料清场地净，防止工程竣工材料积压，一般是利用库存控制进料，这样实际需用量要略小于计划需用量。

③对于一些特殊材料，为保证工程质量，往往是要求一批进料。因此，计划需用量虽只是一部分，但在申请采购中往往是一次购进，这样实际需用量就要大大增加。实际需用量的计算公式如下：

实际需用量 = 计划需用量 ± 调整因素　　　　(9-6)

2. 材料总需用计划的编制

（1）编制依据　材料总需用量计划进行编制时，其主要依据是项目设计文件、项目投标书中的《材料汇总表》、项目施工组织计划、当期物资市场采购价格及有关材料消耗定额等。

（2）编制步骤 编制步骤具体可分四步：

第一步，计划编制人员与投标部门进行联系，了解工程投标书中该项目的《材料汇总表》。

第二部，计划编制人员查看经主管领导审批的项目施工组织设计，了解工程工期安排和机械使用计划。

第三步，根据企业资源和库存情况，对工程所需物资的供应进行策划，确定采购或租赁的范围；根据企业和地方主管部门的有关规定确定供应方式（招标或非招标，采购或租赁）；了解当期市场价格情况。

第四步，进行具体编制，可按表 9-3 格式编制。

表 9-3 单位工程材料总量供应计划表

序号	材料名称	规格	单位	数量	单价	金额	供应单位	供应方式

制表人： 审核人： 审批人： 制表时间：

3. 材料计划期（季、月）需用计划的编制

按计划期的长短，工程项目材料需用计划可分为年度、季度和月度计划，相应的计划期需用计划也有三种，但以季度、月度计划应用较为频繁，故计划期需用计划一般多指季度或月度需用计划。

（1）编制依据 其编制依据主要是施工项目的材料计划、企业年度方针目标、项目施工组织设计和年度施工计划、企业现行材料消耗定额、计划期内的施工进度计划等。

（2）确定计划期材料需用量 确定计划期（季、月）内材料的需用量，常用方法有以下两种：

1）定额计算法。根据施工进度计划中各分部分项工程量获取相应的材料消耗定额，求得各分部、分项工程的材料需用量，然后再汇总，求得计划期各种材料的总需用量。

2）卡段法。根据计划期施工进度的形象部位，从施工项目材料计划中，摘出与施工进度相对应部分的材料需用量，然后汇总，求得计划期各种材料的总需用量。

（3）编制步骤 编制步骤大致可分为四步：

第一步，了解企业年度方针目标和本项目全年计划目标。

第二步，了解工程年度的施工计划。

第三步，根据市场行情，套用企业现行定额，编制年度计划。

第四步，编制材料季度、月度计划。

三、材料供应计划管理

1. 材料供应量计算

材料供应量的计算公式如下：

$$材料供应量 = 材料需用量 + 期末储备量 - 期初库存量 \qquad (9-7)$$

2. 编制原则

1）材料供应计划的编制要对各分部、分项工程所需的材料品种、数量、规格、时间及地点，组织配套供应。

2）实行承包责任制，明确供求双方的责任与义务，以及奖惩规定，签订供应合同，以确保施工项目顺利进行。

3）材料供应计划在执行过程中，如遇到设计修改、生产或施工工艺变更，应做相应的调整和修订，但必须有书面依据，要制定相应的措施，并及时通告有关部门，妥善处理并积极解决材料的余缺，以避免和减少损失。

3. 编制要求

1）A类物资（采购较难的重要物资）供应计划：由项目物资部经理根据月度申请计划和施工现场、加工场地、加工周期和供应周期分别报出。供应计划一式两份，公司物资部计划责任师一份，交各专业责任师按计划时间要求供应到指定地点。

2）B类物资（处于A类和C类间的物资）的供应计划：由项目物资部经理根据审批的申请计划和工程部门提供的现场实际使用时间、供应周期直接编制。

3）C类物资（采购较易的次要物资）供应计划：在进场前按物资供应周期直接编制。

4. 编制内容

材料供应计划的编制，要注意从数量、品种、时间等方面进行平衡，以达到配套供应、均衡施工。计划中要明确物资的类别、名称、品种（型号）、规格、数量、进场时间、交货地点、验收人和编制日期、编制依据、送达日期、编制人、审核人、审批人。

◇ 四、施工项目现场材料管理

1. 材料进场验收

（1）进场验收要求 其要求如下：

1）材料验收必须做到认真、及时、准确、公正、合理。

2）严格检查进场材料的有害物质含量检测报告，按规范应复验的必须复验，无检测报告或复验不合格的应予以退货。

3）严禁使用有害物质含量不符合国家规定的建筑材料。

4）使用国家明令淘汰的建筑材料，使用没有出厂检验报告的建筑材料，应按规定对有关建筑材料有害物质含量指标进行复验。

5）对于室内环境应当进行验收，如果验收不合格，则工程不得竣工。

（2）进场验收方法 常用的验收方法有以下几种：

1）双控把关。对预制构件、钢木门窗、各种制品及机电设备等大型产品，在组织送料前，由两级材料管理部门业务人员会同技术质量人员先行看货验收。进库时由保管人员、材料人员和材料业务人员再行一起组织验收方可入库。对于水泥、钢材、防水材料、各类外加剂实行检验双控，既要有出厂合格证，还要有试验室的合格试验单方可接收人库以备使用。

2）联合验收把关。对直接送到现场的材料及构配件，收料人员可会同现场的技术质量人员联合验收。进库物资由保管人员和材料业务人员一起组织验收。

3）收料人员验收把关。收料人员对地材、建材及有包装的材料及产品，应认真进行外观检验；查看规格、品种、型号是否与来料相符，宏观质量是否符合标准，包装、商标是否齐全完好。

4）提料验收把关。总公司、分公司两级材料管理的业务人员到外单位材料公司各仓库提料，要认真检查验收提料的质量、索取产品合格证和材质证明书。送到现场或仓库后，应与现场（仓库）的收料人员（保管人员）进行交接验收。

（3）进场验收程序 进场验收的程序如图9-1所示。

| 验收准备 | → | 单据验收 | → | 数量验收 | → | 质量验收 | → | 环保、职安验收 | → | 办理验收手续 |

图 9-1　材料进场验收程序

1）单据验收。单据验收主要是查看材料是否有国家强制性产品认证书、材质证明、装箱单、发货单、合格证等。具体地说，就是查看所到的货物是否与合同（采购计划）一致；材质证明（合格证）是否齐全并随货同行，是否有强制产品认证书，能否满足施工资料管理的需要；材质证明的内容是否合格，能否满足施工资料管理的需要；查看材料的环保指标是否符合要求。

2）数量验收。数量验收主要是核对进场材料的数量与单据量是否一致。材料的种类不同，点数和量方的方法也不相同。

①对于计重数量验证，原则上以进货方式进行验收。

②以磅单验收的材料应进行复磅或监磅，磅差范围不得超过国家规范，超过规范应按实际复磅重量验收。

③以理论重量换算交货的材料，应按照国家验收标准规范做检尺计量换算验收，理论数量与实际数量的差超过国家标准规范的，应作为不合格材料处理。

④不能换算或抽查的材料一律过磅计重。

⑤计件材料的数量验收应全部清点件数。

3）质量验收。质量验收通常包括内在质量、外在质量和环境质量。材料质量验收就是保证物资的质量满足合同中约定的标准。

材料的内在质量控制的缺陷一般有：非金属夹杂物、气孔、缩孔、带状组织、组织疏松、严重的碳化物偏析、发裂以及碳、合金含量低等。

材料的外在质量控制的缺陷一般有：划痕、坑疤、碰伤、撬皮、锈蚀、侧裂、脱碳层超标等。

材料的环境质量是指所使用的材料是否满足国家相应的环境标准要求。

（4）验收结果处理

1）材料进场验收后，验收人员按规定填写各类材料的进场检测记录。如资料齐全，可及时登入进料台账，发料使用。

2）材料验收合格后，应及时办理入库手续，由负责采购供应的材料人员填写验收单，经验收人员签字后办理入库，并及时登账、立卡、标识。验收单通常一式四份，计划人员一份，保管人员一份，财务报销一份。

3）经验收不合格，应将不合格的物资单独码放于不合格品区，并进行标识，尽快退场，以免用于工程。同时做好不合格品记录和处理情况记录。

4）已进场（进库）的材料，发现质量总量或技术资料不齐时，收料人员应及时填报《材料质量验收报告单》报上一级主管部门，以便及时处理，暂不发料，不使用，原封妥善保管。

2. 材料的保管

材料的保管需要注意以下几个问题：

（1）材料的规格型号 对于易混淆规格的材料，要分别堆放，严格管理。

（2）材料的质量 对于受自然界影响易变质的材料，应特别注意保管，防止变质损坏。

（3）材料的散失 由于现场保管条件差，多数材料都是露天堆放，容易散失，要采取相应的防范措施。

（4）材料堆放的安全 现场材料中有许多结构构件，它们体大量重，不好装卸，容易发生安全事故。因此，要选择恰当的搬运和装卸方法，防止事故发生。

3. 材料使用管理

（1）材料的领发 它包括材料领发和材料耗用两个方面。控制材料的领发，监督材料的耗用，是实现工程节约，防止超耗的重要保证。

1）材料领发步骤。材料领发要本着先进先出的原则，准确、及时地为生产服务，保证生产顺利进行。其步骤如下：

①发放准备。材料出库前，应做好计量工具、装卸运输设备、人力以及随货发出的有关证件的准备，提高材料出库效率。

②核对凭证。材料调拨单、限额领料单是材料出库的凭证，发料时要认真审核材料发放的规格、品种、数量，并核对签发人的签章及单据的有效印章，非正式的凭证或有涂改的凭证一律不得发放材料。

③备料。凭证审核无误后，按凭证所列品种、规格、数量准备材料。

④复核。为防止差错，备料后要检查所备材料是否与出库单所列相吻合。

⑤点交。发料人与领取人应当面点交清楚，分清责任。

2）材料领发中应注意的问题。

①提高材料人员的业务素质和管理水平。

②严格执行材料进场及发放的计量检测制度。

③认真执行限额用料制度。

④严格执行材料管理制度。

⑤对价值较高及易损、易坏、易丢的材料，领发双方应当面点清，签字认证，做好领发记录，并实行承包责任制。

3）材料耗用中应注意的问题。

①加强材料管理制度，建立健全各种台账，严格执行限额领料和料具管理规定。

②分清耗料对象，记入相应成本，对分不清对象的，按定额和进度适当分解。

③建立、健全相应的考核制度。

④严格保管原始凭证，不得任意涂改。

⑤加强材料使用过程中的管理，认真进行材料核算。

（2）限额领料　限额领料是指在施工阶段对施工人员所使用物资的消耗量控制在一定的消耗范围内。它是企业内开展定额供应、提高材料的使用效果和企业经济效益、降低材料成本的基础和手段。

1）限额领料的依据。

①施工材料消耗定额。

②用料者所承担的工程或工作量。

③施工中必须采取的技术措施。

由于定额是在一般条件下确定的，在实际操作中应根据具体的施工方法、技术措施及不同材料的试配翻样资料来确定限额用量。

2）限额领料的程序。

①签发限额领料单。工程施工前，应根据工程的分包形式与使用单位确定限额领料的形式，然后根据有关部门编制的施工预算和施工组织设计，将所需材料数量汇总后编制材料限额数量，经双方确认后下发。

通常，限额领料单为一式三份。一份作为保管人员控制发料的依据，一份交使用单位，作为领料的依据，一份由签发单位留存作为考核的依据。

②下达。将限额领料单下达到用料者手中，并进行用料交底，应讲清用料措施、要求及注意事项。

③应用。用料者凭限额领料单到指定部门领料，材料部门在限额内发料。每次领发数量、时间要做好记录，并互相签认。

④检查。检查的内容包括施工项目与定额项目的一致性、验收工程量与定额工程量的一致性、操作是否符合规程、技术措施是否落实、工作完成是否料净。

⑤验收。完成任务后，由有关人员对实际完成工程量和用料情况进行测定和验收，作为结算用工、用料的依据。

⑥结算与分析。工程完工后，双方应及时办理结算手续，检查限额领料的执行情况，并根据实际完成的工程量核对和调整应用材料量，与实耗量进行对比，结算出用料的节约或超耗。然后进行分析，查找用料节超原因，总结经验，吸取教训。

3）领料限额的调整。限额领料的主管部门在限额领料的执行过程中深入施工现场，了解用料情况，根据实际情况及时调整限额数量，以保证施工生产的顺利进行和限额领料制度的连续性、完整性。

✓ 五、周转材料管理

周转材料是指能够多次应用于施工生产，而又基本保持原有形态的材料。它有助于产品的形成，但不构成产品实体。

1. 周围材料分类

1）按其自然属性可分为钢制品和木制品两类。

2）按使用对象可分为混凝土工程用的周转材料、结构及装修工程用的周转材料和安全防护用的周转材料三类。

2. 周转材料管理任务

1）根据生产需要，及时、配套地提供适量和适用的各种周转材料。

2）根据不同周转材料的特点建立相应的管理制度和办法，加速周转，以较少的投入发挥尽可能大的效能。

3）加强维修保养，延长使用寿命，提高使用的经济效果。

3. 周转材料管理内容

1）使用　使用指为了保证施工生产正常进行或有助于产品的形

成而对周转材料进行拼装、支搭以及拆除的作业过程。

2）养护 养护指例行养护，包括除去灰垢、涂刷防锈或隔离剂，使周转材料处于随时可投入使用的状态。

3）维修 维修指修复损坏的周转材料，使之恢复或部分恢复原有功能。

4）改制 改制指对损坏且不可修复的周转材料，按照使用和匹配的要求进行大改小、长改短的作业。

5）核算 核算包括会计核算、统计核算和业务核算三种。会计核算主要反映周转材料投入和使用的经济效果及其摊销状况，它是资金（货币）的核算；统计核算主要反映数量规模、使用状况和使用趋势，它是数量的核算；业务核算是材料部门根据实际需要和业务特点而进行的核算，它既是资金的核算，也是数量的核算。

4. 周转材料管理方法

（1）租赁管理 租赁管理是指在一定期限内，产权的拥有方向使用方提供材料的使用权，但不改变所有权，双方各自承担一定的义务，履行契约的一种经济关系。

对租赁管理有如下要求：

1）租赁管理制度必须将周转材料的产权集中于企业进行统一管理，这是实行租赁制度的前提条件。

2）租赁管理应根据周转材料的市场价格变化及摊销额度要求测算租金标准，并使之与工程周转材料费用收入相适应。

租赁管理方法有以下三种：

1）租用。项目确定使用周转材料后，应根据使用方案制订需求计划，由专人向租赁部门签订租赁合同，并做好周转材料进入施工现场的各项准备工作，如存放及拼装场地等。租赁部门必须按合同保证配套供应并登记"周转材料租赁台账"。

2）验收和赔偿。租赁部门应对退库周转材料进行外观验收。如有丢失损坏应由租用单位赔偿。验收及赔偿标准一般按以下原则执行：对丢失或严重损坏（指不可修复的，如管体有死弯、板面严重扭曲）按原值的 50% 赔偿；一般性损坏（指可修复的，如板面打孔、开焊）按原值的 30% 赔偿；轻微损坏（指不需使用机械，仅用手工即可修复的）按原值的 10% 赔偿。

租用单位退租前必须清除混凝土灰垢，为验收创造条件。

3）结算。租金的结算期限一般自提运的次日起至退租之日止，租金按日历天数逐日计取，按月结算。租用单位实际支付的租赁费用包括租金和赔偿费用两项。

$$租赁费用 = \sum（租用数量 \times 相应日租金）\times 租用天数 +$$
$$丢失损坏数 \times 相应原值 \times 相应赔偿率 \qquad （9\text{-}8）$$

根据结算结果由租赁部门填制《租金及赔偿结算单》。

为简化核算工作也可不设"周转材料租赁台账"，而直接根据租赁合同进行结算。但要加强合同的管理，严防遗失，以免错算和漏算。

（2）费用承包管理 周转材料的费用承包是适应项目管理的一种管理方式。它是以单位工程为基础，按照预定的期限和一定的方法测定一个适当的费用额度交由承包者使用，实行节奖超罚的管理。

1）承包费用的确定。承包费用的收入即是承包者接受的承包额。承包费用的支出是在承包期限内所支付的周转材料使用费（租赁金）、赔偿费、运输费、二次搬运费以及支出的其他费用之和。承包费用的确定方法有扣额法和加额法两种。

①扣额法指按照单位工程周转材料的预算费用收入，扣除规定的成本降低额后的费用。其计算公式如下：

$$扣额法费用收入 = 预算费用收入 \times（1\text{-}成本降低额） \qquad （9\text{-}9）$$

②加额法是指根据施工方案所确定的费用收入，结合额定周转次数和计划工期等因素所限定的实际使用费用，加上一定的系数额作为承包者的最终费用收入。所谓的系数额是指一定历史时期的平均耗费系数与施工方案所确定的费用收入的乘积。其计算公式如下：

$$加额法费用收入 = 施工方案确定的费用收入 \times（1 + 平均耗费系数）$$
$$（9\text{-}10）$$

2）费用承包管理的内容。

①签订承包协议。一般包括工程概况，应完成的工程量，需用周转材料的品种、规格、数量及承包费用，承包期限，双方的责任与权力，不可预见问题的处理以及奖罚等内容。

②承包费用的分析。首先要分解承包费用。承包费用确定之后应进行大概的分析，以施工用量为基础将其还原为各个品种的承包费用。

然后要分析承包费用。在实际工作中，常常是不同品种的周转材料分别进行承包，或只承包某一品种的费用，这就需要对承包效果进行预测，并根据预测结果提出有针对性的管理措施。

③周转材料进场前的准备工作。根据承包方案和工程进度认真编制周转材料的需用计划，注意计划的配套性（品种、规格、数量及时间的配套）。根据配套数量同企业租赁部门签订租赁合同，积极组织材料进场并做好进场前的各项工作，包括选择、平整存放和拼装场地、开通道路等，对狭窄的现场应做好分批进场的时间安排，或事先另选存放场地。

3）费用承包效果的考核。承包期满后要对承包效果进行严肃认真的考核、结算和奖罚。承包的考核和结算指承包费用收、支对比，出现盈余为节约，反之为亏损。

（3）实物量承包管理 实物量承包的主体是施工班组，也称为班组定包。它是指项目班子或施工队根据使用方案按定额数量对班组配备周转材料，规定损耗率，由班组承包使用，实行节奖超罚的管理办法。

1）定包数量的确定。以组合钢模板为例说明定包数量的确定方法。根据费用承包协议规定的混凝土工程量编制模板配模图，据此确定模板计划用量，加上一定的损耗量即为交由班组使用的承包数量。其计算公式如下：

$$模板定包数量 = 计划用量 \times (1 + 定额损耗率) \quad (9\text{-}11)$$

式中，定额损耗量一般不超过计划用量的 1%。

2）定包效果的考核和核算。定包效果的考核主要是损耗率的考核，即用定额损耗量与实际损耗量相比，如有盈余为节约，反之为亏损。如果实现节约则全额奖给定包班组，如果出现亏损则由班组赔偿全部亏损金额，根据定包及考核结果，对定包班组兑现奖罚。

六、项目材料管理考核

1. 材料管理原则

1）坚持计划管理的原则。

2）坚持跟踪检查的原则。

3）坚持总量控制的原则。

4）坚持节奖超罚的原则。

2. 材料管理评价

材料管理评价就是对企业的材料管理情况进行分析，发现材料供应、库存、使用中存在的问题，找出原因，采用相应的措施对策，以达到改进材料管理工作的目的。

材料供应动态控制就是按照全面物资管理的原理，严格控制现场供应全过程的每一个环节，建立健全各种原始记录及相应的报表、账册，以便能及时反映动态变化情况。

（1）物资供应保证程度分析

1）物资收入量分析：

$$物资计划收入量完成率 = \frac{本期实际收入量}{本期计划收入量} \times 100\% \quad （9-12）$$

2）物资计划准确率分析：

实际消耗小于计划需要量时：

$$计划准确率 = \frac{本期或单位工程实际消耗量}{本期或单位工程计划需要量} \times 100\% \quad （9-13）$$

实际消耗大于计划需要量时：

$$计划准确率 =1- \frac{本期或单位工程实际消耗量 - 计划需用量}{本期或单位工程计划需用量} \times 100\%$$

$$（9-14）$$

（2）储备资金利用情况分析

1）储备资金占用情况分析：

$$库存物资资金占用率 = \frac{物资平均库存总量}{年度建安工作量} \times 100\% \quad （9-15）$$

2）物资库存周转情况分析：

$$周转次数 = \frac{消耗量}{平均库存量} \quad （9-16）$$

（3）物资成本情况分析

1）物资成本降低额：

物资成本降低额 = 物资预算成本 – 物资实际成本

= 按预算定额计算的物资需要量 × 预算单价 –

物资实际使用量 × 物资实际单价　　（9-17）

2）物资成本降低率分析：

$$物资成本降低率 = 1 - \frac{物资实际成本}{物资预算成本} \times 100\% \quad （9-18）$$

（4）物资消耗与利用分析

1）物资定额执行情况分析：

$$定额完成率 = \frac{预算定额 × 实际完成建安工作量}{实际消耗量} \times 100\% （9-19）$$

$$定额执行率 = \frac{实际执行预算定额的预算种类}{有预算定额的物资种类} \times 100\% \quad （9-20）$$

2）原材料利用率分析：

$$原材料利用率 = \frac{单位建安工程实际工程量中包括的物资数量}{完成单位建安实物工程量中的物资总消耗量} \times 100\%$$

$$（9-21）$$

3. 材料管理考核指标

（1）材料管理指标考核　具体考核内容包括以下几个方面：

1）材料供应兑现率：

$$材料供应兑现率 = \frac{材料实际供应量}{材料计划量} \times 100\% \quad （9-22）$$

2）材料验收合格率：

$$材料验收合格率 = \frac{材料验收合格入库量}{材料进场验收数量} \times 100\% \quad （9-23）$$

3）限额领料执行率：

$$限额领料执行率 = \frac{实际限额领料材料品种数}{项目使用材料全部品种数} \times 100\% \quad （9-24）$$

4）重大环境因素控制率：

$$\text{重大环境因素控制率} = \frac{\text{实际控制的重大环境因素项}}{\text{全部所识别的重大因素项}} \times 100\%$$

$$\text{（9-25）}$$

（2）材料经济指标考核 具体考核内容包括以下几个方面：

1）采购成本降低率：

$$\text{某材料采购成本降低率} = \frac{\text{该种材料采购成本降低额}}{\text{该种材料工程预算收入额}} \times 100\%$$

$$\text{（9-26）}$$

采购成本降低额 = 工程材料预算收入（与业主结算）单价 × 采购数量 – 实际采购单价 × 采购数量　（9-27）

工程预算收入额 = 与业主结算单价 × 采购量　（9-28）

2）工程材料成本降低率：

$$\text{工程材料成本降低率} = \frac{\text{工程实际材料成本降低额}}{\text{工程实际材料收入成本}} \times 100\%$$

$$\text{（9-29）}$$

$$\text{工程实际材料成本降低额} = \text{工程实际材料收入成本} - \text{工程实际材料发生成本}　\text{（9-30）}$$

$$\text{工程实际材料收入成本} = \text{与业主结算材料单价} \times \text{与业主结算量}　\text{（9-31）}$$

工程实际材料发生成本 = 实际采购单价 × 实际使用量　（9-32）

| 第五节　机械设备管理 |

　　机械设备管理是指项目经理部针对所承担的施工项目，运用科学方法优化选择和配备施工机械设备，并在生产过程中合理使用，进行维修保养等各项管理工作。

✅ 一、机械设备的管理方法

1. 机械设备管理制度

机械设备管理是建筑施工企业技术管理重要工作之一，技术专业性强，必须配备一定比例的专业技术管理人员，并相对保持稳定，以满足机械设备管理工作具有较强连续性的要求，并根据实际情况建立一整套以岗位责任制为核心的管理制度。

（1）建筑机械管理制度　这是机械设备管理的一个根本制度，是主管部门对机械设备的管、用、养、修各方面工作所做的统一规定和管理办法。

（2）岗位责任制

1）专机、专人负责制：适用于单人操作、一盘作业的机械设备。

2）机长负责制：适用于多班作业、一机多人操作的机械设备。

3）机械班组长负责制：适用于固定由班组管理的机械设备。

（3）试运转的规定　凡新购进、新制、经过改造或重新安装的机械，必须经过检查、保养、试运转，鉴定合格后才能正式投入使用。其主要工作内容如下：

1）准备工作，学习研究、全面了解和掌握机械设备各方面的情况。

2）按说明书要求进行检查和保养。

3）无负荷试运转。

4）有负荷试运转。

5）根据检查、试运转结果做出书面的技术鉴定，发现问题及时解决。

（4）机械走合期的规定　凡新购、大修和经过改造的机械设备，在正式使用初期，必须按规定进行走合，以使机械零件磨合良好，增强零件的耐用性、可靠性，延长大修理和使用寿命，具体规定如下：

1）机械走合期的具体规定。

①限载减速使用。

②驾驶操作要平稳，防止对设备的急剧冲击和振动。

③安排任务时要留有余地。

④加强检查、保养，注意运转情况、仪表指示、机械各部的温度变化、连接件，并及时进行润滑、坚固和调整。

2）技术操作规程。技术操作规程是正确操作机械、保证机械安全运转的技术规定。

3）保养维修制度。保养维修制度是保证机械适时保养、及时修理、正常保持机械完好状态、延长机械使用寿命的制度，包括各种机械保修技术经济定额，进厂保修办法，保修计划的编制、执行与检查，保修质量管理办法等。

4）保养修理技术规程。保养修理技术规程是关于机械维修作业内容、技术要求和质量标准的规定。

5）交接班制度。机械双班或多班作业时，为避免情况不明、责任不清、影响生产和损坏机械，要建立交接班制度。交接班人员应该根据检查，办理交接手续，明确责任。

6）机械事故处理制度。机械事故处理制度是对机械发生事故后的处理要求和管理办法。

7）机械定额管理制度。机械定额管理制度是关于机械的技术经济定额的制订、修正和考核的有关规定。主要包括机械产量定额，燃料、动力、零配件消耗定额，维修费用定额，大修间隔期定额以及保修工时、工期定额等。

8）机械统计工作制度。机械统计工作制度是对机械设备管、用、修工作统一规定的统计办法和要求，包括原始记录、统计台账、统计报表三个方面。

9）备品配件供应管理制度。备品配件供应管理制度是对备品配件的计划、采购、验收、储存、保管、领发、记账等所规定的要求和办法。

10）施工机械折旧和大修理基金的规定。施工机械折旧和大修理基金的规定是合理提取机械折旧费用和大修理费用的统一规定，是保证施工机械更新改造和大修理资金来源和合理使用资金的办法。

11）机械设备的改装、试验制度等。

2. 机械设备技术档案

机械设备技术档案反映了机械设备物质运动的变化规律，是使用、维修设备的重要依据。因此，在机械设备使用中必须逐台建立技术档案。机械设备技术档案的主要内容如下：

1）机械设备的原始技术文件，如出厂合格证、使用保养说明书、附属装置、易损零件、图册等。

2）机械设备的技术试验记录。

3）机械设备的运转记录、消耗记录。

4）机械设备的技术改造等有关资料。

5）机械设备的维修记录。

6）机械设备的事故分析记录。

✅ 二、机械设备的选择

正确选用机械设备是机械设备管理的首要工作,其选择原则如下:

1. 符合实际需要的原则

选用的机械设备必须符合施工生产的实际需要。选用机械设备时,必须根据工程的特点和不同的施工方法,确定适用的机种、型号和数量,以满足施工生产的需要。如果选用不恰当,不是使用施工生产受影响,就是会造成机械设备的浪费,不能充分发挥机械效率。

2. 配套供应的原则

建筑施工中的许多机械必须配套作业才能发挥出好的效率。选用机械要注意配套供应。配套供应机械,不是简单地把几种机械组合在一起,而是必须根据各种机械的生产效率计算出它们之间的组合比例,按比例配套供应。否则,就会形成配套失调,造成机械剩余功能的浪费。

3. 实际可能的原则

选用机械设备除了按实际需要配套供应外,还应考虑企业实际拥有机械设备的现状。否则,即使选用的机械设备非常理想,也会因为没有供应能力而成为无米之炊。实际可能的原则要求选用机械设备时,按生产需要和生产能力相平衡的原理,确定出合理的机种、型号和数量。

4. 经济合理的原则

提高经济效益是企业经营管理工作的中心,选用机械设备也要以经济合理为基本原则。因此,选用机械设备时应设计多个技术上能满足施工生产要求而又有供应能力的可行方案,然后以经济效益为标准加以比较,从中选择出最优的实施方案。

✅ 三、机械设备的维修管理

机械的管理、使用、保养、修理四个环节之间，存在着相互影响不可分割的辩证关系。要做到科学地使用机械，不违反机械运转的自然规律，具体内容见表9-4。

表9-4　机械设备的检查、保养、修理要点

类别	方式	要点
检查	每日检查	交接班时操作人员和例保结合，及时发现设备不正确状况
	定期检查	按照检查计划，在操作人员参与下，定期由专职人员执行，全面准确了解设备实际磨损，决定是否修理
保养	日常保养	简称"例保"。操作人员在开机前、使用间隙、停机后按规定项目和要求进行，作业内容：清洁、润滑、紧固、调整、防腐
	强制保养	又称为"定期保养"，是每台机械设备运转到规定的时限时必须进行的保养，周期由设备的磨损规律、作业条件、维修水平决定。大型机械设备进行一至四级（三、四级专业机修工进行，操作工参加），其他一般机械为一至二级
修理	小修	对设备全面清洗、部分解体、局部修理，以维修工人为主，操作人员参加
	中修	大修中间的有计划、有组织的平衡性修理，以整机为对象，解决动力、传动、工作部分耐用力不平衡问题
	大修	对机械设备全面解体修理，更换所有磨损零件，校调精度，以恢复原有生产性能

✅ 四、爆破器材管理

1）使用爆破材料的单位必须建立健全验收、领发、退库、检查、看守等各项安全制度，保证爆破材料不发生被盗、丢失、滥发、误发等事故。

2）爆破材料仓库管库人员和看守人员应挑选政治可靠、责任心强、身体健康，并经公安部门审查同意，取得上岗合格证书的正式员工担任。

3）管库人员的主要职责。

①负责爆破材料的入库检验、保管、发放和统计工作。

②严格按照审批的品名、数量发放。

③负责建立和填写爆破材料收发台账，做到日清月结，账物相符。

④负责库区内发生的紧急事件的前期处置工作，并及时报告领导。

⑤负责库区内的安全防卫工作，落实防盗、防火、防燥等措施。

⑥接受上级领导和公安部门检查、指导、整治安全隐患。

4）爆破材料仓库区至少派3名以上的看守人员担负守库任务，并实行24h值班、巡守。

5）爆破材料仓库必须喂养看守犬，并安装红外线防盗报警装置。公安部门要负责防盗报警器安装的监督和技术指导。

6）施工现场每天作业剩余的爆破材料，必须于当天退回库房，不得在库房以外的地方存放。对于退回仓库的爆破材料，管库人员应进行清点，做好回收登记，并单独放置。

7）对于变质和过期失效的爆破材料，应当认真清点登记，由单位物资部门提出报废申请，连同报废清单及销毁实施方案一并上报，经单位主管审核和单位公安部门审查后，报当地公安机关批准后方可实施。销毁时，应有施工单位和公安等有关部门人员在场监督，并做好现场销毁记录。

8）积压的爆破材料严禁单位和个人擅自转让、倒卖、私存，以物易物。如需处理，可按原供应渠道退回供应单位，按规定进行销毁。经上级主管部门同意和所在地县级以上公安机关批准，本单位公安部门同意，在具有合法使用火工品的单位间调剂转让，一般以整箱（盒）为单位办理。

9）单位没有爆破材料又确需用时，使用少量爆破材料的施工单位，应按上述调剂转让办法办理调用手续。

10）民工不得领用爆破材料，劳务分包队伍需要进行爆破作业时，应由分包队伍所在单位负责领用爆破材料。

✅ 五、机械设备管理考核指标体系

机械设备管理考核指标体系是机械设备管理的重要内容，对于考核企业机械装备水平、施工机械化程度以及企业在机械设备方面的综合管理水平、变化趋势，有着重要意义，具体指标见表9-5。

表 9-5 机械设备的技术经济指标

技术经济指标		计算公式
机械装备水平	技术装备率（元/人）	$机械装备率 = \dfrac{全年机械平均价值}{全年平均人数}$
	动力装备率（kW/人）	$动力装备率 = \dfrac{全年机械平均动力数}{全年平均人数}$
装备生产率（%）		$装备生产率 = \dfrac{全年完成的总工作量}{机械设备的净值} \times 100\%$
施工机械的完好率、利用率与机械效率	完好率（%）	$日历完好率 = \dfrac{报告期完好台日数}{报告期日历台日数} \times 100\%$
		$制度完好率 = \dfrac{报告期制度完好台日数}{报告期制度台日数} \times 100\%$
	利用率（%）	$日历利用率 = \dfrac{报告期实作台日数}{报告期日历台日数} \times 100\%$
		$制度利用率 = \dfrac{报告期实作台日数}{报告期制度台日数} \times 100\%$
	机械效率（%）	$机械效率 = \dfrac{报告期机械实际完成的实物工程总量}{报告期机械平均总能力} \times 100\%$
主要器材、燃料等消耗率（%）		$消耗率 = \dfrac{主要器材、燃料实际消耗量}{主要器材、燃料定额消耗量} \times 100\%$
		$单位消耗率 = \dfrac{主要器材、燃料实消耗量}{实际完成工作量} \times 100\%$
施工化程度	工种机械化程度（%）	$工种机械化程度 = \dfrac{某工种工程利用机械完成的实物量}{某工种工程完成的全部实物量} \times 100\%$
	综合机械化程度（%）	综合机械化程度 $= \dfrac{\sum(各种工程用机械完成的实物量 \times 该工种工程人工定额工日)}{\sum(各种工程完成的实物量工程量 \times 该工种工程人工定额工日)} \times 100\%$

◇ 六、机械设备报废管理

机械设备的报废应与机械设备的更新改造相结合，当设备达到报废条件，尤其对提前报废的设备，企业应组织有关人员对其进行技术鉴定，按照机械设备管理制度或程序办理手续。对于已经报废的汽车、起重机械、压力容器等，不得再继续使用，同时也不得整机出售转让。企业报废设备应有残值，其净残值率应不低于原值的 3%，不高于原值的 5%。

当企业设备具有下列条件之一时，应予以报废：

1）磨损严重，基础已经损坏，再进行大修已经不能达到使用和安全要求的。

2）设备老化，技术性能落后，消耗能源高，效率低下，又无改造价值的。

3）修理费用高，在经济上不如更新合算。

4）噪声大，废气、废物多，严重污染环境，危害人身安全和健康，进行改造又不经济的。

5）属于国家限制使用，明令淘汰机型，又无配件来源的。

此外，企业设备管理部门也要加强闲置设备的管理，认真做好闲置设备的保护维修管理，防止拆卸、丢失、锈蚀和损坏，确保其技术状态良好。积极采取措施调剂利用闲置设备，充分发挥闲置设备的作用。在调剂闲置设备时，企业应组织有关人员对其进行技术鉴定和经济评估，严格执行相关审批程序和权限，按质论价，一般成交价不应低于设备净值。

第六节　项目技术管理

✓ 一、项目技术管理的概念

项目技术管理是对所承包的工程各项技术活动和构成施工技术的各项要素进行计划、组织、指挥、协调和控制的总称。项目技术管理必须为企业经营管理服务。因此，项目技术管理的一切活动都要符合企业生产经营的总目标。

✓ 二、项目技术管理的作用

1）保证施工过程符合技术规范的要求，保证施工按正常秩序进行。

2）通过技术管理，不断提高技术管理水平和职工的技术素质，能预见性地发现问题，最终达到高质量完成施工任务的目的。

3）充分发挥施工中人员及材料、设备的潜力，针对工程特点和技术难题，开展合理化建议和技术攻关活动，在保证工程质量和生产计划的前提下，降低工程成本，提高经济效益。

4）通过技术管理，积极开发与推广新技术、新工艺、新材料，促进施工技术现代化，提高竞争能力。

5）有利于用新的科研成果对技术管理人员、施工作业人员进行教育培养，不断提高技术管理素质和技术能力。

✓ 三、项目技术管理的内容

1. 技术管理基础工作

1）建立技术管理制度。

2）建立技术责任制。

3）技术标准、规程。

4）技术原始记录。

5）技术档案管理。

6）技术情报工作。

7）技术教育与培训。

2. 技术管理基本工作

1）施工技术准备工作，包括图纸会审、施工组织设计、技术交底和安全技术、公害防治。

2）施工过程技术工作，包括技术交底、技术措施计划、技术核定检查、"四新"试验和安全技术、公害防治。

3）技术开发工作，包括"四新"试验、技术改造、技术革新和技术开发。

3. 经常性的技术管理工作

1）施工图的熟悉、审查和会审。

2）编制施工管理规划。

3）组织技术交底。

4）工程变更和变更洽谈。

5）制定技术措施和技术标准。

6）建立技术岗位责任制。

7）进行技术检验、材料和半成品的试验与检测。

8）贯彻技术规范和规程。

9）技术情报、技术交流、技术档案的管理工作。

10）监督与控制技术措施的执行，处理技术问题等。

4. 开发性的技术管理工作

1）组织各类技术培训工作。

2）根据项目的需要制定新的技术措施和技术标准。

3）进行技术改造和技术创新。

4）开发新技术、新结构、新材料、新工艺等。

✓ 四、项目经理技术管理职责

为了确保项目施工的顺利进行，杜绝技术问题和质量事故的发生，保证工程质量，项目经理应抓好以下技术工作：

1）组织审查图纸，掌握工程特点与关键部位，以便全面考虑施工部署与施工方案。还应着重找出在施工操作、特殊材料、设备能力以及物质条件供应等方面有实际困难之处，及早与建设单位或设计单位研究解决。

2）贯彻各级技术责任制，明确中级人员组织和职责分工，决定本工程项目拟采用的新技术、新工艺、新材料和新设备。

3）经常深入现场，检查重点项目和关键部位。检查施工操作、原料使用、检验报告、工序搭接、施工质量和安全生产等方面的情况。对出现的问题、难点、薄弱环节，要及时提交有关部门和人员研究处理。

4）主持技术交流，组织全体技术管理人员，对施工图和施工组织设计、重要施工方法和技术措施等，进行全面深入的讨论。

5）进行人才培训，不断提高职工的技术素质和技术管理水平。一方面为提高业务能力而组织专题或技术讲座；另一方面应结合生产需要，组织学习规范规程、技术措施、施工组织设计以及与工程有关的新技术等。

◇ 五、项目技术管理计划

（1）**技术开发计划**　技术开发的依据有：国家的技术政策，包括科学技术的专利政策、技术成果有偿转让；产品生产发展的需要，是指未来对建筑产品的种类、规模、质量以及功能等需要；组织的实际情况，指企业的人力、物力、财力以及外部协作条件等。

（2）**设计技术计划**　设计技术计划主要涉及技术方案的确立、设计文件的形成以及有关指导意见和措施计划。

（3）**工艺技术计划**　施工工艺上存在客观规律和相互制约关系，一般是不能违背的。如基坑未挖完土方，后序工作垫层就不能施工，浇筑混凝土必须在模板安装和钢筋绑扎完成后，才能施工。因此，要对工艺技术进行科学、周密的计划和安排。

◇ 六、项目技术管理控制

1. 技术开发管理

1）确立技术开发的方向和方式。

2）加大技术开发的投入。

3）加大科技推广和转化力度。

4）增大技术装备投入。

5）提倡应用计算机和网络技术。

6）加强科技开发信息的管理。

2. 新产品、新材料、新工艺的应用管理

应有权威技术检验部门关于其技术性能的鉴定书，制定出质量标准以及操作规程后，才能在工程上使用，加大推广力度。

3. 施工组织设计管理

施工组织设计是企业实现科学管理、提高施工水平和保证工程质

量的主要手段，也是贯穿设计、规范、规程等技术标准组织施工，纠正施工盲目性的有力措施。要进行充分的调查研究，广泛发动技术人员、管理人员制定措施，使施工组织设计符合实际，切实可行。

4. 技术档案管理

技术档案是按照一定的原则、要求，经过移交、归档后整理，保管起来的技术文件材料。它记录了各建筑物、构筑物的真实历史，是技术人员、管理人员和操作人员智慧的结晶，实行统一领导、分专业管理。资料收集做到及时、准确、完整，分类正确，传递及时，符合地方法规要求，无遗留问题。

5. 测试仪器管理

组织建立计量、测量工作管理制度。由项目技术负责人明确责任人，制定管理制度，经批准后实施。管理制度要明确职责范围，仪表、器具使用、运输、保管有明确要求，建立台账定期检测，确保所有仪表、器具的精度、检测周期和使用状态符合要求。记录和成果符合规定，确保成果、记录、台账、设备的安全、有效、完整。

✔ 七、项目技术管理考核

项目技术管理考核应包括对技术管理工作计划的执行，技术方案的实施，技术措施的实施，技术问题的处置，技术资料的收集、整理和归档以及技术开发，新技术和新工艺应用等情况进行分析和评价。

| 第七节 环境卫生管理 |

✔ 一、环境管理概述

1. 环境管理

环境管理是指按照法律、法规、各级主管部门和企业的要求，保护和改善作业现场环境，控制现场的各种粉尘、废水、废气、固体废弃物、噪声、振动等对环境的污染和危害。

通过环境保护主管部门、卫生部门和建设主管部门共同对《建设工程施工现场环境与卫生标准》（JGJ 146—2013）的贯彻实施，才能够逐步改善建筑工地的环境状况，为建设施工工人创造一个健康、卫生、舒心的工作、生活环境。

2. 环境管理的重要性

1）进行施工现场环境管理是节约能源，保护人类生存环境，保证社会和企业可持续发展的需要。人类社会面临着环境和危机的挑战，为保护后代的赖以生存的环境条件，每个公民和企业都有责任和义务保护环境和生存条件，也是企业发展的基础和动力。

2）保护和改善施工现场环境是保护人们身体健康和社会文明的需要。

3）保护和改善施工环境是消除对外部干扰保证施工顺序进行的需要。在城市，施工扰民问题反映突出，应及时采取防治措施。

3. 环境管理的工作内容

项目经理负责现场环境管理工作的总体策划和部署，建立项目环境管理组织机构，制定相应制度和措施，组织培训，且有责任使各级人员明确环境保护的意义和责任。

项目经理部对于环境管理的工作内容包括以下几个方面：

1）对环境因素进行控制，制定应急准备和相应措施，并保证信息通畅，预防可能出现非预期的损害。当出现环境事故时，应消除污染，制定相应措施，防止环境二次污染。

2）按照分区划块原则，进行定期检查，加强协调，及时解决发现的问题，实施纠正和预防措施，保持现场良好的作业环境、卫生条件和工作秩序，做到污染预防。

3）进行现场节能管理，有条件时应规定能源使用指标。

4）留存有关环境管理的工作记录。

◇ 二、现场环境管理治理措施

1. 空气污染治理

1）拆除旧建筑物时，应适当洒水，防止扬尘。

2）清理高大建筑物施工垃圾时，要使用封闭式或采取其他措施处理高处废弃物，严禁随意抛撒。

3）大城市市区的建筑工程已不允许现场搅拌混凝土。在允许设搅拌站的工地，应将搅拌站封闭严密，并在进料仓上方安装除尘装置，采用可靠措施控制工地粉尘污染。

4）除设有符合规定的装置外，禁止在施工现场焚烧废弃物品以及其他会产生有毒、有害烟尘和恶臭气体的物质。

5）出工地车辆做到不带泥，基本上不撒土，不扬尘，减少对周围环境污染。

6）对细颗粒散体材料的运输、储存要注意遮盖、密封，防止和减少飞扬。

7）工地茶炉应尽量采用电热水器。

8）现场道路指定专人定期洒水清扫，形成制度，防止道路扬尘。

9）施工现场垃圾、渣土要及时清理出现场。

2. 水污染治理

1）现场如存放油料必须对库房地面进行防渗处理。比如采用防渗混凝土地面，铺油毡等措施。使用时，应采用防止油料跑、冒、滴、漏的措施，以免污染水体。

2）禁止将有毒、有害废弃物作土方回填。

3）施工现场搅拌站废水，现制水磨石的污水，电石（碳化钙）的污水必须经沉淀池沉淀合格再排放，最好将沉淀水用于工地洒水降尘或采取措施回收利用。

4）化学用品、外加剂等要妥善保管，库内存放，防止污染环境。

5）施工现场 100 人以上的临时食堂，污水排放时可设置有效的隔油池，定期清理，防止污染。

6）工地临时厕所、化粪池应采取防渗措施。中心城市施工现场的临时厕所可采用水冲式厕所，并有防蝇、灭蛆措施，防止污染水体和环境。

3. 噪声防治

可从声源控制、传播途径控制、接受者的防护、严格控制人为噪声、控制噪声的作业时间等方面对噪声进行防治。从声源上降低噪声，是防止噪声污染最根本的措施。

（1）声源控制

1）在声源处安装消声器消声，在各种设备进出风管的适当位置设置消声器。

2）尽量采用低噪声设备和工艺代替高噪声设备和工艺。

（2）传播途径控制

1）吸声。利用吸声材料或由吸声结构形成的共振结构（金属木质薄板钻孔制成的控制体）吸收声能，降低噪声。

2）隔声。应用隔声结构阻碍噪声向空间传播，将接受者与噪声源分隔。隔声结构有隔声室、隔声罩、隔声屏障、隔声墙等。

3）消声。利用消声器阻止传播，允许气流通过的消声降噪是防治空气动力性噪声的主要措施。

4）减振降噪。对来自振动引起的噪声，通过降低机械振动减少噪声，如将阻尼料涂在振动源上，或改变振动源与其他刚性结构的连接方式等。

（3）接受者的防护　让处于噪声环境下的人员使用耳塞、耳罩等防护用品，减少相关人员在噪声环境中的暴露时间，以减轻噪声对人体的危害。

（4）严格控制人为噪声　进入现场不得高声喊叫，无故甩打模板，乱吹哨，限制高音喇叭的使用，最大限度减少噪声扰民。

（5）控制噪声的作业时间　凡在人口稠密区进行噪声作业时，须严格控制作业时间，一般晚10点到次日6点之间应停止作业。确需特殊情况必须昼夜施工时，尽量采取降低噪声措施，噪声限值见表9-6，并会同建设单位找当地居委会、村委会或当地居民协调，出安民告示，以求得群众谅解。

表9-6　建筑施工场界环境噪声排放限值

[单位：dB（A）]

昼间	夜间
70	55

注：1. 夜间噪声最大声级超过限值的幅度不得高于15dB（A）。
　　2. 当场界距噪声敏感建筑物较近，其室外不满足测量条件时，可在噪声敏感建筑室内测量，并将表中相应的限值减10dB（A）作为评价依据。

4. 现场固体废物的处理

施工现场常见的固体废物主要有建筑渣土、砖瓦、渣土、混凝土碎块、废钢铁、碎玻璃、散装水泥、石灰、生活垃圾、设备和建筑材料的包装材料、粪便等。

固体废物对侵占土地、污染土壤、污染大气、环境卫生都会产生影响。对其处理的基本原则是采取资源化、减量化和无害化处理，对固体废弃物产生的全过程进行控制。主要处理方法有回收利用、减量化处理、焚烧技术、稳定和固化技术、填埋等。

✅ 三、现场卫生管理

（一）施工区卫生管理

1. 环境卫生管理责任区

施工区和生活区应有明确划分，把施工区和生活区分成若干片，分片包干，建立责任区，从道路交通、消防器材、材料堆放到垃圾、厕所、厨房、宿舍、火炉、吸烟等都有专人负责，做到责任落实到人（名单上墙），使文明施工、环境卫生工作保持经常化、制度化。

2. 环境卫生管理措施

1）施工现场要每日打扫，保持整洁卫生，场地平整，各类物品堆放整齐，道路平坦畅通，无堆放物、无散落物，做到无积水、无黑臭、无垃圾，有排水措施。生活垃圾与建筑垃圾要分别定点堆放，严禁混放，并应及时清运。

2）施工现场严禁大小便，发现有随地大小便现象对责任区负责人进行处罚。施工区、生活区有明确划分，设置标志牌，标志牌上注明责任人姓名和管理范围。

3）卫生区的平面图应按比例绘制，并注明责任区编号和负责人姓名。

4）施工现场零散材料和垃圾，要及时清理，垃圾临时放置不得超过3d，如违反该规定要处罚工地负责人。

5）办公室内做到天天打扫，保持整洁卫生，做到窗明地净，文具摆放整齐，达不到要求，对当天卫生值班人员罚款。

6）职工宿舍铺上、铺下做到整洁有序，室内和宿舍四周保持干净，污水和污物、生活垃圾集中堆放，及时外运，发现不符合此条要求，处罚当天卫生值班人员。

7）冬季办公室和职工宿舍取暖炉，必须有验收手续，合格后方可使用。

8）楼内清理出的垃圾，要用容器或小推车，用塔式起重机或提升设备运下，严禁高处抛撒。

9）施工现场的厕所，做到有顶、门窗齐全并有纱，坚持天天打扫，每周撒白灰或打药1~2次，消灭蝇蛆，便坑须加盖。

10）为了广大职工身体健康，施工现场必须设置保温桶（冬季）和开水（水杯自备），公用杯子必须采取消毒措施，茶水桶必须有盖并加锁。

11）施工现场的卫生要定期进行检查，发现问题，限期改正。

（二）生活区卫生管理

1. 宿舍卫生管理

1）职工宿舍要有卫生管理制度，实行室长负责制，规定一周内每天卫生值日名单并张贴上墙，做到每天有人打扫，保持室内窗明地净，通风良好。

2）宿舍内各类物品应堆放整齐，不到处乱放，做到整齐美观。

3）宿舍内保持清洁卫生，清扫出的垃圾倒在指定的垃圾站堆放，并及时清理。

4）生活废水应有污水池，二楼以上也要有水源及水池，做到卫生区内无污水、无污物，废水不得乱倒乱流。

5）夏季宿舍应有消暑和防蚊虫叮咬措施。冬季取暖炉的防煤气中毒设施必须齐全、有效，建立验收合格证制度，经验收合格发证后，方准使用。

6）未经许可一律禁止使用电炉及其他用电加热器具。

2. 办公室卫生管理

1）办公室卫生由办公室全体人员轮流值班，负责打扫，排出值班表。

2）值班人员负责打扫卫生、打水，做好来访记录，整理文具。文具应摆放整齐，做到窗明地净，无蝇、无鼠。

3）冬季负责取暖炉的看火，落地炉灰及时清扫，炉灰按指定地点堆放，定期清理外运，防止发生火灾。

4）未经许可一律禁止使用电炉及其他电加热器具。

（三）食堂卫生管理

为加强建筑工地食堂管理，严防肠道传染病的发生，杜绝食物中毒，把好病从口入关，各单位要加强对食堂的治理整顿。

根据《中华人民共和国食品安全法》规定，依照食堂规模的大小，入伙人数的多少，应当有相应的食品原料处理、加工、贮存等场所及必要的上、下水等卫生设施。要做到防尘、防蝇，与污染源（污水沟、厕所、垃圾箱等）应保持30m以上的距离。食堂内外每天做到清洗打扫，并保持内外环境的整洁。

1. 食品卫生管理

（1）采购运输

1）采购外地食品应向供货单位索取县以上食品卫生监督机构开具的检验合格证或检验单。必要时可请当地食品卫生监督机构进行复验。

2）采购食品使用的车辆、容器要清洁卫生，做到生熟分开，防尘、防蝇、防雨、防晒。

3）不得采购制售腐败变质、霉变、生虫、有异味或《中华人民共和国食品卫生法》规定禁止生产经营的食品。

（2）贮存保管

1）根据《中华人民共和国食品安全法》的规定，食品不得接触有毒物、不洁物。建筑工程使用的防冻盐（亚硝酸盐）等有毒有害物质，各施工单位要专人专库存放，严禁亚硝酸盐和食盐同仓共贮，要建立健全管理制度。

2）贮存食品要隔墙、离地，注意做到通风、防潮、防虫、防鼠。食堂内必须设置合格的密封熟食间，有条件的单位应设冷藏设备。主副食品、原料、半成品、成品要分开存放。

3）盛放酱油、盐等副食调料要做到容器物见本色，加盖存放，清洁卫生。

4）禁止用铝制品、非食用性塑料制品盛放熟菜。

（3）制售过程的卫生

1）制作食品的原料要新鲜卫生，做到不用、不卖腐败变质的食品，各种食品要烧熟煮透，以免食物中毒的发生。

2）制售过程及刀、墩、案板、盆、碗及其他盛器、筐、水池子、抹布和冰箱等工具要严格做到生熟分开，售饭时要用工具销售直接入口的食品。

3）未经过卫生监督管理部门批准，工地食堂禁止供应生吃凉拌菜，以防止肠道传染疾病。剩饭、菜要回锅彻底加热再食用，一旦发现变质，不得食用。

4）共用食具要洗净消毒，应有上、下水洗手和餐具洗涤设备。

5）使用的代价券必须每天消毒，防止交叉污染。

6）盛放丢弃食物的桶（缸）必须有盖，并及时清运。

2. 炊管人员卫生管理

1）凡在岗位上的炊管人员，必须持有所在地区卫生防疫部门办理的健康证和岗位培训合格证，并且每年进行一次体检。

2）凡患有痢疾、肝炎、伤寒、活动性肺结核、渗出性皮肤病以及其他有碍食品卫生的疾病，不得参加接触直接入口食品的制售及食品洗涤工作。

3）民工炊管人员无健康证的不准上岗，否则予以经济处罚，责令关闭食堂，并追究有关领导的责任。

4）炊管人员操作时必须穿戴好工作服、发帽，做到"三白"（白衣、白帽、白口罩），并保持清洁整齐，做到文明操作，不赤背、不光脚，禁止随地吐痰。

5）炊管人员必须做好个人卫生，要坚持做到四勤（勤理发、勤洗澡、勤换衣、勤剪指甲）。

3. 集体食堂卫生管理

1）新建、改建、扩建的集体食堂，在选址和设计时应符合卫生要求，远离有毒有害场所，30m内不得有露天坑式厕所、暴露垃圾堆（站）和粪堆畜圈污染源。

2）需有与进餐人数相适应的餐厅、制作间和原料库等辅助用房。餐厅和制作间（含库房）建筑面积比例一般应为1:1.5。其地面和墙裙的建筑材料，要用具有防鼠、防潮和便于洗刷的水泥等。有条件的食堂，制作间灶台及其周围要镶嵌白瓷砖，炉灶应有通风排烟设备。

3）制作间应分为主食间、副食间、烧火间，有条件的可开设生间、摘菜间、炒菜间、冷荤间、面点间。做到生与熟，原料与成品、半成品，食品与杂物、毒物（亚硝酸盐、农药、化肥等）严格分开。冷荤间应具备"五专"（专人、专室、专容器用具、专消毒、专冷藏）。

4）主、副食应分开存放。易腐食品应有冷藏设备（冷藏库或冰箱）。

5）食品加工机械、用具、炊具、容器应有防蝇、防尘设备。用具、容器和食用苫布要有生、熟及反、正面标记，防止食品污染。

6）采购运输要有专用食品容器及专用车。

7）食堂应有相应的更衣、消毒、盥洗、采光、照明、通风和防蝇、防尘设备，以及通畅的上下水管道。

8）餐厅设有洗碗池、残渣桶和洗手设备。

9）公用餐具应有专用洗刷、消毒和存放设备。

10）食堂炊管人员（包括合同工、临时工）必须按有关规定进行健康检查和卫生知识培训并取得健康合格证和培训证。

11）具有健全的卫生管理制度。单位领导要负责食堂管理工作，并将提高食品卫生质量、预防食物中毒，列入岗位责任制的考核评奖条件中。

12）集体食堂的经常性食品卫生检查工作，各单位要根据现行的《中华人民共和国食品安全法》《建设工程施工现场环境与卫生标准》（JGJ 146—2013）及本地颁发的有关建筑工地食堂卫生管理标准和要求，进行管理检查。

4. 职工饮水卫生管理

施工现场供应开水，饮水器具要卫生。夏季要确保施工现场的凉开水或清凉饮料供应，暑伏天可增加绿豆汤，防止中暑脱水现象发生。

（四）厕所卫生管理

1）施工现场要按规定设置厕所，厕所的设置方案要合理。厕所的设置要离食堂30m以外，屋顶墙壁要严密，门窗齐全有效，便槽内必须铺设瓷砖。

2）厕所要有专人管理，应有化粪池，严禁将粪便直接排入下水道或河流沟渠中，露天粪池必须加盖。

3）厕所定期清扫制度。厕所设专人每日冲洗打扫，做到无积垢、垃圾及明显臭味，并应有洗手水源，市区工地厕所要有水冲设施保持厕所清洁卫生。

4）厕所灭蝇蛆措施。厕所按规定采取冲水或加盖措施，定期打药或撒白灰粉，消灭蝇蛆。

本项工作内容清单

序号		工作内容	
1	现场平面布置	施工现场平面图设计	
		临时建筑布置	
		施工机械、材料、构件堆放与布置	
		运输道路布置	
2	材料管理	制订材料采购、供应、储备、使用计划	
		现场材料进场验收、保管、使用	
		周转材料使用、养护、维修、改制、核算	
		材料管理考核	
3	机械设备管理	制定施工现场机械设备管理制度	
		建立施工现场机械设备技术档案	
		选择机械设备	
		维修机械设备	
		建立健全爆破材料验收、领发、退库、检查、看守各项安全制度	
		机械设备管理考核	
		机械设备报废管理	
		机械设备出厂管理	
4	项目技术管理	技术管理基础工作	建立技术管理制度
			建立技术责任制
			技术标准、规程
			技术原始记录
			技术档案管理
			技术情报工作
			技术教育与培训

序号			工作内容
4	项目技术管理	技术管理基本工作	施工技术准备工作
			施工过程技术工作
			技术开发工作
		经常性的技术管理工作	施工图的熟悉、审查和会审
			编制施工管理规划
			组织技术交底
			工程变更和变更洽谈
			制定技术措施和技术标准
			建立技术岗位责任制
			进行技术检验、材料和半成品的试验与检测
			贯彻技术规范和规程
			技术情报、技术交流、技术档案的管理工作
			监督与控制技术措施的执行，处理技术问题
		开发性的技术管理工作	组织各类技术培训工作
			根据项目需要制定新的技术措施和技术标准
			进行技术改造和技术创新
			开发新技术、新结构、新材料、新工艺等
		项目技术管理控制	技术开发管理
			新产品、新材料、新工艺应用管理
			施工组织设计管理
			技术档案管理
			测试仪器管理
		技术管理考核	
5	环境卫生管理	制定现场环境管理治理措施	
		现场卫生管理	施工区卫生管理
			生活区卫生管理
			食堂卫生管理
			厕所卫生管理

第十章

项目信息管理

| 第一节 项目信息管理概述 |

✓ 一、信息

信息是客观存在的一切事物通过物质载体将发生的消息、指令、数据、信号等所包含的一切，经传送交换的知识。它反映事物的客观状态，向人们提供新事实的知识。应注意的是数据虽能表现信息，但数据与信息之间既有区别又有联系。并非任何数据都能表示信息，信息是更基本直接反映现实的概念，通过数据的处理来反映。

✓ 二、信息系统

信息系统是由人和计算机等组成的，以系统思想为依据，以计算机为手段，进行数据收集、传递、处理、存储、分发，加工产生信息，为决策、预测和管理提供依据的系统。

信息系统包括信息处理系统和信息传输系统两个方面。信息处理系统对数据进行处理，使它获得新的结构与形态或者产生新的数据。比如计算机系统就是一种信息处理系统，通过它对输入数据的处理可获得不同形态的新的数据。信息传输系统不改变信息本身的内容，作用是把信息从一处传到另一处。由于信息的作用只有在广泛交流中才能充分发挥出来，因此，通信技术的进步极大地促进了信息系统的发展。

✅ 三、工程项目信息

工程项目信息量大，构成情况复杂，按照不同的类型、信息的内容、项目实施的主要工作环节以及参与项目的各个方面等，可以根据不同的情况进行分类。

1. 按项目管理的目标划分

（1）成本（投资）控制信息 它是指与成本控制直接有关的信息，如项目的成本计划、工程任务单、限额领料单、施工定额、对外分包经济合同、成本统计报表、原材料价格、机械设备台班费、人工费、运杂费等。

（2）质量控制信息 它是指与项目质量控制直接有关的信息。如国家或地方政府部门颁布的有关质量政策、法令、法规和标准等，质量目标体系和质量目标的分解，质量目标的分解图表，质量控制的工作流程和工作制度，质量保证体系的组成，质量控制的风险分析，质量抽样检查的数据，各种材料设备的合格证、质量证明书、检测报告、质量事故记录和处理报告等。

（3）进度控制信息 它是指与项目进度控制直接有关的信息。如施工定额，项目总进度计划、进度目标分解、项目年度计划、项目总网络计划和子网络计划、计划进度与实际进度偏差，网络计划的优化、调整情况；进度控制的工作流程、工作制度、风险分析，材料和设备的到货计划，各分项、分部工程的进度计划、进度记录等。

（4）合同管理信息 它是指工程相关的各种合同信息。如工程招投标文件，工程建设施工承包合同，物资设备供应合同，咨询、监理合同，合同的指标分解体系，合同签订、变更、执行情况，合同的索赔等。

2. 按项目信息的来源划分

（1）项目内部信息 项目内部信息取自建设项目本身，如工程概况、设计文件、施工方案、合同结构、合同管理制度、信息资料的编码系统、信息目录表、会议制度、监理班子的组织、项目的投资目标、项目的质量目标、项目的进度目标等。

（2）项目外部信息 项目外部信息是指来自项目外部环境的信

息，如国家有关的政策及法规、国内及国际市场上原材料及设备价格、物价指数、类似工程造价、类似工程进度、投标单位的实力、投标单位的信誉、毗邻单位情况等。

3. 按项目的稳定程度划分

（1）**固定信息**　它是指在一定时间内相对稳定不变的信息，包括标准信息、计划信息和查询信息。标准信息主要指各种定额和标准，如施工定额、原材料消耗定额、生产作业计划标准、设备与工具的耗损程度等。计划信息反映在计划期内已定任务的各项指标情况。查询信息主要指国家和行业颁发的技术标准、不变价格、监理工作制度、监理工程师的人事卡片等。

（2）**流动信息**　它是指在不断地变化着的信息。如项目实施阶段的质量、投资及进度的统计信息，就是反映某一时刻项目建设的实际进度及计划完成情况。又如，项目实施阶段原材料消耗量、机械台班数、人工工日数等，也都属于流动信息。

4. 按其他标准划分

1）按照信息范围的不同，可以把建筑工程项目信息分为精细的信息和摘要的信息两类。

2）按照信息的时间的不同，可以把建筑工程项目信息分为历史性信息、即时信息和预测性信息三大类。

3）按照监理阶段的不同，可以把建筑工程项目信息分为计划的信息、作业的信息、核算的信息、报告的信息。在监理开始时，要有计划的信息；在监理过程中，要有作业和核算的信息；在某一项目的监理工作结束时，要有报告的信息。

4）按照对信息的期待性不同，可以把建筑工程项目信息分为预知的信息和突发的信息两类。预知的信息是监理工程师可以估计到的，它发生在正常情况下；突发的信息是监理工程师难以预计的，它发生在特殊情况下。

项目信息是一个庞大、复杂的系统，不同的项目，不同的实施方式，其信息的构成也往往有相当大的差异。因而，对项目信息的分类和处理必须具体考虑，考虑项目的具体情况，考虑项目实施的实际工作需要。

◇ 四、项目信息管理

1. 项目信息管理的任务

1）组织项目基本情况的信息，并系统化，编制项目手册。项目信息管理的任务之一是按照项目的任务、项目的实施要求设计项目实施和项目管理中的信息和信息流，确定它们的基本要求和特征，并保证在实施过程中信息流通畅。

2）项目报告及各种资料的规定，例如资料的格式、内容、数据结构要求。

3）按照项目实施、项目组织、项目管理工作过程建立项目管理信息系统流程，在实际工作中保证这个系统正常运行，并控制信息流。

4）文件档案管理工作。

2. 项目信息管理的基本要求

（1）**要有严格的时效性**　一项信息如果不严格注意时间，那么信息的价值就会随之消失。因此，能适时提供信息，往往对指导工程施工十分有利，甚至可以取得很大的经济效益。

（2）**要有针对性和实用性**　信息管理的重要任务之一，就是如何根据需要，提供针对性强、真实实用的信息。如果仅仅能提供成沓的细部资料，其中又只能反映一些普通的、并不重要的变化，这样，会使决策者不仅要花费许多时间去阅览这些作用不大的烦琐信息，而且仍得不到决策所需要的信息，使得信息管理起不到应有的作用。

（3）**要有必要的精确度**　要使信息具有必要的精确度，需要对原始数据进行认真的审查和必要的校核，避免分类和计算的错误。即使是加工整理后的资料，也需要做细致的复核。这样，才能使信息有效可靠。但信息的精确度应以满足使用要求为限，并不一定是越精确越好，因为不必要的精确度，需耗用更多的精力、费用和时间，容易造成浪费。

（4）**要考虑信息成本**　各项资料的收集和处理所需要的费用直接与信息收集的多少有关，如果要求越细、越完整，则费用将越高。例如，如果每天都将施工项目上的进度信息收集完整，则势必会耗费大量的人力、时间和费用，这将使信息的成本显著提高。因此，在进行施工项目信息管理时，必须要综合考虑信息成本及信息所产生的收益，寻求最佳的切入点。

3. 项目信息管理的方法

在项目信息管理的过程中，应重点抓好对信息的采集与筛选、信息的处理与加工、信息的利用与扩大，以便业主能利用信息，对投资目标、质量目标、进度目标实施有效控制。

（1）信息的采集与筛选 必须在施工现场建立一套完善的信息采集制度，通过现场代表或监理的施工记录、工程质量记录及各方参加的工地会议纪要等方式，广泛收集初始信息，并对初始信息加以筛选、整理、分类、编辑、计算等，变换为可以利用的形式。

（2）信息的处理与加工 信息处理的要求应符合及时、准确、适用、经济，处理的方法包括信息的收集、加工、传输、存储、检索与输出。信息的加工，既可以通过管理人员利用图表数据来进行手工处理，也可以利用电子计算机进行数据处理。

（3）信息的利用与扩大 在管理中必须更好地利用信息、扩大信息，要求被利用的信息应具有如下特性：

1）适用性。

①必须能为使用者所理解。

②必须为决策服务。

③必须与工程项目组织机构中的各级管理相联系。

④必须具有预测性。

2）及时性。信息必须能适时做出决策和控制。

3）可靠性。信息必须完整、准确，不能导致决策控制的失误。

| 第二节 项目信息管理计划 |

✅ 一、项目信息需求分析

1. 项目施工准备期间所需

①施工图设计及施工图预算、施工合同、施工单位项目经理部组

成、进场人员资质。

②进场设备的规格、型号、保修记录。

③施工场地的准备情况。

④施工单位质量保证体系及施工单位的施工组织设计，特殊工程的技术方案、施工进度网络计划表。

⑤进场材料、构件管理制度。

⑥安全保障措施。

⑦数据和信息管理制度。

⑧检测和检验、试验程序和设备。

⑨承包单位和分包单位的资质。

⑩市政公用工程场地的地质、水文、测量、气象数据。

⑪地上和地下管线、地下洞室，地上既有建筑物及周围建筑物、树木、道路。

⑫建筑红线、标高、坐标。

⑬水、电、气管道的引入标志。

⑭地质勘察报告、地形测量图及标桩。

⑮施工图的会审和交底记录。

⑯开工前的监理交底记录。

⑰对施工单位提交的施工组织设计、按照项目监理部要求进行修改的情况。

⑱施工单位提交的开工报告及实际准备情况。

⑲工程相关建筑法律、法规和规范、规程，有关质量检验、控制的技术方法、质量验收标准等。

2. 项目施工实施期间所需

①施工过程中随时产生的数据，如施工单位人员、设备、水、电、气等资源的动态。

②施工期气象的中长期趋势及同期历史数据、气象报告。

③建筑原材料的相关问题。

④项目经理部管理方向技术手段。

⑤工地文明施工及安全措施。

⑥施工中需要执行的国家和地方规范、规程、标准。

⑦施工合同情况。

⑧建筑材料相关事宜等。

✅ 二、项目信息编码

1. 项目信息编码的原则

（1）**唯一性**　每一个代码仅唯一的实体属性或状态。

（2）**合理性**　编码的方法必须是合理的，能够适合使用者和信息处理的需要，项目信息编码结构应与项目信息分类体系相适应。

（3）**可扩充性和稳定性**　信息代码设计应留出适当的扩充位置，以便当增加新的内容时，可直接利用原代码扩充，而无须更改代码系统。

（4）**逻辑性与直观性**　信息代码要具有一定的逻辑含义，以便于数据的统计汇总，而且要简明直观，以便于识别和记忆。

（5）**规范性**　国家有关编码标准是工程项目代码设计的重要依据，要严格遵照国家标准及行业标准进行代码设计，以便于系统的拓展。

（6）**精炼性**　信息代码的长度不仅会影响所占据的存储空间和信息处理的速度，而且也会影响代码输入时出错的概率及输入输出的速度，因而要适当压缩代码的长度。

2. 项目信息编码的方法

（1）**顺序编码法**　这是一种按对象出现的顺序进行编码的方法，就是从 001（0001、00001）开始依次排下去，直到最后。如目前各定额站编制的定额大多采用这种方法。该法简单，代码较短。但这种代码缺乏逻辑基础，此外，新数据只能追加到最后，删除数据又会产生空码。所以此法一般只用来作为其他分类编码后进行细分类的一种手段。

（2）**分组编码法**　这种方法也是从头开始，依次为数据编号。但在每批同类型数据之后留有一定余量，以备添加新的数据。这种方法是在顺序编码基础上进行改动的，同样存在逻辑意义不清的问题。

（3）**多面编码法**　一个事物可能具有多个属性，如果在编码的结构中能为这些属性各规定一个位置，就形成了多面码。该方法的优点是逻辑性能好，便于扩充。但这种代码位数较长，会有较多的空码。

（4）**十进制编码法**　该方法是先把编码对象分成若干大类，编以若干位十进制代码，然后将每一大类再分成若干小类，编以若干位十进制代码，依次下去，直到不再分类为止。例如，图10-1所示的建筑材料编码体系所采用的就是这种方法。

采用十进制编码法，编码、分类比较简单，直观性强，可以无限扩充下去。但代码位数较多，空码也较多。

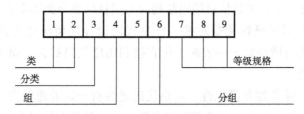

图10-1　建筑材料编码体系

（5）**文字编码法**　这种方法是用文字表明对象的属性，而文字一般用英文编写或用汉语拼音的字头。这种编码的直观性较好，记忆使用也都方便。但数据过多时，单靠字头很容易使含义模糊，造成错误的理解。

三、项目信息流程

1. 项目内部信息流

（1）**自上而下的信息流**　自上而下的信息流是指自主管单位、主管部门、业主以及项目经理开始，流向项目工程师、检查员，乃至工人班组的信息，或在分级管理中，每一个中间层次的机构向其下级逐级流动的信息。即信息源在上，接受信息者是其下属。这些信息主要是指监理目标、工作条例、命令、办法及规定、业务指导意见等。

（2）**自下而上的信息流**　自下而上的信息流通常是指各种实际工程的情况信息，由下逐渐向上传递，这个传递不是一般的叠合（装订），而是经过归纳整理形成的逐渐浓缩的报告。项目管理者就是做这个浓缩工作，以保证信息浓缩而不失真。通常信息太详细会造成处理量大，没有重点，且容易遗漏重要说明，而太浓缩又会存在对信息的曲解，或解释出错的问题。

（3）横向间的信息流　横向间的信息流是指项目监理工作中，同一层次的工作部门或工作人员之间相互提供和接受的信息。这种信息一般是由于分工不同而各自产生的，但为了共同的目标又需要相互协作、互通有无或相互补充，以及在特殊、紧急情况下，为了节省信息流动时间而需要横向提供的信息。

2. 项目与外界的信息交流

1）由外界输入的信息。例如环境信息、物价变动的信息、市场状况信息，以及外部系统（如企业、政府机关）给项目的指令、对项目的干预等。

2）项目向外界输出的信息，如项目状况的报告、请示、要求等。

| 第三节　项目信息过程管理 |

✓ 一、项目信息的收集

1. 建筑工程信息的收集

施工项目参建各方对数据和信息的收集是不同的，不同的来源，不同的角度，不同的处理方法。同时，施工项目参建各方应在不同的时期收集不同的数据和信息。

传统工程管理和现代化工程管理最大的区别在于传统工程管理不重视信息的收集和规范化，往往采取事后补做的方式。在竣工保修期，要按建设单位的分工和要求，按照现行《建设工程文件归档规范》（GB/T 50328—2014）收集、汇总和归类整理。信息主要包括：

1）按规范规定范围的施工资料。

2）竣工图。按设计图和实际竣工的资料绘制，但有的项目竣工图由设计院出图。

3）竣工验收资料。工程竣工总结，竣工验收备案表，施工过程中的验收、验评记录，电子档案等。

2. 图纸供应信息的收集

图纸是项目准备和实施的依据，也是进度、质量、造价控制的根据。图纸信息分图纸内容信息和图纸供应信息两方面。图纸内容信息用计算机存储处理是很方便的；图纸供应信息是设计单位用计算机生成的图和文档可以用网络传送。图纸供应信息，就是图纸连同其他技术文档、资料、说明书、计算书等一切包括建设过程所要用到的供应计划、质量状况、变动情况、预期情况等信息。

3. 设备资源信息采集、处理和利用

工程设备数量大、品种多、供货期长，都是工程进展的制约因素，而且设备的订货周期长、运输环节多，因此，设备资源信息的采集、处理和利用在工程信息管理中首先要给予充分重视。

项目经理部和监理单位应取得设备订货的第一手资料，即供货单位、交货地点、运输方式、装箱装车（船）的规格和数量的详细清单，再与实际到货验收入库规格和数量对照，决定进度安排和催交、催运措施。另外还要对实际领用情况和丢失损坏情况加以收集。

4. 材料资源信息的收集

材料资源信息，分为通用材料资源信息和工程材料资源信息两类，两者对建设单位都是有用的。

1）通用材料资源信息包括生产厂家、供应厂商、订货渠道和方式、交货周期、批量限制价格、运费、质量、信誉、中间商、市场走向等。通用材料资源信息的收集主要靠从物资公共信息库或相应服务机构取得，按需要进行处理利用。这方面的来源有：地方建委、地方预算定额站、各级物资供应商、国家和地方信息中心等服务部门，以及各行业各城市的众多信息服务组织。

2）工程材料资源信息是本工程采购或订货的材料有关信息，交货期与进度有关，质量与工程质量有关，一些材料的价格与结算造价有关。应当用计算机将它管理起来，为监理工作服务。工程材料资源信息的收集应来自直接采购订货单位或部门，如包工包料的施工单位、供应物资的工厂公司、从事采购工作的工作人员等。

工程材料资源信息的内容应根据三项控制（即进度控制、质量控制、成本控制）的需要来确定，包括：有计划量、还要有实际量；除了有库存量，还应有预计到货量；除了有数量，还应有质量。这些信

息应由直接采购订货单位或部门和仓库提供。

5. 其他资源信息的收集

（1）现场人力信息的收集 各施工单位在工程投标时都报出了项目进度相应配备劳力和管理人员分期投入量计划。按实际需要投入充足的人力是完成计划的前提条件。为了控制进度，及时、全面地掌握动态因素，对投入人力信息进行管理，定期收集、录入投入人力的数据，加以统计对比、处理、利用，是很有效的措施。

投入人力信息管理主要在于建立工程投入人力数据库，按月存储影响工程大局的各承包单位的各种各级人力的计划数（投标书计划和年季计划）、实际数、分布情况、相关项目等数据。

（2）资金供应信息的收集 监理单位应帮助业主进行资金信息管理，收集、录入工程资金的筹措、拨付、实收、支出、结存、待收及未来异动信息，做内部分析比较处理，从而可以提出合理的催缴、分配利用和节约建议，及时提醒和帮助更好地使用投资。

（3）外部施工条件信息的收集 工程外部施工条件指场地征用、外部交通运输、供水供电供气、外部工程配合、电网送出、试运燃料等非工地解决事项，这些事项的进度直接影响工程，应由监理单位通过一定的渠道或方法获得此类信息，并进行协调汇总，以助工程的顺利完成。

二、项目信息的加工、整理与存储

1. 信息优化选择

（1）信息优化选择标准 信息优化选择标准主要有以下几点：

1）相关性。相关性主要是指信息内容与用户提问的关联程度。相关性选择就是在社会信息流中挑选出与用户提问有关的信息，同时排除无关信息的过程。

2）真实性。真实性，即信息内容能否正确反映客观现实。真实性判断也就是要鉴别信息所描述的事物是否存在，情况是否属实，数据是否准确，逻辑是否严密，反映是否客观。

3）适用性。适用性主要是指信息适合用户需要、便于当前使用的程度，是信息使用者做出的价值判定。

4）先进性。表现在时间上，主要指信息内容的新颖性，即创造出新理论、新方法、新技术、新应用，更符合科学的一般规律，能够更深刻地解释自然或社会现象，从而能更正确地指导人类社会实践活动；表现在空间上，主要指信息成果的领先水平，即按地域范围划分的级别，如世界水平、国家水平、地区水平等。先进性是人们不断追求的目标，但先进性的衡量标准因人因时因地而异，没有统一的固定的尺度。

（2）信息优化选择方法 信息优化选择方法主要有以下几种：

1）分析法。分析法，即通过对信息内容的分析来判断其正确与否、质量高低、价值大小等。例如，对某事件的产生背景、发展因果、逻辑关系或构成因素、基础水平和效益功能等进行深入分析，说明其先进性和适用性，从而辨清优劣，达到选择的目的。

2）比较法。比较法就是对照事物，通过比较，判定信息的真伪，鉴别信息的优劣，从而排除虚假信息，去掉无用信息。比较法可分为时间比较、空间比较、来源比较、形式比较等方法。

①时间比较是指同类信息按时间顺序比较其产生的时间，选择时差小的较新颖的信息，对于明显陈旧过时的信息及时剔除。

②空间比较是指从信息产生的场所和空间范围进行比较，在较大的区域，比如说在全国乃至全世界都引起了普遍注意或产生了广泛影响的事件，具有更大的可靠性。

③来源比较是从信息来源上看，比如学术组织与权威机构发布的信息可信度较高。

④形式比较是从信息产生与传播方式看，不同类型的信息，如口头信息、实物信息和文献信息的可靠性有很大不同。即使同为文献信息，如图书、期刊论文、会议文献等，因其具有不同出版发行方式，质量也各不相同。

3）核查法。通过对有关信息所涉及的问题进行审核查对来优化信息的质量。可以从以下三个方面入手：

①按信息所述方法、程序进行可重复性检验。

②深入实际对有关问题进行调查核实。

③核对有关原始材料或主要论据，检查有无断章取义或曲解原意等情况。

4）专家评估法。专家评估法是指对于某些内容专深且又不易找到佐证材料的信息，可以请有关专家学者运用指标评分法、德尔菲法、技术经济评估法等方法进行评价，以估测其水平价值，判断其可靠性、先进性和适用性。

5）引用摘录法。引用表明了各信息单元之间的相互关系，一般来说，被引用较多次数或被本学科专业权威出版物引用过的信息质量较高。

2. 信息的加工、整理

在信息加工时，往往要求按照不同的需求，分层进行加工。不同的使用角度，加工方法是不同的。监理人员对数据的加工要从鉴别开始，如果数据是自己收集的，可靠度较高；对施工单位提供的数据就要从数据采样系统是否规范，采样手段是否可靠，提供数据的人员素质如何，数据的精确度是否达到所要求的精确度入手；对施工单位提供的数据要加以选择、核对，加以必要的汇总，对动态的数据要及时更新，对于施工中产生的数据要按照单位工程、分部工程、分项工程组织在一起，又要把每一个单位工程、分部工程、分项工程的数据分为进度、质量、造价三个方面分别组织。

（1）信息加工、整理的内容

1）工程施工进展情况。每月、每季度都要对工程进度进行分析对比并做出综合评价，包括当月（季）整个工程各方面的实际完成数量与合同规定的计划数量之间的比较。如果某些工作出现进度拖后，应分析其原因、存在的主要困难和问题，并提出解决问题的建议。

2）工程质量情况。应系统地将当月（季）施工过程中的各种质量情况在月报（季报）中进行归纳和评价，包括在现场检查中发现的各种问题、施工中出现的重大事故以及对各种情况、问题、事故的处理意见等。若有必要，可定期印发专门的质量情况报告。

3）工程结算情况。工程价格结算一般按月进行。需对投资耗费情况进行统计分析，在统计分析的基础上做一些短期预测，为业主组织资金方面的决策提供可靠依据。

4）施工索赔情况。在工程施工过程中，由于业主的原因或外界客观条件的影响使承包商遭受损失，承包商提出索赔；或由于承包商违约使工程蒙受损失，业主提出索赔，监理工程师提出索赔处理意见。

（2）信息加工、整理的操作步骤

1）依据一定的标准将数据进行排序或分组。

2）将两个或多个简单有序的数据集按一定顺序连接、合并。

3）按照不同的目的计算求和或求平均值等。

4）为快速查找建立索引和目录文件等。

3. 信息和数据的传输、检索

信息和数据的传输要根据需要来分发，信息和数据的检索要建立必要的分级管理制度，通常用计算机软件来保证实现信息和数据的传输、检索，传输和检索应按需要的部门在需要的第一时间，方便地得到所需要的、以规定形式提供的一切信息和数据，保证不向不该知道的部门（人）提供任何信息和数据。

（1）信息和数据的传输设计内容

1）了解使用部门（人）的使用目的、使用周期、使用频率、得到时间、数据的安全要求。

2）决定分发的项目、内容、分发量、范围、数据来源。

3）决定分发信息和数据的结构、类型、精度和如何组成规定的格式。

4）决定提供的信息和数据介质（纸张、显示器显示、软盘或其他形式）。

（2）信息和数据的检索设计内容

1）允许检索的范围、检索的密级划分、密码的管理。

2）提供检索需要的信息和数据输出形式、能否根据关键字实现智能检索。

3）检索的信息和数据能否及时、快速地提供，采用什么手段实现（网络、通信、计算机系统）。

4. 信息的存储

信息的存储一般需要建立统一的数据库，各类数据以文件的形式组织在一起，组织的方法通常由单位自定，但需考虑规范化。

（1）数据库的设计　基于数据规范化的要求，数据库在设计时需满足结构化、共享性、独立性、完整性、一致性、安全性等几个特点。同时还应注意以下事项：

1）应按照规范化数据库设计原理进行设计，设置备选项目、建筑类型、成本费用、可行方案（财务指标）、盈亏平衡分析、敏感性分析、最优方案等数据库。

2）数据库相互调用结合系统的流程，分析数据库相互调用及数据库中数据传递情况，可绘出数据库相互调用及数据传递关系。

（2）文件的组织方式

1）按照工程进行组织，同一工程按照投资、进度、质量、合同不同的角度组织，各类进一步按照具体情况进行细化。

2）文件名规范化以定长的字符串作为文件名，例如按照：

类别（3）工程代号（拼音或数字）（2）开工年月（4）

组成文件名，如合同以 HT 开头，该合同为监理合同 J，工程为 2000 年 3 月开工，工程代号为 05，则该监理合同文件名可以用 HTJ050003 表示。

3）各建设方协调统一存储方式，在国家技术标准有统一的代码时尽量采用统一代码。

4）有条件时可以通过网络数据库形式存储数据，达到建设各方数据共享，减少数据冗余，保证数据的唯一性。

✅ 三、项目信息的输出与反馈

1. 项目信息的输出

（1）信息输出内容设计　根据数据的性质和来源，信息输出内容可分为以下三类：

①原始基础数据类，如市场环境信息等，这类数据主要用于辅助企业决策，其输出方式主要采用屏幕输出，即根据用户查询、浏览和比较的结果来输出，必要时也可打印。

②过程数据类，主要指由原始基础数据推断、计算、统计、分析而得，如市场需求量的变化趋势、方案的收支预测数、方案的收支预测、方案的财务指标、方案的敏感性分析等，这类数据采用以屏幕输出为主、打印输出为辅的输出方式。

③文档报告类，主要包括市场调查报告、经济评价报告、投资方案决策报告等，这类数据主要是存档、备案、送上级主管部门审查之用，因而采取打印输出的方式，而且打印的格式必须规范。

（2）信息输出格式设计 信息输出格式设计、输出信息的表格设计应以满足用户需要及习惯为目标。格式形式主要由表头、表底和存放正文的"表体"三部分组成。

打印输出主要是由 OLE 技术实现完成的。首先在 Word 软件中设计好打印模板，再把数据传输到 Word 模板中，利用 Word 软件的打印功能从后台输出。

2. 项目信息的反馈

信息反馈就是将输出信息的作用结果再返送回来的一种过程，即施控系统将信息输出，输出的信息对受控系统作用的结果又返回施控系统，并对施控系统的信息再输出发生影响的这样一种过程。

（1）信息反馈的基本原则

1）真实、准确的原则。科学正确的决策只能建立在真实、准确的信息反馈基础之上。反馈客观实际情况要尽量做到真实、准确，不能任意夸大事实，脱离实际。

2）全面、完整的原则。只有全面、完整、系统地反馈各种信息，才能有利于建立科学、正确的决策。因此，反馈的信息一定要有深度和广度，尽可能得系统、完整。

3）及时的原则。反馈各种相关信息要以最快的速度进行，以纠正决策过程中出现的偏差。

4）集中和分流相结合的原则。决策者在运用反馈方法时要掌握好信息资源的流向，一方面要把某类事物的各个方面集中反馈给决策系统，使管理者能够掌握全局的情况；另一方面要把反馈信息根据内容的不同分别流向不同的方向。

5）适量的原则。在决策实施过程中要合理控制信息正负两方面的反馈量，过量的负反馈会助长消极情绪，怀疑决策的正确性，影响决策的顺利实施，而过量的正反馈会助长盲目乐观，忽视存在的问题和困难，阻碍决策的完善和发展。

6）反复的原则。反馈过程中，经过一次反馈后，制定出纠偏措施，纠偏措施之后的效果需要再次反馈给决策系统，使实施效果与决策预期目标基本吻合。

7）连续的原则。对某项决策的实施情况必须进行连续、有层次的反馈，否则，不利于认识的深化，会影响到决策的进一步完善和发展。

（2）信息反馈的方式

1）前馈。前馈主要是指在某项决策实施过程中，将预测中得出的将会出现偏差的信息返送给决策机构，使决策机构在出现偏差之前采取措施，从而防止偏差的产生和发展。

2）正反馈。正反馈主要是指将某项决策实施后的正面经验、做法和效果反馈给决策机构，决策机构分析研究以后，总结推广成功经验，使决策得到更全面、更深入的贯彻。

3）负反馈。负反馈主要是指将某项决策实施过程中出现的问题或者造成的不良后果反馈给决策机构，决策机构分析研究以后，修正或改变决策的内容，使决策的贯彻更加稳妥和完善。

（3）信息反馈的方法

1）跟踪反馈法。跟踪反馈法主要是指在决策实施过程中，对特定主题内容进行全面跟踪，有计划、分步骤地组织连续反馈，形成反馈系列。跟踪反馈法具有较强的针对性和计划性，能够围绕决策实施主线，比较系统地反映决策实施的全过程，便于决策机构随时掌握相关情况，控制工作进度，及时发现问题，实行分类领导。

2）典型反馈法。典型反馈法主要是指通过某些典型组织机构的情况、某些典型事例、某些代表性人物的观点言行，将其实施决策的情况以及对决策的反映反馈给决策者。

3）组合反馈法。组合反馈法主要是指在某一时期将不同阶层、不同行业和单位对决策的反映，通过一组信息分别进行反馈。由于每一反馈信息着重突出一个方面、一类问题，故将所有反馈信息组合在一起，便可以构成一个完整的面貌。

4）综合反馈法。综合反馈法主要是指将不同地区、阶层和单位对某项决策的反映汇集在一起，通过分析、归纳，找出其内在联系，形成一套比较完整、系统的观点与材料，并加以集中反馈。

本项工作内容清单

序号	工作内容		
1	制订项目信息管理计划	分析项目信息需求	
		项目信息编码	
2	项目信息过程管理	收集项目信息	收集建筑工程信息
			收集图纸供应信息
			设备资源信息采集、处理和利用
			收集材料资源信息
			收集其他资源信息
		加工、整理、存储项目信息	
		输出项目信息	
		反馈项目信息	

第十一章

项目风险管理

第一节 项目风险管理概述

一、项目风险管理的概念

项目风险指的是导致原先基于正常理想的技术、管理和组织基础之上的工程项目在运行过程中受到各种干扰，使得项目目标不能实现而事先又不能确定的内部和外部的干扰因素或事件。

任何项目中都存在风险，风险会造成项目实施的失控现象，如工期延长、成本增加、计划修改等，最终导致工程经济效益的降低，甚至项目失败。而且现代工程项目的特点是规模大、技术新颖、持续时间长、参加单位多、与环境接口复杂，可以说在项目过程中危机四伏。许多项目，由于它的风险大、危害性大，例如国际工程承包、国际投资和合作，所以被人们称为风险型项目。

传统的项目风险管理是指企业项目管理的一项重要管理过程，它包括对风险的预测、辨识、分析、判断、评估及采取相应的对策，如风险回避、控制、分隔、分散、转移、自留及利用等活动。这些活动对项目的成功运作至关重要，甚至会决定项目的成败。风险管理水平是衡量企业素质的重要标准，风险控制能力则是判定项目管理者生命力的重要依据。

现代的项目风险管理称为全面风险管理，全面风险管理是用系统的、动态的方法进行风险控制，以减少项目过程中的不确定性。各层次的项目管理者应建立风险意识，重视风险问题、防患于未然，在各个阶段、各个方面实施有效的风险控制，形成一个前后连贯的管理段。

全面风险管理首先体现在对项目全过程的风险管理上。另外，在每一个阶段进行风险管理时都要罗列各种可能的风险，并将它们作为管理对象，不能遗漏和疏忽。还要分析风险对各方面的影响，采用的对策措施也必须采用综合手段，从合同、经济、组织、技术、管理等各个方面确定解决方案。

项目风险管理涉及风险分析、风险辨别、风险文档管理、风险评价、风险控制等全过程。项目风险管理要建立风险控制体系，将风险管理作为项目各层次管理人员的任务之一，使项目管理人员和作业人员都有风险意识，做好风险的监控工作。

二、项目风险管理的任务

项目风险管理的任务一般有：

1）确定和评估风险，识别潜在损失因素及估算损失大小。

2）制定风险的财务对策。

3）制定保护措施，提出保护方案。

4）完成有关风险管理的预算等。

5）采取应付措施。

6）落实安全措施。

7）管理索赔。

8）负责保险会计、分配保管、统计损失。

三、项目风险的识别方法

项目风险常用的识别方法有头脑风暴法、德尔菲法、SWOT 技术分析法和检查表法。除此之外，对项目风险识别的方法还有访谈法、流程图法、因果分析法、项目工作分解结构法、敏感性分析法、事故树分析法等。

第二节 项目风险因素分析

项目风险因素分析是确定一个项目的风险范围，即有哪些风险存在，将这些风险因素逐一列出，以作为工程项目风险管理的对象。在工程建设不同阶段，由于目标设计、项目的技术设计和计划、环境调查的深度不同，人们对风险的认识程度也不相同，需经历一个由浅入深逐步细化的过程。项目风险因素分析是基于人们对项目系统风险的基本认识上的，通常首先罗列对整个工程建设有影响的风险，然后再注意对自己有重大影响的风险。罗列风险因素通常要从多角度、多方面进行，形成对项目系统风险的多方位的透视。项目风险因素分析通常可以从以下几个角度进行分析：

一、按项目系统要素分析

1. 项目环境风险因素

（1）**政治风险** 政治风险主要指政局的不稳定性，战争状态、动乱、政变的可能性，国家的对外关系，政府信用和政府廉洁程度，政策及政策的稳定性，经济的开放程度或排外性，国有化的可能性，国内的民族矛盾，保护主义倾向等。

（2）**社会风险** 社会风险主要包括宗教信仰的影响、社会治安的稳定性、社会禁忌、劳动者的文化素质、社会风气等。

（3）**经济风险** 经济风险是指国家经济政策的变化，产业结构的调整，项目产品的市场变化，项目的工程承包市场、材料供应市场、劳动力市场的变动，工资的提高，物价上涨，通货膨胀速度加快，原材料进口价格、外汇价格和外汇汇率的变化等。

（4）**法律风险** 法律风险包括法律不健全，有法不依、执法不严，相关法律内容的变化，法律对项目的干预，人们对相关法律没能全面、正确理解，工程中可能有触犯法律的行为等。

（5）**自然条件** 自然条件包括地震、风暴、特殊的未预测到的地质条件，如泥石流、河塘、垃圾、流砂、泉眼等，反常的恶劣的雨雪天气、冰冻天气，恶劣的现场条件，周边存在对项目的干扰源，不良的运输条件可能造成供应的中断。

2. 项目行为主体产业的风险

它是从项目组织角度进行分析的，主要有：

（1）业主和投资者

1）业主的支付能力差，企业的经营状况恶化，资信不好，企业倒闭，撤走资金，或改变投资方向，改变项目目标。

2）业主不能完成他的合同责任，如不及时供应他负责的设备、材料，不及时交付场地，不及时支付工程款。

3）业主违约、苛求、刁难、随便改变主意，但又不赔偿，发出错误的行为和指令，非程序地干预工程。

（2）承包商（分包商、供应商）

1）技术能力和管理能力不足，没有适合的技术专家和项目经理，不能积极地履行合同，由于管理和技术方面的失误，造成工程中断。

2）没有得力的措施来保证进度、安全和质量要求。

3）财务状况恶化，无力采购和支付工资，企业处于破产境地。

4）工作人员罢工、抗议或软抵抗。

5）错误理解业主意图和招标文件，方案错误，报价失误，计划失误。

6）设计单位设计错误，工程技术系统之间不协调、设计文件不完备、不能及时交付图纸，或无力完成设计工作。

（3）项目管理者

1）项目管理者的管理能力、组织能力、工作热情和积极性、职业道德、公正性差。

2）项目管理者的管理风格、文化偏见可能会导致其不正确地执行合同，在工程中苛刻要求。

3）在工程中起草错误的招标文件、合同条件，下达错误的指令。

（4）其他方面 例如中介人的资信、可靠性差，政府机关工作人员、城市公共供应部门（如水、电等部门）的干预、苛求和个人需求，项目周边或涉及的居民或单位的干预、抗议或苛刻的要求等。

✅ 二、按风险对目标的影响分析

由于项目管理上层系统的情况和问题存在不确定性，目标的建立基于对当时情况和对将来的预测之上，所以会有许多风险。这是按照项目目标系统的结构进行分析的，是风险作用的结果。从这个角度看，常见的风险因素有：

1）工期风险，即造成局部的（工程活动、分项工程）或整个工程的工期延长，不能及时投入使用。

2）费用风险，包括财务风险、成本超支、投资追加、报价风险、收入减少、投资回收期延长或无法收回、回报率降低。

3）质量风险，包括材料、工艺、工程不能通过验收，工程试生产不合格，经过评价工程质量未达标准。

4）生产能力风险，即项目建成后达不到设计生产能力，可能是由于设计、设备问题，或生产用原材料、能源、水、电供应问题。

5）市场风险，即工程建成后产品未达到预期的市场份额，销售不足，没有销路，没有竞争力。

6）信誉风险，即造成对企业形象、职业责任、企业信誉的损害。

7）法律责任，即可能被起诉或承担相应法律的合同的处罚。

✅ 三、按管理的过程分析

按管理的过程进行风险分析包括极其复杂的内容，常常是分析责任的依据。具体情况为：

1）高层战略风险。如指导方针、战略思想可能有错误而造成项目目标设计错误。

2）环境调查和预测的风险。

3）决策风险。如错误的选择、错误的投标决策和报价等。

4）项目策划风险。

5）计划风险。计划风险包括对目标（任务书、合同、招标文件）理解错误，合同条款不准确、不严密、错误、二义性，过于苛刻的单方面约束性的、不完备的条款，方案错误、报价（预算）错误、施工组织措施错误。

6）技术设计风险。

7）实施控制中的风险。

①合同风险。合同未履行，合同伙伴争执，责任不明，产生索赔要求。

②供应风险。如供应拖延、供应商不履行合同、运输中的损坏以及在工地上的损失。

③新技术、新工艺风险。

④由于分包层次太多，造成计划的执行和调整、实施控制的困难。

⑤工程管理失误。

8）运营管理风险。如准备不足，无法正常劳动，销售渠道不畅，宣传不力等。

在风险因素列出后，可以采用系统分析方法，进行归纳、整理，即分类、分项、分目及细目，建立项目风险的结构体系，并列出相应的结构表，作为后面风险评价和落实风险责任的依据。

第三节　项目风险评估

一、项目风险评估的含义

项目风险评估是对项目各单个风险进行评估，而非对项目整体风险进行估计。项目风险估计的目的有：

1）估计和比较项目各种方案或行动路线的风险大小，从中选择出威胁最少、机会最多的方案或途径。

2）加深对项目自身和环境的理解。

3）进一步寻找实现项目目标的可行方案。

4）务必使项目所有的不确定性和风险都经过充分、系统而又有条理的考虑，明确不确定性和风险对项目其他各个方面的影响。

✅ 二、项目风险评估的内容

1. 风险因素发生的概率

风险因素发生的可能性有其自身的规律性，通常可用概率表示。既然被视为风险，那么它必然在必然事件（概率 =1）和不可能事件（概率 =0）之间。它的发生有一定的规律性，但也有不确定性。所以，人们经常用风险因素发生的概率来表示风险因素发生的可能性。风险因素发生的概率需要利用已有数据资料和相关专业方法进行估计。

2. 风险损失量的估计

风险损失量是个非常复杂的问题，有的风险造成的损失较小，有的风险造成的损失很大，可能引起整个工程的中断或报废。风险之间常常是有联系的，某个工程活动受到干扰而拖延，则可能影响它后面的许多活动，例如：

1）经济形势的恶化不但会造成物价上涨，而且可能会引起业主支付能力的变化；通货膨胀引起的物价上涨，会影响后期的采购、人工工资及各种费用支出，进而影响整个后期的工程费用。

2）由于设计图提供不及时，不仅会造成工期拖延，而且会造成费用提高（如人工和设备闲置、管理费开支），还可能在原来本可以避开的冬雨期施工，造成更大的拖延和费用增加。

风险损失量的估计应包括以下内容：

1）工期损失的估计。

2）费用损失的估计。

3）对工程的质量、功能、使用效果等方面的影响。

由于风险对目标的干扰常常首先表现在对工程实施过程的干扰上，所以风险损失量估计，一般通过以下分析过程：

1）考虑正常状况下（没有发生该风险）的工期、费用、收益。

2）将风险加入这种状态，分析实施过程、劳动效率、消耗、各个活动有什么变化。

3）两者的差异则为风险损失量。

3. 风险等级评估

风险因素非常多，涉及各个方面，但人们并不是对所有的风险都予以十分重视。否则将大大提高管理费用，干扰正常的决策过程，所以，组织应根据风险因素发生的概率和风险损失量，确定风险程度，进行分级评估。

（1）风险位能 通常对一个具体的风险，它如果发生，则损失为 R_H，发生的可能性为 E_W，则风险的期望值 R_W 为

$$R_W = R_H E_W \qquad (11-1)$$

（2）A、B、C 分类法 不同位能的风险可分为不同的类别。

1）A 类。高位能，即损失期望很大的风险。通常发生的可能性很大，而且一旦发生损失也很大。

2）B 类。中位能，即损失期望一般的风险。通常发生的可能性不大，损失也不大的风险，或发生的可能性很大但损失极小，或损失比较大但可能性极小的风险。

3）C 类。低位能，即损失期望极小的风险，发生的可能性极小，即使发生损失也很小的风险。

在工程项目风险管理中，A 类是重点，B 类要顾及，C 类可以不考虑。另外，也有不用 A、B、C 分类的形式，而用 1 级、2 级、3 级级别的形式，其意义是相同的。

组织进行风险分级时可使用表 11-1。

表 11-1 等位能线风险等级评估表

风险等级 后果 可能性	轻度损失	中度损失	重大损失
很大	Ⅲ	Ⅳ	Ⅴ
中等	Ⅱ	Ⅲ	Ⅳ
极小	Ⅰ	Ⅱ	Ⅲ

注：表中Ⅰ为可忽略风险；Ⅱ为可允许风险；Ⅲ为中度风险；Ⅳ为重大风险；Ⅴ为不允许风险。

三、项目风险评估的步骤

1. 收集信息

风险评估分析时必须收集的信息主要有：承包商类似工程的经验和积累的数据；与工程有关的资料、文件等；对上述两来源的主观分

析结果。

2. 信息整理加工

根据收集的信息和主观分析加工，列出项目所面临的风险，并将发生的概率和损失的后果列成一个表格，风险因素、发生概率、损失后果、风险程度一一对应，见表 11-2。

表 11-2　风险程度（R）分析

风险因素	发生概率 P（%）	损失后果 C（万元）	风险程度 R（万元）
物价上涨	10	50	5
地质特殊处理	30	100	30
恶劣天气	10	30	3
工期拖延罚款	20	50	10
设计错误	30	50	15
业主拖欠工程款	10	100	10
项目管理人员不胜任	20	300	60
合计	—	—	133

3. 评价风险程度

风险程度是风险因素发生的概率和风险发生后的损失严重性的综合结果。其表达式为

$$R = \sum_{i=1}^{n} R_i = \sum_{i=1}^{n} P_i C_i \qquad (11\text{-}2)$$

式中　R——风险程度；

R_i——每一风险因素引起的风险程度；

P_i——每一风险发生的概率；

C_i——每一风险发生的损失后果。

4. 提出风险评估报告

内附评估分析结果必须用文字、图表进行表达说明，作为项目风险管理的文档，即以文字、表格的形式做风险评估报告。评估分析结果不仅作为风险评估的成果，还作为项目风险管理的基本依据。

风险评估报告中所用表的内容可以按照分析的对象进行编制，例如以项目单元（工作包）作为对象进行编制，见表 11-3。

表 11-3　工作包编制

| 工作包号 | 风险名称 | 风险会产生的影响 | 原因 | 损失 | | 可能性 | 损失期望 | 预防措施 | 评价等级 A、B、C |
				工期	费用				

对以下两类风险可以按风险的结构进行分析研究，见表 11-4。

1）在项目目标设计和可行性研究中分析的风险。

2）对项目总体产生影响的风险，例如通货膨胀影响、产品销路不畅、法律变化、合同风险等。

表 11-4　按风险的结构进行分析研究

| 风险编号 | 风险名称 | 风险的影响范围 | 导致原因发生的边界条件 | 损失 | | 可能性 | 损失期望 | 预防措施 | 评价等级 A、B、C |
				工期	费用				

第四节　项目风险响应

一、风险规避

风险规避是指承包商设法远离、躲避可能发生的风险的行为和环境，从而达到避免风险发生的可能性，其具体做法有以下三种：

1. 拒绝承担风险

承包商拒绝承担风险大致有以下几种情况：

1）对某些存在致命风险的工程拒绝投标。

2）利用合同保护自己，不承担应该由业主承担的风险。

3）不接受实力差、信誉不佳的分包商和材料、设备供应商，即使是业主或者有实权的其他任何人的推荐。

4）不委托道德水平低下或其他综合素质不高的中介组织或个人。

2. 承担小风险回避大风险

这在建筑工程项目决策时要注意，放弃明显可能亏损的项目。对于风险超过自己的承受能力，成功把握不大的项目，不参与投标，不参与合资。甚至有时在工程进行到一半时，预测后期风险很大，必然有更大的亏损，不得不采取中断项目的措施。

3. 为了避免风险而损失一定的较小利益

利益可以计算，但风险损失是较难估计的，在特定情况下，采用此种做法。如在建材市场有些材料价格波动较大，承包商与供应商提前订立购销合同并付一定数量的定金，从而避免因涨价带来的风险，采购生产要素时应选择信誉好、实力强的分包商，虽然价格略高于市场平均价，但分包商违约的风险减小了。

规避风险虽然是一种风险相应策略，但应该承认这是一种消极的防范手段。因为规避风险固然避免损失，但同时也失去了获利的机会。如果企业想生存、图发展，又想回避其预测的某种风险，最好的办法是采用除规避以外的其他策略。

✧ 二、风险减轻

承包商的实力越强，市场占有率越高，抵御风险的能力也就越强，一旦出现风险，其造成的影响就相对显得小些。如承包商承担一个项目，出现风险会使他难以承受；若承包若干个工程，其中一旦在某个项目上出现了风险损失，还可以有其他项目的成功加以弥补。这样，承包商的风险压力就会减轻。

在分包合同中，通常要求分包商接受建设单位合同文件中的各项合同条款，使分包商分担一部分风险。有的承包商直接把风险比较大的部分分包出去，将建设单位规定的误期损失赔偿费如数订入分包合同，将这项风险分散。

✅ 三、风险转移

风险转移是指承包商不能回避风险的情况下，将自身面临的风险转移给其他主体来承担。

风险的转移并非转嫁损失，有些承包商无法控制的风险因素，其他主体都可以控制。风险转移一般指对分包商和保险机构而言。

1. 转移给分包商

工程风险中的很大一部分可以分散给若干分包商和生产要素供应商。例如：对待业主拖欠工程款的风险，可以在分包合同中规定在业主支付给总包后若干日内向分包方支付工程款。

承包商在项目中投入的资源越少越好，以便一旦遭到风险，可以进退自如。可以租赁或指令分包商自带设备等措施来减少自身资金、设备沉淀。

2. 工程保险

购买保险是一种非常有效的转移风险的手段，将自身面临的风险很大一部分转移给保险公司来承担。

工程保险是指业主和承包商为了工程项目的顺利实施，向保险人（公司）支付保险费，保险人根据合同约定对在工程建设中可能产生的财产和人身伤害承担赔偿保险金责任。

3. 工程担保

工程担保是指担保人（一般为银行、担保公司、保险公司以及其他金融机构、商业团体或个人）应工程合同一方（申请人）的要求向另一方（债权人）做出的书面承诺。工程担保是工程风险转移的一项重要措施，它能有效地保障工程建设的顺利进行。许多国家政府都在法规中规定要求进行工程担保，在标准合同中也含有关于工程担保的条款。

✅ 四、风险自留

风险自留是指承包商将风险留给自己承担，不予转移。这种手段有时是无意识的，即当初并不曾预测的，不曾有意识地采取种种有效措施，以致最后只好由自己承受。但有时也可以是主动的，即经营者有意识、有计划地将若干风险主动留给自己。

决定风险自留必须符合以下条件之一：

1）自留费用低于保险公司所收取的费用。

2）企业的期望损失低于保险人的估计。

3）企业有较多的风险单位，且企业有能力准确地预测其损失。

4）企业的最大潜在损失或最大期望损失较小。

5）短期内企业有承受最大潜在损失或最大期望损失的经济能力。

6）风险管理目标可以承受年度损失的重大差异。

7）费用和损失支付分布于很长的时间里，因而导致很大的机会成本。

8）投资机会很好。

9）内部服务或非保险人服务优良。

如果实际情况与以上条件相反，则应放弃风险自留的决策。

第五节　项目风险控制

✅ 一、风险预警

建筑工程项目进行中会遇到各种风险，要做好风险管理，就要建立完善的项目风险预警系统，通过跟踪项目风险因素的变动趋势，测评风险所处状态，尽早地发出预警信号，及时向业主、项目监管方和施工方发出警报，为决策者掌握和控制风险争取更多的时间，尽早采取有效措施防范和分解项目风险。

在建筑工程中需要不断地收集和分析各种信息。捕捉风险前奏的信号，可以通过以下几条途径进行：

1）天气预测警报。

2）股票信息。

3）各种市场行情、价格动态。

4）政治形势和外交动态。

5）各投资者企业状况报告。

6）在工程中通过工期和进度的跟踪、成本的跟踪分析、合同监督、各种质量监控报告、现场情况报告等手段，了解工程风险。

二、风险监控

在建筑工程项目推进过程中，各种风险在性质上和数量上都是在不断变化的，有可能会增大或者衰退。因此，在项目整个生命周期中，需要时刻监控风险的扩大与变化情况，并确定随着某些风险的消失而带来的新的风险。

1. 风险监控的目的

1）监视风险的状况，例如风险是已经发生、仍然存在还是已经消失。

2）检查风险的对策是否有效，监控机制是否在运行。

3）不断识别新的风险并制定对策。

2. 风险监控的任务

1）在项目进行过程中跟踪已识别风险、监控残余风险并识别新风险。

2）保证风险应对计划的执行并评估风险应对计划执行效果。评估的方法可以是项目周期性回顾、绩效评估等。

3）对突发的风险或"接受"风险采取适当的权变措施。

3. 风险监控的方法

（1）**风险审计**　专人检查监控机制是否得到执行，并定期做风险审核。例如，在大的阶段点重新识别风险并进行分析，对没有预计到的风险制定新的应对计划。

（2）**偏差分析**　偏差分析指与基准计划比较，分析成本和时间上的偏差。例如，未能按期完工、超出预算等都是潜在的问题。

（3）**技术指标**　技术指标指比较原定技术指标和实际技术指标差异。例如，测试未能达到性能要求，缺陷数大大超过预期等。

三、风险应急计划

在建筑工程项目实施过程中必然会遇到大量未曾料到的风险

因素，或风险因素的后果比已预料的更严重，使事先编制的计划不能奏效，所以，必须重新研究应对措施，即编制附加的风险应急计划。

建筑工程项目的风险应急计划应当清楚地说明当发生风险事件时要采取的措施，以便可以快速、有效地对这些事件做出响应。

1. 风险应急计划的编制要求

1）中华人民共和国国务院令第 549 号《特种设备安全监察条例》。

2）《职业健康安全管理体系 要求》（GB/T 28001—2011）。

3）环境管理体系系列标准。

4）《施工企业安全生产评价标准》（JGJ/T 77—2010）。

2. 风险应急计划的编制程序

1）成立预案编制小组。

2）制订编制计划。

3）现场调查，收集资料。

4）环境因素或危险源的辨识和风险评价。

5）控制目标、能力与资源的评估。

6）编制应急预案文件。

7）应急预案评估。

8）应急预案发布。

3. 风险应急计划的编写内容

1）应急预案的目标。

2）参考文献。

3）适用范围。

4）组织情况说明。

5）风险定义及其控制目标。

6）组织职能（职责）。

7）应急工作流程及其控制。

8）培训。

9）演练计划。

10）演练总结报告。

本项工作内容清单

序号	工作内容	
1	分析项目风险因素	
	确定、评估项目风险，识别潜在损失因素及估算损失大小	
2	制定风险财务对策	
3	制定保护措施，提出保护方案	
4	落实安全措施	
5	管理索赔	
6	负责保险会计、分配保管、统计损失	
7	完成有关风险管理的预算等	
8	项目风险控制	风险预警
		风险监控
		制订风险应急计划

第十二章

项目沟通与收尾管理

| 第一节　项目沟通管理 |

❖ 一、项目沟通概述

沟通是组织协调的手段，是解决组织成员间障碍的基本方法。组织协调的程度和效果常常依赖于各项目参加者之间沟通的程度。通过沟通不但可以解决各种协调的问题，如在技术、过程、逻辑、管理方法和程序中的矛盾、困难和不一致，而且还可以解决各参加者心里和和行为的障碍和争执。

项目沟通管理就是要确保项目信息及时、正确地提取、收集、传播、存储，以及最终进行处置所需实施的一系列过程，最终保证项目组织内部的信息畅通。项目组织内部信息的沟通直接关系到组织目标、功能和结构，对于项目的成功有着重要的意义。

项目沟通管理具有复杂性和系统性。

1. 复杂性

任何项目的建立都关系到大量的组织机构和单位。另外，多数项目都是由特意为其建立的项目组织实施的，具有临时性。因此，项目沟通管理必须协调各部门以及部门与部门之间的关系，以确保项目顺利实施。

2. 系统性

项目是开放的复杂系统，涉及社会政治、经济、文化等诸多方面，对生态环境、能源将产生或大或小的影响。所以。项目沟通管理应从整体利益出发，运用系统的思想和分析方法，进行有效的管理。

✅ 二、项目沟通的作用

在工程项目管理中，沟通管理的作用主要表现在以下几个方面：

1. 决策和计划的基础

项目组织要想做出正确的决策，必须以准确、完整、及时的信息作为基础。

2. 组织的控制管理过程的依据和手段

只有通过信息沟通，掌握项目组织内的各方面情况，才能有效地提高项目组织内的各方面情况，才能为科学管理提供依据，才能有效地提高项目组织的管理效能。

3. 有利于建立和改善人际关系

项目经理需要通过各种途径将意图传递给下级人员，并使下级人员理解和执行。如果沟通不畅，下级人员就不能正确理解和执行领导意图，项目就不能按经理的意图进行，最终导致项目混乱，甚至失败。

✅ 三、项目沟通的程序

组织进行项目沟通时应按以下程序进行：

1）根据项目的实际需要，预见可能出现的矛盾和问题，制订沟通与协调计划，明确原则、内容、对象、方式、途径、手段和所要达到的目标。

2）针对不同阶段出现的矛盾和问题，调整沟通计划。

3）运用计算机信息处理技术，进行项目信息收集、汇总、处理、传输与应用，进行信息沟通与协调，形成档案资料。

✅ 四、项目沟通的内容

项目沟通的内容涉及与项目实施有关的所有信息，主要包括项目各相关方共享的核心信息，以及项目内部和相关组织产生的有关信息，具体可归纳为以下几个方面：

1）核心信息应包括单位工程施工图、设备的技术文件、施工规范、与项目有关的生产计划及统计资料、工程事故报告、法规和部门规章、材料价格和材料供应商、机械设备供应商和价格信息、新技术及自然条件等。

2）取得政府主管部门对该项建设任务的批准文件、取得地质勘探资料及施工许可证、取得施工用地范围及施工用地许可证、取得施工现场附近区域内的其他许可证等。

3）项目内部信息主要有工程概况信息、施工记录信息、施工技术资料信息、工程协调信息、工程进度及资源计划信息、成本信息、资源需要计划信息、商务信息、安全文明及行政管理信息、竣工验收信息等。

4）监理方信息主要有项目的监理规划、监理大纲、监理实施细则等。

5）相关方信息包括社区居民、分承包方、媒体等提出的重要意见或观点等。

◇ 五、项目沟通的依据

1. 项目内部沟通的依据

项目内部沟通应包括项目经理部与组织管理层之间、项目经理部与内部作业层之间、项目经理部各职能部门之间和项目经理部人员之间的沟通与协调。

1）项目经理部与组织管理层之间的沟通与协调，主要依据《项目管理目标责任书》，由组织管理层下达责任目标、指标，并实施考核、奖惩。

2）项目经理部与内部作业层之间的沟通与协调，主要依据《劳务承包合同》和项目管理实施规划。

3）项目经理部各职能部门之间的沟通与协调，重点解决业务环节之间的矛盾，应按照各自的职责和分工，顾全大局、统筹考虑、相互支持、协调工作。特别是对人力资源、技术、材料、设备、资金等重大问题，可通过工程例会的方式研究解决。

4）项目经理部人员之间的沟通与协调，通过做好思想政治工作，召开党小组会和职工大会，加强教育培训，提高整体素质来实现。

2. 项目外部沟通的依据

项目外部沟通应由组织与项目相关方进行沟通。项外部沟通应依据项目沟通计划、有关合同和合同变更资料、相关法律法规、伦理道德、社会责任和项目具体情况等进行。

（1）施工准备阶段 项目经理部应要求建设单位按规定时间履行合同约定的责任，并配合做好征地拆迁等工作，为工程顺利开工创造条件。要求设计单位提供设计图、进行设计交底，并搞好图纸会审。引入竞争机制，采取招标的方式，选择施工分包商和材料设备供应商，签订合同。

（2）施工阶段 项目经理部可以按时向建设、设计、监理等单位报送施工计划、统计报表和工程事故报告等资料，接受其检查、监督和管理。对拨付工程款、设计变更、隐蔽工程签证等关键问题，应取得相关方的认同，并完善相应手续和资料。对施工单位应按月下达施工计划，定期进行检查、评比。对材料供应单位严格按合同办事，根据施工进度协调调整材料供应数量。

（3）竣工验收阶段 按照建筑工程竣工验收的有关规范和要求，积极配合相关单位做好工程验收工作，及时提交有关资料，确保工程顺利移交。

✓ 六、项目沟通的方式

1. 项目沟通方式的类型

项目沟通方式可分为正式沟通和非正式沟通，上行沟通、下行沟通和平行沟通；单向沟通和双向沟通，书面沟通和口头沟通，言语沟通和体语沟通等类型。

（1）正式沟通与非正式沟通

1）正式沟通。通过项目组织明文规定的渠道进行信息传递和交流的方式。它的优点是沟通效果好，有较强的约束力。缺点是沟通速度慢。

2）非正式沟通。非正式沟通指在正式沟通渠道之外进行的信息传递和交流。这种沟通的优点是沟通方便，沟通速度快，且能提供一些正式沟通中难以获得的信息。缺点是容易失真。

（2）上行沟通、下行沟通和平行沟通

1）上行沟通。上行沟通指下级的意见向上级反映，即自下而上的沟通。

2）下行沟通。下行沟通指领导者对员工进行的自上而下的信息沟通。

3）平行沟通。平行沟通指组织中各平等部门之间的信息交流。在项目实施过程中，经常可以看到各部门之间发生矛盾和冲突，除其他因素外，部门之间互不通气是重要原因之一。保证平等部门之间沟通渠道畅通，是减少部门之间冲突的一项重要措施。

（3）单向沟通和双向沟通

1）单向沟通。单向沟通指发送者和接受者两者之间的地位不变（单向传递），一方只发送信息，另一方只接受信息的方式。这种方式信息传递速度快，但准确性较差，有时还容易使接受者产生抗拒心理。

2）双向沟通。双向沟通指发送者和接受者两者之间的位置不断交换，且发送者是以协商和讨论的姿态面对接受者，信息发出以后还需及时听取反馈意见，必要时双方可进行多次重复商谈，直到双方共同明确和满意为止，如交谈、协商等。其优点是沟通信息准确性较高，接受者有反馈意见的机会，产生平等感和参与感，增加自信心和责任心，有助于建立双方的感情。

（4）书面沟通和口头沟通

1）书面沟通。书面沟通大多用来进行通知、确认和要求等活动，一般在描述清楚事情的前提下尽可能简洁，以免增加负担而流于形式。书面沟通一般在以下情况下使用：项目团队中使用的内部备忘录，或者对客户和非公司成员使用报告的方式，如正式的项目报告、年报、非正式的个人记录、报事贴。

2）口头沟通。口头沟通包括会议、评审、私人接触、自由讨论等。这一方式简单有效，更容易被大多数人接受，但是不像书面形式那样"白纸黑字"留下记录，因此不适用于类似确认这样的沟通。口头沟通过程中应该坦白、明确，避免由于文化背景、民族差异、用词表达等因素造成理解上的差异，这是特别需要注意的。沟通的双方一定不能带有想当然或含糊的心态，不理解的内容一定要表示出来，以求对方的进一步解释，直到达成共识。

（5）言语沟通和体语沟通　言语沟通指用有言语的形式进行沟通。体语沟通指用形体语言进行沟通。像手势、图形演示、视频会议都可以用来作为体语沟通方式。它的优点是摆脱了口头表达的枯燥，在视觉上把信息传递给接受者，更容易理解。

2. 项目沟通方式

1）项目内部沟通可采用委派、授权、会议、文件、培训、检查、项目进展报告、思想工作、考核与激励及电子媒体等方式进行。

2）项目外部沟通可采用电话、传真、召开会议、联合检查、宣传媒体和项目进展报告等方式。

各种项目内外部沟通方式的选择，应按照项目沟通计划的要求进行，并协调相关事宜。

3. 项目进展报告

项目经理部应编写项目进展报告。项目进展报告应包括下列内容：

1）项目的进展情况。项目的进展情况应包括项目目前所处的位置，进度完成情况、投资完成情况等。

2）项目实施过程中存在的主要问题以及解决情况，计划采取的措施。

3）项目的变更。项目的变更应包括项目变更申请、变更原因、变更范围及变更前后的情况、变更的批复等。

4）项目进展预期目标。预期项目未来的状况和进度。

▮ 第二节　项目收尾管理 ▮

✓ 一、项目收尾管理概述

收尾阶段是项目生命周期的最后阶段，没有这个阶段，项目就不能正式投入使用。如果不能做好必要的收尾工作，项目各个干系人就不能终止他们为完成本项目所承担的义务和责任，也不能及时从项目获取应得的利益。因此，当项目的所有活动均已完成，或者虽然未完成，但由于某种原因而必须停止并结束时，项目经理部应当做好项目收尾管理工作。

项目收尾管理是指对项目的收尾、试运行、竣工验收、竣工结算、竣工决算、考核评价、回访保修等进行的计划、组织、协调和控制等活动。

二、项目收尾管理的内容

项目收尾管理是符合项目管理全过程的最后阶段。没有这个阶段，项目就不能顺利交工，就不能生产出符合设计规定的合格项目产品，就不能投入使用，就不能最终发挥投资效益。

项目收尾管理内容，是指项目收尾阶段的各项工作内容，主要包括项目竣工收尾、项目竣工验收、项目竣工结算、项目竣工决算、项目回访保修、项目管理考核评价等方面的管理。具体内容如下：

1）项目竣工收尾包括竣工移交准备、竣工资料整理和竣工内容收尾。

2）项目竣工验收需要由参与单位参加，承包单位交工，发包单位组织。

3）项目竣工结算需要双方最终确定、发包单位审核、承包单位编制。

4）项目竣工决算需要上级部门审批、开户银行签认、项目法人编制。

5）项目回访保修包括回访保修方式、回访保修程序、回访保修计划。

6）项目管理考核评价包括建设项目考核、承包项目考核和其他项目考核

三、项目收尾管理的要求

项目收尾阶段的工作内容多，组织应制订涵盖各项工作的计划，并提出要求将其纳人项目管理体系进行运行控制。工程项目收尾阶段

各项管理工作应符合下列要求：

（1）**项目竣工收尾** 在项目竣工验收前，项目经理部应检查合同约定的哪些工作内容已经完成，或完成到什么程度，并将检查结果记录并形成文件。总分包之间还有哪些连带工作需要收尾接口，项目近外层和远外层关系还有什么工作需要沟通协调等，以保证竣工收尾顺利完成。

（2）**项目竣工验收** 项目竣工收尾工作内容按计划完成后，除了承包单位自检评定处，应及时地向发包单位递交竣工工程申请验收报告。实行建设监理的项目，监理人还应当签署工程竣工审查意见。发包单位应按竣工验收法规，向参与项目各方发出竣工验收通知单，组织进行项目竣工验收。

（3）**项目竣工结算** 项目竣工验收条件具备后，承包单位应按合同约定和工程价款结算的规定，及时编制并向发包单位递交项目竣工结算报告及完整的结算资料，经双方确认后，按有关规定办理项目竣工结算。办完竣工结算，承包单位应履约按时移交工程成品，并建立交接记录，完善交接手续。

（4）**项目竣工决算** 项目竣工决算由项目发包单位（业主）编制的项目从筹建到竣工投产或使用全过程的全部实际支出费用的经济文件。竣工决算综合反映竣工项目建设成果和财务情况，是竣工验收报告的重要组成部分。按国家有关规定，所有新建、扩建、改建的项目竣工后都要编制竣工决算。

（5）**项目回访保修** 项目竣工验收后，承包单位应按工程建设法律、法规的规定，履行工程质量保修义务，并采取适宜的回访方式为顾客提供售后服务。项目回访与质量保修制度，应纳入承包单位的质量管理体系，明确组织和人员的职责，提出服务工作计划，按管理程序进行控制。

（6）**项目管理考核评价** 项目结束后，应对项目管理的运行情况进行全面评价。项目管理考核评价是项目干系人对项目实施效果从不同角度进行的评价和总结。通过定量指标和定性指标的分析、比较，从不同的管理范围总结项目管理经验，找出差距，提出改进处理意见。

四、项目竣工自检

项目经理部完成项目竣工计划，并确认达到竣工条件后，应按规定向所在企业报告，进行项目竣工自查验收，填写工程质量竣工验收记录、质量控制资料核查记录、工程质量观感记录表，并对工程施工质量做出合格结论。

项目竣工自检的步骤如下：

1）属于承包单位一家独立承包的施工项目，应由企业技术负责人组织项目经理部的项目经理、技术负责人、施工管理人员和企业的有关部门对工程质量进行检验评定，并做好质量检验记录。

2）依法实行总分包的项目，应按照法律、行政法规的规定，承担质量连带责任，按规定的程序进行自检、复检和报审，直到项目竣工交接报验结束为止。

3）当项目达到竣工报验条件后，承包单位应向工程监理机构递交工程竣工报验单，提请工程监理机构组织竣工预验收，审查工程是否符合正式竣工验收条件。

五、项目竣工验收

1. 项目竣工验收的依据

项目竣工验收的主要依据包括以下几个方面：

1）上级主管部门对该项目批准的各种文件，包括可行性研究报告、初步设计以及与项目建设有关的各种文件。

2）工程设计文件，包括施工图及说明、设备技术说明书等。

3）国家颁布的各种标准和规范，包括现行的工程施工质量验收规范、工程施工技术标准等。

4）合同文件，包括施工承包的工作内容和应达到的标准，以及施工过程中的设计修改变更通知书等。

2. 项目竣工验收的条件

工程项目必须达到以下基本条件，才能组织竣工验收：

1）建设项目按照工程合同规定和设计图要求已全部施工完毕，达到国家规定的质量标准，能够满足生产和使用的要求。

2）交工工程达到窗明地净，水通灯亮及供暖通风设备正常运转。

3）主要工艺设备已安装配套，经联动负荷试车合格，构成生产线，形成生产能力，能够生产出设计文件中所规定的产品。

4）职工公寓和其他必要的生活福利设施，能适应初期的需要。

5）生产准备工作能适应投产初期的需要。

6）建筑物周围 2m 以内的场地清理完毕。

7）竣工决算已完成。

8）技术档案资料齐全，符合交工要求。

为了尽快发挥建设投资的经济效益和社会效益，在坚持竣工验收基本条件的基础上，通常对于具备下列条件的工程项目，也可以报请竣工验收：

1）房屋室外或住宅小区内的管线已经全部完成，但个别不属于承包商施工范围的市政配套设施尚未完成，因而造成房屋尚不能使用的建筑工程。

2）非工业项目中的房屋工程已建成，只是电梯尚未到货或晚到货而未安装，或是虽已安装但不能与房屋同时使用。

3）工业项目中的房屋建筑已经全部建成，只是因为主要工艺设计变更或主要设备未到货，只剩下设备基础未做的工程。

3. 项目竣工验收的范围与内容

（1）项目竣工验收的范围

建设单位对已符合竣工验收条件的建筑工程项目，要按照国家有关部门《关于项目竣工验收办法》的规定，及时向负责验收的主管单位提出竣工验收申请报告，适时组织建设项目正式进行竣工验收，办理固定资产移交手续。建筑工程项目竣工验收的范围如下：

1）凡列入固定资产投资计划的新建、扩建、改建、迁建的建筑工程项目或单项工程按批准的设计文件规定的内容和施工图要求全部建成符合验收标准的，必须及时组织验收，办理固定资产移交手续。

2）使用更新改造资金进行的基本建设或属于基本建设性质的技术改造工程项目，也应按国家关于建设项目竣工验收规定，办理竣工验收手续。

3）小型基本建设和技术改造项目的竣工验收，可根据有关部门（地方）的规定适当简化手续，但必须按规定办理竣工验收和固定资产移交手续。

（2）项目竣工验收的内容

1）隐蔽工程验收。隐蔽工程是指在施工过程中上一工序的工作结束，被下一工序所掩盖，而无法进行复查的部位。对这些工程在下一道工序施工以前，建设单位驻场人员应按照设计要求及施工规范规定，及时签署隐蔽工程记录手续，以便承包单位继续施工下一道工序，同时，将隐蔽工程记录交承包单位归入技术资料；如不符合有关规定，应以书面形式通知承包单位，令其处理，符合要求后再进行隐蔽工程验收与签证。

隐蔽工程验收项目及内容：对于基础工程要验收地质情况，标高尺寸，基础断面尺寸，桩的位置、数量；对于钢筋混凝土工程，要验收钢筋的品种、规格、数量、位置、形状、焊接尺寸、接头位置，预埋件的数量及位置，材料代用情况；对于防水工程要验收屋面、地下室、水下结构的防水层数、防水处理措施的质量。

2）分项工程验收。对于重要的分项工程，建设单位或其代表应按照工程合同的质量等级要求，根据该分项工程施工的实际情况，参照质量评定标准进行验收。在分项工程验收中，必须严格按照有关验收规范选择检查点数，然后计算检验项目和实测项目的合格或优良百分比，最后确定出该分项工程的质量等级，从而确定能否验收。

3）分部工程验收。在分项工程验收的基础上，根据各分项工程质量结论，对照分部工程质量等级，以便决定可否验收。另外，对单位或分部土建工程完工后交转安装工程施工前，或中间其他过程，均应进行中间验收，承包单位得到建设单位或其中间验收认可的凭证后，才能继续施工。

4）单位工程验收。在分项工程、分部工程验收的基础上，通过对分项工程、分部工程质量等级的统计推断，结合直接反映单位工程结构及性能质量的保证资料，便可系统地核查结构是否安全，是否达到设计要求，再结合观感等直观检查以及对整个单位工程进行的全面的综合评定，从而决定是否验收。

5）全部验收。全部是指整个建设项目已按设计要求全部建设完成，并已符合竣工验收标准，施工单位预验收通过，建设单位初验认可。有设计单位、施工单位、档案管理机关、行业主管部门参加，由建设单位主持正式验收。

进行全部验收时，对已验收过的单项工程，可以不再进行正式验收和办理验收手续，但应将单项工程验收单独作为全部建设项目验收的附件而加以说明。

4. 项目竣工验收的程序与方式

（1）项目竣工验收的程序 项目竣工验收，通常按以下程序进行：

1）发送《竣工验收通知书》。项目完成后，承包单位应在检查评定合格的基础上，向发包单位发出预约竣工验收的通知书，提交工程竣工报告，说明拟交工程项目情况，商定有关竣工验收事宜。

承包单位应向发包单位递交预约竣工验收的书面通知，说明竣工验收前的准备情况，包括施工现场准备和竣工资料审查结论。发出预约竣工验收的书面通知应表达两个含义：一是承包单位按施工合同的约定已全面完成建筑工程施工内容，预验收合格；二是请发包单位按合同的约定和有关规定，组织施工项目的正式竣工验收。《交付竣工验收通知书》的内容格式如下。

交付竣工验收通知书

××××（发包单位名称）：

根据施工合同的约定，由我单位承建的××××工程，已于××××年××月××日竣工，经自检合格，监理单位审查签认，可以正式组织竣工验收。请贵单位接到通知后，尽快洽商，组织有关单位和人员于××××年××月××日前进行竣工验收。

附件：（1）工程竣工报验单

（2）工程竣工报告

××××（单位公章）

年 月 日

2）项目正式验收。项目正式验收的工作程序一般分为单项工程验收与全部验收两个阶段进行。

①单项工程验收。单项工程验收指建设项目中一个单项工程，按设计图的内容和要求建成，并能满足生产或使用要求、达到竣工标准时，可单独整理有关施工技术资料及试车记录等，进行工程质量评定，组织竣工验收和办理固定资产移交手续。

②全部验收。全部指整个建设项目按设计要求全部建成，并符合竣工验收标准时，组织竣工验收，办理工程档案移交及工程保修等手续。在全部验收时，对已验收的单项工程不再办理验收手续。

3）进行工程质量评定，签发《竣工验收证明书》。验收小组或验收委员会，根据设计图和设计文件的要求，以及国家规定的工程质量检验标准，提出验收意见，在确认工程符合竣工标准和合同条款规定之后，应向施工单位签发《竣工验收证明书》。

4）进行"工程档案资料"移交。"工程档案资料"是建设项目施工情况的重要记录。工程竣工后，应立即将全部工程档案资料按单位工程分类立卷，装订成册，然后，列出工程档案资料移交清单，注册资料编号、专业、档案资料内容、页数及附注。双方按清单上所列资料，查点清楚，移交后，双方在移交清单上签字盖章。移交清单一式两份，双方各自保存一份，以备查对。

5）办理工程移交手续。工程验收完毕，施工单位要向建设单位逐项办理工程和固定资产移交手续，并签署交接验收证书和工程保修证书。

（2）项目竣工验收的方式 为了保证建筑工程项目竣工验收的顺利进行，必须按照建筑工程项目总体计划的要求，以及施工进展的实际情况分阶段进行。项目施工达到验收条件的验收方式可分为项目中间验收、单项工程验收和全部验收三大类。规模较小、施工内容简单的建筑工程项目，也可以一次进行全部项目的竣工验收。

✅ 六、工程文件的归档

工程文件是建筑工程的永久性技术资料，是施工项目进行竣工验收的主要依据，也是建筑工程施工情况的重要记录。因此，工程文件的准备必须符合有关规定及规范的要求，必须做到准确、齐全，能够满足建筑工程进行维修、改造、扩建时的需要。

工程文件的归档整理应按国家发布的现行标准和规定执行，承包单位向发包单位移交工程文件档案应与编制的清单目录保持一致，须有交接签认手续，并符合移交规定。

1. 工程文件资料的内容

1）工程项目开工报告。

2）工程项目竣工资料。

3）分项工程、分部工程和单位工程技术人员名单。

4）图纸会审和设计交底记录。

5）设计变更通知单。

6）技术变更核实单。

7）工程质量事故发生后调查和处理资料。

8）水准点位置、定位测量记录、沉降及位移观测记录。

9）材料、设备、构件的质量合格证明资料。

10）试验、检验报告。

11）隐蔽工程验收记录及施工日志。

12）竣工图。

13）质量检验评定资料。

14）工程竣工验收资料。

2. 工程文件的交接程序

1）承包单位，包括勘察、设计、施工必须对工程文件的质量负全面责任，对各分包单位做到"开工前有交底，实施中有检查，竣工时有预验"，确保工程文件达到一次交验合格。

2）承包单位，包括勘察、设计、施工根据总分包合同的约定，负责对分包单位的工程文件进行中检和预验，有整改的待整改完成后，进行整理汇总一并移交发包单位。

3）承包单位根据建筑工程合同的约定，在项目竣工验收后，按规定和约定的时间，将全部应移交的工程文件交给发包单位，并符合档案管理的要求。

4）根据工程文件移交验收办法，建筑工程发包单位应组织有关单位的项目负责人、技术负责人对资料的质量进行检查，验证手续应完备，应移交的资料不齐全，不得进行验收。

3. 工程文件的审核

项目竣工验收时，工程文件的审核包括以下几项内容：

1）材料、设备构件的质量合格证明材料。

2）试验、检验资料。

3）核查隐蔽工程记录及施工记录。

4）审查竣工图。监理工程师必须根据国家有关规定对竣工图基本要求进行审核，以考查施工单位提交竣工图是否符合要求，一般规定如下：

①凡按图施工没有变动的，则由施工单位（包括总包和分包施工单位）在原施工图上加盖"竣工图"标志后即作为竣工图。

②凡在施工中，虽有一般性设计变更，但能将原施工图加以修改补充作为竣工图的，可不重新绘制，由施工单位负责在原施工图（必须是新蓝图）上注明修改部分，并附以设计变更通知单和施工说明，加盖"竣工图"标志后即作为竣工图。

③如果设计变更的内容很多，如改变平面布置、改变工艺、改变结构形式等，就必须重新绘制改变后的竣工图。由于设计原因造成，由设计单位负责重新绘图；由于施工原因造成的，由施工单位负责重新绘图；由于其他原因造成的，由建设单位自行绘图或委托设计单位绘图，施工单位负责在新图上加盖"竣工图"标志附以有关记录和说明，作为竣工图。

④各项基本建设工程，特别是基础、地下建筑物、管线、结构、井巷、峒室、桥梁、隧道、港口、水坝以及设备安装等隐蔽部位都要绘制竣工图。

竣工图的审查需注意以下三个方面：

①审查施工单位提交的竣工图是否与实际情况相符。若有疑问，及时向施工单位提出质询。

②竣工图图面是否整洁，字迹是否清楚，是否用圆珠笔和其他易于褐色的墨水绘制，若不整洁，字迹不清，使用圆珠笔绘制等，必须让施工单位按要求重新绘制。

③审查中发现竣工图不准确或短缺时，要及时让施工单位采取措施修改和补充。

4. 工程文件的签证

项目竣工验收文件资料经审查，认为已符合工程承包合同及国家有关规定，而且资料准确、完整、真实，监理工程师便可签署同意竣工验收的意见。

本项工作内容清单

序号	工作内容		
1	项目的沟通管理	制订沟通与协调计划	
		针对不同阶段出现的矛盾和问题，调整沟通计划	
		运用计算机信息处理技术，进行信息沟通与协调，形成档案资料	
2	项目的收尾管理	项目竣工自检	
		项目竣工验收	发送《竣工验收通知书》
			正式验收
			进行工程质量评定
			进行"工程档案资料"移交
			办理工程移交手续
		项目竣工结算	
		项目竣工决算	
		项目回访保修	
		项目考核评价	
		工程文件归档	

附录 项目进度计划表

一、项目基本情况

项目名称：		项目编号：
制作人：		审核人：
项目总负责人：		制作日期：

二、项目进度表

步骤	日期		3月																			4月									责任人	备注
		12日	13日	14日	15日	16日	17日	18日	19日	20日	21日	22日	23日	24日	25日	26日	27日	28日	29日	30日	31日	1日	2日	3日	4日	5日	6日	7日	8日	9日		
	计划时间																															
	完成时间																															
	计划时间																															
	完成时间																															
	计划时间																															
	完成时间																															
	计划时间																															
	完成时间																															
	计划时间																															
	完成时间																															

437

参 考 文 献

[1] 刘义 . 建筑工程项目经理一本通 [M]. 北京 : 机械工业出版社，2012.

[2] 刘喜 . 项目经理 [M]. 北京：中国铁道出版社，2010.

[3] 本书编委会 . 项目经理一本通 [M] . 北京 : 中国建材工业出版社，2014.

[4] 张云富 . 项目经理实战手册 [M]. 北京 : 中国建筑工业出版社，2017.